厌氧消化微生物生理生化基础

尹芳 张无敌 纪钧麟 等编著

Physiological and Biochemical Basis of Anaerobic Digestion

化学工业出版社

·北京·

内容简介

《厌氧消化微生物生理生化基础》一书阐述了极端微生物的生命活动形式以及在环境中的分布，这些微生物包括嗜热菌、嗜冷菌、嗜酸（碱）菌、嗜盐菌、嗜压菌以及厌氧菌；简要叙述了生命三域学说；重点论述了厌氧消化产甲烷菌的生理生化代谢过程，尤其针对近期报道的新型产甲烷古菌，通过它们具有的独特产甲烷代谢通路，从分子生态学角度对其代谢过程做了介绍；最后分析了与产甲烷相关联的生物产氢过程。

本书可作为生物、环境与能源工程相关专业本科生、研究生的教学参考书，也可供从事农业生态学、环境微生物学、生物质能开发与利用等领域的研究人员参考。

图书在版编目（CIP）数据

厌氧消化微生物生理生化基础 / 尹芳等编著. —北京：化学工业出版社，2023.3
ISBN 978-7-122-42744-1

Ⅰ. ①厌… Ⅱ. ①尹… Ⅲ. ①厌氧微生物-生理生化特性-研究 Ⅳ. ①Q939

中国国家版本馆 CIP 数据核字（2023）第 016187 号

责任编辑：袁海燕
文字编辑：张春娥
责任校对：宋 玮
装帧设计：王晓宇

出版发行：化学工业出版社
　　　　　（北京市东城区青年湖南街 13 号 邮政编码 100011）
印　　装：涿州市般润文化传播有限公司
787mm×1092mm　1/16　印张 12　字数 269 千字
2023 年 10 月北京第 1 版第 1 次印刷

购书咨询：010-64518888
售后服务：010-64518899
网　　址：http://www.cip.com.cn
凡购买本书，如有缺损质量问题，本社销售中心负责调换。

定　　价：98.00 元　　　　　　　　版权所有　违者必究

前　言

产甲烷活动是地球上早期生命活动形式之一。伴随着早期地球的形成和演化，厌氧代谢过程有着久远的进化历程，被认为是最古老的产能及碳代谢途径之一，在自然界中厌氧消化产甲烷途径实现了有机物彻底矿化（另一条途径是氧化分解为二氧化碳），甲烷是全球碳循环的重要参与者。统计显示，大气中每年有 10 亿吨的甲烷产自于产甲烷古菌，相当于全球年固定碳量的 2%。这些甲烷气体不仅参与了生物圈的碳循环，同时作为全球温室效应影响仅次于 CO_2 的温室气体影响着全球气候变化。

近代微生物学的发展，为认识生命的起源、了解并深入研究产甲烷菌、揭示生命进化规律提供了可能。早在 1776 年，意大利物理学家 Alessandro Volta 完成了他的经典实验，发现沼泽中有"可燃气体"，生物甲烷科学从此诞生。之后各国科学家从沼气中收集到甲烷，直到 1883 年法国巴斯德微生物研究所证实了沼气是通过厌氧微生物代谢产生的。

随着现代生物化学科学技术的进步，1930 年 C. B. van Niel 提出二氧化碳的甲烷形成理论，在其学生 H. A. Barker 的巴克假说和 R. E. Hungate 的厌氧菌分离培养技术的推动下，产甲烷菌能量与物质代谢、酶系统以及厌氧消化工艺均取得了全面突破。

进入 20 世纪 70 年代，利用简单的厌氧消化技术取代昂贵且不可持续的传统污水处理系统获得成功，随之厌氧消化技术在废水处理领域占有越来越重要的地位，厌氧微生物、厌氧生化反应、碳氮硫等元素循环理论日趋完善。

进入 21 世纪，防止全球气候变暖成为世界共同主题。中国政府在全球碳减排工作、清洁能源回收、污染物减量化治理、农耕有机肥料还田等方面投入巨大的物力财力，再次激起人们对厌氧消化在全球生态调节以及碳循环中所起到的作用做深入探究。

随着测序技术的不断发展，结合宏基因组学和其他技术，人们先后发现产甲烷古菌新型、独特的甲烷代谢通路以及广泛的生态分布，对厌氧消化的认知取得了很大的飞跃，甲烷菌的分类已达 6 个纲、8 个目之多。虽然这些新型产甲烷古菌大部分未通过传统方法获得纯培养，其确切的生理代谢机制和生态功能也在不断深入研究中，但我们都能感受到新的技术手段对传统认知带来的冲击和震撼。

受国际厌氧消化前沿的渲染和激励，得到国内前辈同行的支持和帮助，我们试图对厌氧消化生理生化基础知识做一个肤浅的梳理，以表入行之衷心。本书结合编者们多年工作的基础，参阅国内外丰富的文献资料和研究成果整理而成。

《厌氧消化微生物生理生化基础》在完成过程中，得到了编者家人和亲朋的关心与鼓励，也得到了编者单位领导、同事以及研究生们的支持和帮助，在此特别感谢刘莹、徐锐、柳静、李国良、杨红、王昌梅、赵兴玲、杨斌、吴凯、梁承月、夏涛、许国芹、韩本勇、刘健峰、邓芳等老师对成书所做的努力。本书的出版得到了国家自然科学基金（51366015）、中国-老挝可再生能源联合实验室、云南师范大学农业工程学科建设基金、云南省沼气工程技术研究中心和云南省农村能源工程重点实验室以及相关项目的支持，在此一并衷心感谢！

成书过程中，虽然认真求全，但仍存在疏漏之处，还望读者批评指正。

编著者

2022 年 12 月

目　录

第1章

极端环境微生物　　　　　　　　　　　　001

1.1　极端环境下的生命	002
1.1.1　极端环境下的生命特点	002
1.1.2　极端环境下的微生物	003
1.2　嗜热菌	004
1.2.1　嗜热菌生态学	005
1.2.2　嗜热菌的厌氧生化过程	009
1.2.3　嗜热菌代谢适应机制	012
1.3　嗜酸（碱）菌	015
1.3.1　嗜酸嗜碱菌生态学	015
1.3.2　生理代谢特性	017
1.3.3　生化适应机制	019
1.4　嗜盐菌	021
1.4.1　高盐生态系统	021
1.4.2　微生物多样性	022
1.4.3　生化适应机制	025
1.5　嗜冷菌	027
1.5.1　嗜冷产甲烷菌的生态	027
1.5.2　嗜冷菌生化适应机制	029
1.5.3　嗜冷酶	032
1.6　嗜压菌	033
1.6.1　嗜压菌生态	033
1.6.2　嗜压菌生化适应机制	034
1.7　厌氧微生物	036
1.7.1　微生物生态	036
1.7.2　利用 CO	037

第2章

生命三域概论

039

2.1　生命三域基础知识　　040
2.1.1　生命三域理论的提出　　040
2.1.2　生命三域的特征及其比较　　041
2.1.3　生命三域的起源与系统进化关系　　043
2.2　生命三域生化特征　　045
2.2.1　细胞壁的生化意义　　045
2.2.2　从细胞壁结构看生命三域　　046
2.2.3　产甲烷菌细胞壁多样性及生物合成　　048
2.3　古生菌化学分类对于生命三域的意义　　052
2.3.1　古菌化学分类信息　　053
2.3.2　化学分类对古菌分类学的意义　　059

第3章

厌氧微生物在环境中的分布和作用

062

3.1　自然界中的厌氧环境　　063
3.1.1　自然界中氧循环　　063
3.1.2　厌氧环境的特征　　063
3.2　厌氧消化微生物生态　　065
3.2.1　厌氧环境的自然生态系统　　065
3.2.2　厌氧微生物生态类型　　078
3.3　碳循环中的微生物作用　　081
3.3.1　碳素循环　　081
3.3.2　几种天然含碳化合物的分解　　082
3.3.3　厌氧生境对碳素循环的影响　　087
3.4　氮循环中的微生物作用　　088
3.4.1　氮素循环　　088

3.4.2　固氮作用　089

3.4.3　尿素的氨化　090

3.4.4　硝化作用　090

3.4.5　反硝化作用　090

第4章

厌氧消化微生物生理学基础　092

4.1　产甲烷菌的基质适应范围　094

4.1.1　盐度　094

4.1.2　温度　094

4.1.3　pH　095

4.1.4　氧　095

4.1.5　代谢调节　096

4.1.6　储存物质　096

4.2　厌氧消化微生物的相互作用　096

4.2.1　产甲烷细菌基质的竞争　096

4.2.2　H_2 的竞争　097

4.2.3　乙酸的竞争　100

4.2.4　专性种间 H_2/甲酸转移　101

4.2.5　兼性种间 H_2/甲酸转移　104

4.2.6　与原生动物的共生现象　105

4.2.7　种间乙酸转移　105

第5章

厌氧消化生物化学基础　107

5.1　厌氧产甲烷阶段　108

5.1.1　厌氧消化的两阶段理论　108

5.1.2　厌氧消化的三阶段理论　109

5.1.3　厌氧消化的四阶段理论　109

5.2 厌氧产甲烷的生化代谢 110

　　5.2.1 利用二氧化碳和氢产甲烷 110

　　5.2.2 乙酸发酵产甲烷 118

　　5.2.3 甲基营养型产甲烷 122

　　5.2.4 甲氧基营养型产甲烷 132

　　5.2.5 烷基营养型产甲烷 137

　　5.2.6 厌氧消化过程中的代谢特征 142

5.3 新型产甲烷作用的研究进展 152

　　5.3.1 新型产甲烷古菌的种类 152

　　5.3.2 新型产甲烷古菌的代谢特点 155

　　5.3.3 新型产甲烷古菌的生态分布 155

　　5.3.4 新型产甲烷古菌的培养 157

　　5.3.5 新型产甲烷古菌的展望 158

第6章

与产甲烷相关联的厌氧产氢 159

6.1 生物质产氢过程 160

　　6.1.1 生物质厌氧发酵产氢 160

　　6.1.2 生物质制氢的效率 166

　　6.1.3 氢气和甲烷两相发酵 167

6.2 生物质产氢研究进展 168

　　6.2.1 生物质制氢常用技术 168

　　6.2.2 甲烷制氢技术 170

　　6.2.3 甲醇制氢技术 171

参考文献 **174**

第1章
极端环境微生物

1.1　极端环境下的生命

1.2　嗜热菌

1.3　嗜酸（碱）菌

1.4　嗜盐菌

1.5　嗜冷菌

1.6　嗜压菌

1.7　厌氧微生物

1.1　极端环境下的生命

极端环境如低温、高碱、高盐等环境不适宜人类生存，而恰恰是多数微生物栖息的必需环境。位于进化树根部的超嗜热微生物，暗示着早期生命起源于类似深海热液系统的高温及其厌氧极端环境，伴随着地球环境所经历的降温与逐步氧化过程，微生物建立了一套相对统一的环境适应机制。

生命的化学本质是通过能量输入而维持一个远离热动力学平衡的耗散结构的过程，能量代谢方式决定了生命演化框架、生态系统结构和细胞生理状态，通过对极端环境微生物的研究，可追寻地球生命演化过程中的已知能量形态和未知生命域。早期生命起源于地月系统形成以后，由于没有光合作用，环境中的自由能很低，起源于此还原性环境中的微生物所获得的能量也十分有限，如甲烷生产过程，与现代地球表面的微生物相比，处于长期的慢性能量短缺。纵观整个地质历史，这种慢性能量短缺无论在时间还是空间上都是绝大多数生命存在的状态，从充分满足生态系统的能量需求来看，地质环境都以低能环境为主。

各种极端环境，尤其是低温环境都可以看作是低能环境，地球表面环境的 85%处于5℃以下。由于低温环境下代谢速率降低、代谢途径改变，影响到能量吸收和分配。

美国加利福尼亚大学的 David L. Valentine 教授，根据慢性能量短缺的不同适应特征，对极端环境下的古菌与细菌进行了生态演化分析。古菌的细胞膜与细菌细胞膜相比有较小的离子通透性，从而减少了体内离子无效循环对化学渗透（电）势所造成的破坏，进而降低了能量损失。由此我们可以看到能量消耗高的高温、酸性环境中，古菌占有明显的优势，其中 pH 为 2 以下、温度 60℃以上，或者接近中性 pH、温度 90℃以上的环境中，只有古菌能够生存。

对遗传进化树分析发现，位于进化树根部的多为超嗜热微生物。因此，大多证据表明生物演化的过程是逐步适应低温环境的过程。早期生命适应低温的演化过程对现代微生物产生了重要的影响，这可以从微生物的一些生理表现看出来。如微生物的最适生长温度往往与其最高生长温度相近，而在一些低温环境中的细菌和古菌，其最低生长温度与环境温度接近。这一生理结果具有两重指示含义，一是生命起源于较高的温度环境；二是在低温环境中，微生物处于其代谢极限。

1.1.1　极端环境下的生命特点

已知的认识告诉我们，40 亿年前地球刚形成后不久，流星和彗星雨稳步减少，海洋不定期沸腾，地球大气中缺乏氧气。原始生命生活在极端缺氧的环境，这与现在的地球富氧环境差别巨大，虽然今天地球上仍然有许多微生物能制造氢气，但是因为原始生命比现存微生物更古老，它们不是利用同伴，而是利用来自地球内部释放的氢气作为能源，现在的海底火山仍然能发现大量氢气释放。生活在极端乏氧环境的原始生命，其共同始祖生命基因并不是随机地散发在现代生物体中，而是成群分布，这反映出这些原始生命的最基本代谢特征依然被保留下来，或许不是"自私的基因"，而是"自私的基因组"，或者"自私的基因群"。

甲烷产生被认为是最早的生命过程之一，最早可追溯到 34.6 亿年前。

已知的产甲烷菌分布于从南极湖泊到深海热液等不同的极端环境中，在 110℃以上坎氏甲烷嗜热菌（*Methanopyrus kandleri*）至 0℃以下嗜冷产甲烷菌（*Methanococcoides burtonni*）的温度范围内都有产甲烷菌的身影。也就是说，温度的变化，对于产甲烷菌的能量代谢途径以及生物合成途径限制较小，对温度的适应，不一定需要增加新的代谢途径和细胞过程。

甲烷产生由 7 个步骤组成，这些步骤的标准吉布斯自由能都接近于 0，并且数值范围大多落在 6～30kJ/mol。这就说明在很大程度上各个步骤反应的可逆性较强，而且各个步骤之间能量的获取和需求比较平衡。

以上特点说明了产甲烷这条古老的途径，能够适应极大的温度范围，给我们探寻极端生命形式以足够的信心。

1.1.2　极端环境下的微生物

要定义极端环境，首先要定义非极端环境也就是正常环境。正常环境并没有一个严格的界限，但现在已经对一些影响生物生存代谢的重要的物理和化学因子有了普遍认识。可以认为正常的环境是温度范围在 4～40℃、pH 范围在 5.5～8、盐浓度在海水和淡水之间。

生长在上述一个或多个环境因子（温度、pH、盐浓度）范围之外的微生物即称为极端环境微生物。

虽然有许多微生物的最适生活条件在正常环境条件范围内，但这些微生物仍能在正常环境条件范围之外存活。所以可以这样认为：极端环境微生物的最适生活条件是在正常环境条件范围之外。在正常环境之外，环境压力增加，物种多样性下降。环境因子的影响常常具有协同作用，一个因子的增加，也就使得微生物对另外因子的敏感性增加。

1.1.2.1　极端环境的类型

通常我们所说的极端环境是指高温、高 pH 或低盐、高盐，以及厌氧环境等。温度、pH 和盐浓度之间有着较强的相互作用，一个极端的生态环境经常需要用以上三个指标来描述。

在已认识的几种主要自然极端生态环境中，至少有三个指标中的一个是处在极端范围的。表 1-1 列出了主要的几种极端环境。

表 1-1　典型极端环境特性

环境		温度/℃	pH	盐浓度（w/V）/%	大气压/MPa	海深/m
高温	淡水碱性温泉	>55	>7	<6		
	酸性硫矿	>55	<3	<6		
厌氧	厌氧地热泥浆和土壤	>55	5～7	<6		
	天然瓦斯气的矿井和煤层	<55	6～8	<6		

续表

环境		温度/℃	pH	盐浓度（w/V）/%	大气压/MPa	海深/m
厌氧 高或低 pH	酸性硫矿和黄铁区域	<55	<3	<6		
	碳酸盐泉和碱性土壤	<55	>8	<6		
	碱湖	<55	>9	>10		
高盐	高盐湖	<55	5～8	>10		
高压	深海底				0.4～1.4	3000～6000
低温	深海	2～10				3000～6000

1.1.2.2　生命形成的环境条件

要研究存在于极端环境下特殊的化能有机营养菌的代谢机理，就应该了解现今地球上不同生态环境中各生物域的进化发展过程。早期的地球空间环境是无氧并具有还原性的，含有 CH_4、CO、NH_3、HCN 和 H_2S 等物质。当地球开始冷却并形成大量火山时，才有原始生命出现。

一种关于进化假说的推论是，在现有生物中，专性厌氧细菌在结构和生化功能上是最简单的，与地球最早期的生命形式有很密切的关系。

许多实验都证实了在模拟地球早期条件下能合成有机物质，该过程在有机微量氧的情况下受到限制，这表明生命起源于无氧条件。在这种情况下合成的物质包括 H_2、CO 和 HCN，虽然这三种化合物对绝大多数好氧细菌是有毒的，但却是一些厌氧细菌的代谢底物。

因此，可以认为这些气体及由其衍生的有机物质，可以被地球上首先出现的一些厌氧细菌作为能量物质利用。在不断进化的过程中，出现了厌氧光合细菌。虽然好氧条件下的光合作用使得空间变得富氧，但在此之前，厌氧细菌的多样化过程一直在进行。

1.2　嗜热菌

生长跨度在 40～100℃之间的细菌都定为嗜热菌。

早在 20 世纪 80 年代，美国科学家就认为地热地区是地球上主要的"持续热源"区域，温泉和热土是嗜热细菌的主要自然栖息地，他把这一嗜热生态环境的温度界限定在55～66℃。定义这样的界限有两个原因：其一，温度低于此界限的环境在自然界是普遍存在的，因而低于此界限温度的微生物也是普遍的；其二，最适温度在 55～60℃以上的生物都是原核生物，因此嗜热微生物定义为其最适生长条件在嗜热生态环境温度范围，或超过这一界限。

当前确认的事实说明，常温细菌和嗜热细菌有共同的来源，例如在许多原核生物包括蓝绿藻、光合细菌、芽孢菌、放线菌、硫氧化还原菌、甲烷氧化菌、产甲烷菌以及革兰阴性需氧菌中均发现嗜热微生物。在原生动物、藻类、真菌中也发现一些嗜热真核生物。嗜热微生物的多样性以及它们的结构和代谢过程均与常温菌相似，表明它们有共同的起源。

近些年，德国海因里希海涅大学科学家课题组，对近 2000 种现存微生物基因组进行对比分析证实，这些微生物确实存在共同的祖先基因。这些祖先基因提示，原始生命是一种依靠氢气作为能源物质的嗜热微生物，其生活环境极端缺氧，类似于海底火山附近发现的微生物。

1.2.1　嗜热菌生态学

1.2.1.1　嗜热菌的温度

嗜热微生物的生长温度范围非常宽，大致可划分为三段：55～88℃之间为一般嗜热，生长在 88℃以上为极端嗜热或超嗜热，生长在 100℃以上的则为"嗜火"。液态水是几乎所有生物所必需的，因此生长在 100℃以上的生物所处的环境必然有压力，例如海底温泉等。在地球地壳运动的所有地区都可发现自然地热地区，一般集中在一小块区域。较著名的地热地区主要集中在冰岛、北美（如黄石公园）、新西兰、日本和俄罗斯等国家，还有我国的西藏、云南以及台湾等地区。

人们普遍关心生命存在的温度上限究竟是多少。根据 Brock 在 1967 年描述的"细菌在任何温度下都能够生长，只要水能保持液态，甚至沸点以上"，液态水在接近海拔为零的地方的沸点在 100℃左右，而在海底某些地方的水温可达 350℃，那么在此环境中是否有生命形式存在呢？

德国科学家 K. O. Stetter 等 1983 年从深海热流出口处分离到了在超过 100℃环境下生长的极端嗜热厌氧细菌。由于在蛋白质、RNA、DNA、ATP 和 NADP 等大分子内的共价键在一定温度范围内将发生水解反应，而大分子的三级结构能承受的温度更低，因此认为生命的温度上限可以高于100℃，但远远低于250℃。

1.2.1.2　热环境微生物类型

（1）淡水碱性温泉

中性偏碱的淡水温泉和间隙喷泉主要位于火山活动区域周围，泉水带有溶解的矿物质（如二氧化硅）及溶解的气体，主要是 CO_2。虽有 H_2S 的存在，但由于水量大而硫量小，到地表后硫的氧化对 pH 几乎无影响。事实上，水到地表后，由于 CO_2 逸散和二氧化硅沉淀析出会使得 pH 上升，pH 一般会稳定在 9～10。

像堆肥等自然的生物环境有时也会升到较高的温度，在这类暂时性的生态系统中存在的微生物主要是一些快速生长、能形成芽孢的菌。

也存在许多人为中性偏碱的长期热环境，包括热水管道、供热系统、高温污水处理系统等，以及食品及化工行业。蒸汽及蒸馏过程温度也很高，所有这些系统中都发现有嗜热细菌栖息。

（2）酸性硫矿场

第二种主要的地热区域，有很多酸性硫矿土和酸性温泉。这些矿场都位于活动的火山区域内，在地表常常逸出蒸汽和火山气体。

气体主要成分是 N_2 和 CO_2，H_2S 和 H_2 含量可达 10%，有痕量的 CH_4、NH_3 和 CO。地表的蒸汽流 pH 接近中性，但由于 H_2S 对周围岩石的化学腐蚀，形成了硫矿场典型的酸性泥浆，pH 一般稳定在 2～2.5。由于温度高，很少有液态水直接汇集到表面，而是通过蒸汽孔或喷气口形成温泉。这些孔一般是不稳定的，常消失或转移到区域的其他位置。

（3）厌氧地热泥浆和土壤

硫矿场的土壤不像温泉那样，通常环境的 pH 要高于温泉，这类土壤通常致密、潮湿，仅在 1~2cm 的表层是酸性，在此表面以下，pH 一般都在 5~6。

受人类活动影响，此类地表下有油井。Stetter 等 1993 年从中发现了极端嗜热细菌，实验室研究也证实从油井的油层水中分离到了多株嗜热厌氧菌。也有研究在含硫的泥浆和土壤中发现了专性厌氧嗜热菌。

1.2.1.3 极端环境嗜热菌的特征

J. G. Zeikus 对一个温泉的藻类细菌混合体的微生物数量进行了计数，发现化能异养水解细菌数量众多。从该混合体分离的化能异养专性厌氧菌有乙酰乙基热厌氧杆菌（*Thermobacteroides acetoethylicus*）、布氏栖热厌氧杆菌（*Thermoanaerobacter brockii*）和热硫化氢栖热厌氧杆菌（*Thermoanaerobacter thermohydrosulfuricus*），分离到的化能无机营养产甲烷菌为热自养甲烷热杆菌（*Methanobacterium thermoautotrophicum*）。从该温泉 65℃位置分离到的厌氧细菌的生理特性来看，它们都能适应所处温度。

（1）常规嗜热菌

许多厌氧嗜热真细菌的代谢都属于化能异养型。凯伍产醋酸杆菌（*Acetobacterium kivui*）、嗜热醋酸梭状芽孢杆菌（*Clostridium thermoaceticum*）、热自养梭状芽孢杆菌（*Clostridium thermoautotrophicum*）、热乙酸脱硫肠状菌（*Desulfotomaculum thermoacetoxidans*）及非洲栖热腔菌（*Thermosipho africanus*）等都是这种类型。蛋白栖热拟杆菌（*Thermobacteroides proteolyticus*）能水解蛋白质但在含糖环境中生长不好；非洲栖热腔菌为另一个嗜热蛋白水解菌，生长需要 CO_2，而在硫缺乏时会被 H_2 抑制。

厌氧嗜热真细菌和中温细菌一样，基本上都属于相同的营养范畴。产氢一氧化碳嗜热菌（*Carboxydothermus hydrogenoformans*）能在 CO 中有限生长，H_2 和 CO_2 为其代谢的终产物。

（2）中等嗜热古菌

中等嗜热古菌最适生长温度从 50~88℃[如：50℃嗜热甲烷八叠球菌（*Methanosarcina thermophila*）、88℃集结甲烷嗜热菌（*Methanothermus sociabilis*）和火源甲烷球菌（*Methanococcus igneus*）]。从中高温厌氧消化器污泥、沉积物和热水口等都可发现嗜热产甲烷菌。

一些甲烷菌是专性自养，主要利用甲酸盐。有几个菌种，包括八叠球菌 CHT155 菌株及嗜热甲烷八叠球菌，能利用甲胺和三甲胺等更复杂的有机物。表 1-2 列出了嗜热产甲烷菌的一些特性。

表 1-2　嗜热产甲烷菌的一些特性

菌名	营养类型/代谢物	栖息地	最适生长条件
甲烷杆菌 CB12 *Methanobacterium* strain CB12	H_2+CO_2，甲酸	中温沼气污泥地	56℃，pH7.4
甲烷杆菌 FTF *Methanobacterium* strain FTF	H_2+CO_2，甲酸	高温消化器	55℃，pH7.5

续表

菌名	营养类型/代谢物	栖息地	最适生长条件
热聚甲烷杆菌 *Methanobacterium thermoaggregans*	专性自养，H_2+CO_2	牛粪便中	65℃，pH7.0～7.5
嗜热碱甲烷杆菌 *Methanobacterium thermoalcauphilum*	专性自养，H_2+CO_2	沼气池中	60℃，pH7.5～8.5
热自养甲烷杆菌 *Methanobacterium thermoautotrophicum*	专性自养，H_2+CO_2	污泥，黄石公园温湿区域	65～75℃，pH7.2～7.6
嗜热甲酸甲烷杆菌 *Methanobacterium thermoformicicum*	H_2+CO_2，甲酸	高温粪便消化器	55℃，pH7～8
沃氏甲烷热杆菌 *Methanobacterium wolfei*	专性自养，H_2+CO_2	污泥和河流沉积物	55～65℃，pH7.0～7.5
甲烷球菌 AG86 *Methanococcus strain AG86*	H_2+CO_2	热水管道中	88℃，pH6.5，3%NaCl
火源甲烷球菌 *Methanococcus igneus*	H_2+CO_2	海底热水口	88℃，pH5.7，1.8%NaCl
詹氏甲烷球菌 *Methanococcus jannaschii*	需 2%～3%NaCl，专性自养，H_2+CO_2，生长需硫化物	深海	85℃，pH6.0
热自养产甲烷热球菌 *Methanococcus thermolithotrophicus*	甲酸，H_2+CO_2	地热区海底沉积物	65℃，pH7.0，4%NaCl
嗜热甲烷袋状菌 *Methanogenium thermophilicum*	H_2+CO_2，甲酸	核电厂海水冷却管道	55℃，pH7.0，0.2mol/L NaCl
产甲烷菌 UCLA *Methanogenium strain UCLA*	H_2+CO_2，甲酸	厌氧污泥消化器	55～60℃，pH7.2
甲烷嗜热菌 AV19 *Methanopyrus strain AV19*	H_2+CO_2	地热区沉淀物	98℃，1.5%NaCl
甲烷八叠球菌 CHT155 *Methanosarcina strain CHT155*	乙酸、甲醇、甲胺	高温消化器	57℃，pH6.8
嗜热甲烷八叠球菌 *Methanosarcina thermophila*	乙酸、甲醇、甲胺、H_2+CO_2	高温消化器	50℃，pH6～7
炽热甲烷嗜热菌 *Methanothermus fervidus*	专性自养，H_2+CO_2	陆地硫矿泥浆	83℃，pH6.5
集结甲烷嗜热菌 *Methanothermus sociabilis*	专性自养，H_2+CO_2	陆地硫矿泥浆	83℃，pH6.5
热嗜醋甲烷鬃毛状菌 *Methanothrix thermoacetophila*	H_2+CO_2，乙酸	温泉	62℃，pH6～7

（3）极端嗜热菌

已有报道生长温度最高的微生物是隐蔽热网菌（*Pyrodictium occultum*），其生长温度可达 110℃。甲烷嗜热菌 AV19 也是一种极端嗜热的产甲烷菌，可以确定其产甲烷作用在 100℃以上。近年来科学家们对极端环境嗜热菌给予极大的关注，不仅使我们对微生物可能的栖息地有了更广泛的认识，同时对生命极限温度的认知也在不断加深。

在地热资源丰富的地区，如在 $55\sim100℃$ 和 pH 为 $3\sim7$ 的含硫矿泉中，可以分离到热变形菌属（*Thermoproteus*）和硫还原球菌属（*Desulfurococcus*）等以硫为能源的极端嗜热细菌。在类似的热水生态系统，其 pH 在 5.5 以上，也能发现热变形菌属和硫还原球菌属与甲烷嗜热古菌聚集在一起。

①极端嗜热厌氧古生菌结构特征

S 层蛋白：代谢硫的古细菌形状有椭球形、凝絮状或者盘状，为革兰阴性，有蛋白质亚单位组成的套，称之为 S 层，将细胞膜包裹，一些分离物有鞭毛可运动；细胞分裂不是通过形成隔膜而进行，而是新细胞通过出芽和缢断产生。

大多真细菌和古生菌都有晶状的 S 层，通过附着热变形菌（*Thermoproteus tenax*）和嗜中性热变形菌（*Thermoproteus neutrophilus*）的 S 层超薄切片，表明 S 层蛋白有着类似的氨基酸和糖基组成，且是仅有的细胞壁成分，这是对 S 层在决定细胞形状上起着主要作用的假说的一个支持。S 层蛋白高度稳定，在极端环境条件下能维持其结构的强度，能抵抗高温、化学处理或机械外力而不解离，由此看来 S 层结构是微生物对极端环境的一种适应机制，能够对内外因素的冲击发挥阻隔和减缓作用。

CO_2 作为碳源：对海底热水口和陆地硫矿区等极端嗜热细菌栖息地的调查表明，极端嗜热细菌对环境有很强的适应性，主要为自养、非光合，能在热水口的高温环境生长。由于位于较深的位置，这些热水口阳光无法到达，缺乏或只有低水平的有机营养物，富含 H_2S、Mn、H_2、CO、CH_4 和一些其他无机营养因子。这些极端嗜热细菌位于该环境食物链的开始位置，利用 H_2、CO_2 和 CO 形成的一些代谢产物可以提供给在热水口附近的一些动物类群食用，形成一个不依赖阳光的独特的生态系统。

一些极端嗜热古生菌能以 CO_2 为唯一碳源，以硫氧化氢形成硫化氢获得能源。比如，附着热变形菌能利用 CO，闪烁古生球菌（*Archaeoglobus fulgidus*）通过代谢形成痕量甲烷，与甲烷菌相似，古生球菌细胞在 420nm 处有荧光，表明有辅酶 F_{420} 存在。

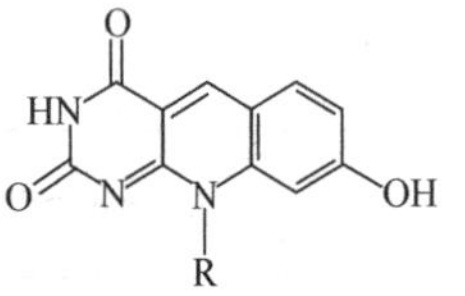

辅酶 F_{420} 是厌氧消化过程中产生的一种特殊辅酶，由于其在紫外光下有蓝绿色的荧光并且于 420nm 处有最大吸收，故称为发酵因子 F_{420}（fermentative factor 420），其结构式如图 1.1 所示。

图 1.1　产甲烷菌的电子载体 F_{420}

辅酶因子 F_{420} 以一种低电位载体的形式存在，被认为是维生素 B_{12} 的类似物，其中 R 基团是由磷酸、乳酸和 2 分子谷氨酸相继连接而成。有研究提出，辅酶 F_{420} 可以作为一个衡量厌氧污泥活性的测定指标反映污泥的产甲烷活性。有氧条件下，在 $95\sim100℃$ 的水浴中，辅酶 F_{420} 能从厌氧污泥和产甲烷细菌中释放出来，并且溶于乙醇和异丙醇，利用这些特性可以提取之，通过测定污泥中的辅酶 F_{420} 含量，可以测出污泥潜在的产甲烷活性。

孢子形成：嗜热细菌的分类主要依据形态，特别是形成孢子的能力和生化特征上的差异。虽然孢子能否形成是判别微生物形态特征的一个重要标准，但形成孢子不易观察到，有些厌氧菌先被认为是不形成孢子，如胃八叠球菌和布氏热厌氧杆菌后来才发现能形成孢子。

②嗜热菌的分类进化　20 世纪 70 年代，以美国伊利诺伊大学 Carl Woese 为代表的微生

物学家，运用 16S RNA 序列进行的比较研究方法，为我们描绘了包括嗜热菌在内的生命世界的系统发育树，有三个明显的分支：细菌域、古（生）菌域和真核生物域，如图 1.2 所示。

短的系统发育分支表明其进化速度很慢，较下部的分支是早期分化为两个类群的证据。细菌从真核生物及古生菌中的分化是迄今所知最早的分支点，极端嗜热菌在细菌界和古生菌界都存在，它们处于底部的短线分支中，如细菌中的产液菌属（*Aquifex*）和热袍菌属（*Thermotoga*），其中海栖热袍菌（*Thermotoga maritima*）和嗜火产液菌（*Aquifex pyrophilus*），以及古生菌中的热网菌属（*Pyrodictium*）、热变形菌属（*Thermoproteus*）、热球菌属（*Pyrococcus*）和甲烷火菌属（*Methanopyrus*），它们的生长温度在 100~110℃ 之间。由此可以推测极端嗜热细菌可能是细菌和古生菌的共同祖先。

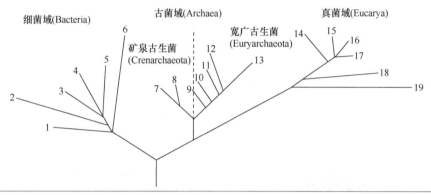

图 1.2 表明生命三域的根型系统进化树

细菌 1. 高温神袍菌目（Thermotogales）；2. 黄杆菌（*Flarobacterium*）；3. 蓝藻细菌（*Cyanobacteria*）；4. 紫色细菌（Photobacteriinaoe）；5. 革兰阳性菌（Gram positive bacteria）；6. 绿色非硫菌（Green nonsulfur bacteria）；7. 炽热盘网菌属（*Pyrodictium*）；8. 高温变形菌属（*Thermoproteus*）；宽广古生菌界（Euryarchaeota）；9. 高温球菌目（Thermococcales）；10. 甲烷球菌目（Methanococcales）；11. 甲烷杆菌目（Methanobacteriales）；12. 甲烷微菌目（Methanomicrobiales）；13. 极端嗜盐菌（Halophiles）；14. 动物（Animal）；15. 纤毛虫（*Ciliate*）16. 绿色植物（Green plants）；17. 真菌（Fungus）；18. 鞭毛虫（*Flagellate*）；19. 微孢子虫（*Microsporidium*）

古生菌被认为是生物体中最原始的群体，由其进化为细菌和真核生物两条主线。古生菌中包括极端嗜盐菌、产甲烷菌和极端嗜热菌，代表着在热球菌中发现的以硫为基础的代谢类型和在甲烷球菌中发现的产甲烷作用间的一种内在关联；细菌中产水菌属和热袍菌属代表了通过 rRNA 序列比较而得出的细菌亲缘关系中关系较近的分支，也更明确地表明细菌是由其嗜热祖先进化而来的。

1.2.2 嗜热菌的厌氧生化过程

由于嗜热厌氧菌生长迅速，酶对热稳定，因此便于对其进行研究。了解其碳利用的代谢途径及终产物形成，有利于对厌氧菌群代谢种群深入了解，对产甲烷菌、产乙酸菌和产乙醇菌等的很多基础认识，都是通过嗜热厌氧菌的研究开始的。

1.2.2.1 产甲烷菌和产乙酸菌的自养代谢

（1）产甲烷作用和自养

产甲烷菌能利用 CO_2/H_2、甲酸、甲胺、甲醇和乙酸等化合物合成甲烷。嗜热甲烷菌和中温甲烷菌有着同样的代谢机制、同样的底物范围及终产物。

已建立的产甲烷菌利用 H_2/CO_2、甲醇、乙酸为基质的生化代谢途径如图 1.3 所示。其中甲胺类化合物代谢机制与甲醇类相似，而甲酸通常先被氧化成二氧化碳，再进入产甲烷代谢。可以看出，以 H_2/CO_2 为底物生长的产甲烷菌有其特有的 C_1 代谢途径。

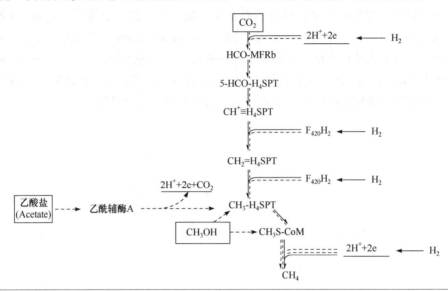

图 1.3　几种基质的产甲烷代谢途径

HCO-MFRb：甲酰基甲基呋喃 b；HCO-H_4SPT：甲酰基八叠蝶呤；$CH^+≡H_4$SPT：次甲基八叠蝶呤；$CH_2=H_4$SPT：亚甲基八叠蝶呤；CH_3-H_4SPT：甲基八叠蝶呤；CH_3-S-CoM：甲基辅酶 M；$F_{420}H_2$：还原态辅酶 F_{420}

以热自养甲烷杆菌为例，它在 H_2/CO_2 中生长良好，但是在以 CO 为唯一碳源和能源时却几乎不生长。该菌通过产乙酸菌所利用的 C_1 转移反应来合成细胞前体，通过延胡索酸还原酶、α-酮戊二酸脱氢酶以还原途径形成谷氨酸，经磷酸烯醇式丙酮酸羧化酶合成草酰乙酸，进行物质和能量代谢。该过程还不能用完整的三羧酸循环来描述。

对热自养甲烷杆菌的甲烷菌酶活进行分离提纯，比较后发现古细菌的氢化酶基因与大多细菌中编码氢化酶的基因一样来自同一原始序列；而甲酰基甲基呋喃、四氢甲基蝶呤、甲酰转移酶（FTRase），与其他蛋白的基因序列没有同源性；对来自炽热甲烷嗜热菌（*Methanothermus fervidus*）、热自养甲烷杆菌及中温的万尼甲烷球菌（*Methanococcus vannielii*）、巴氏甲烷八叠球菌（*Methanosarcina barkeri*）的甲基还原酶基因编码的氨基酸序列进行了比较，结果表明在两个嗜热菌间的同源性要比其他菌之间更高；热自养甲烷杆菌中编码 RNA 多聚酶中四个最大亚单位的基因，与真核生物同类基因的同源性要大于与细菌 RNA 多聚酶基因的同源性。

（2）同型产乙酸和自养

同型产乙酸菌与产甲烷菌一样，在 H_2/CO_2 中生长良好，主要通过 Wood-Ljungdahl 通路，依靠 CO/CO_2 和氢气为碳源和能源，合成乙酰辅酶 A，进行物质和能量代谢。

首先在甲酸脱氢酶催化下，二氧化碳被氢气还原成甲酸；随后在甲酰四氢叶酸合成酶、甲酰四氢叶酸环水解酶、亚甲基四氢叶酸脱氢酶、亚甲基四氢叶酸还原酶的逐一催化下，甲酸一步步变成甲基四氢叶酸；甲基四氢叶酸在甲基转移酶催化下将其甲基转移给钴铁硫蛋白形成甲基钴铁硫蛋白；甲基钴铁硫蛋白再将其甲基转移给乙酰辅酶 A 合成酶形成甲基乙酰辅酶 A。CO 脱氢酶利用氢气还原 CO_2 产生 CO。在乙酰辅酶 A 合成酶的催化下，CO 与甲基乙酰辅酶 A 提供甲基和辅酶 A 合成乙酰辅酶 A，完成整个合成通路。

Wood-Ljungdahl 通路中，氢气是作为还原剂或能量物质发挥核心作用。

（3）硫、硫酸盐、硫代硫酸盐还原作用及其特性

细菌中嗜热菌几乎有一半都能还原元素硫、亚硫酸盐、硫酸盐或硫代硫酸盐形成 H_2S。这些微生物所属的有梭菌属、硫还原菌属、脱硫肠状菌属、闪烁杆菌属、热厌氧菌属、栖热拟杆菌属、栖热腔菌属和栖热袍菌属。其中热产硫好热厌氧小杆菌（*Thermoanaerobacterium thermosulfurigenes*）和解糖好热厌氧小杆菌（*Thermoanaerobacterium saccharolyticum*），是由硫代硫酸盐产生元素硫的嗜热菌，产生硫沉积在细胞表面和培养基中。这类微生物以硫化物为电子受体，明显不同于以硫化物为电子供体的厌氧光合菌。

除产甲烷菌以外的所有极端嗜热菌都可利用元素硫作为代谢中的电子受体形成 H_2S。在无机化能自养的这种类型中，硫呼吸和所涉及的机理，可认为是氢的氧化或呼吸的其他类型的前身。

产甲烷菌中，詹氏甲烷球菌与热自养甲烷杆菌一样也必须要有硫化物的存在。这两种产甲烷菌及热自养甲烷球菌，能在硫醇中生长，如甲硫醇、乙硫醇以及二甲基亚砜等。在嗜热古菌中，只有热自养甲烷球菌能利用硫酸盐，而能利用硫酸盐在细菌中是更为普遍的一种生长特性。能还原硫酸盐的普通热脱硫杆菌的重硫酸盐还原酶性质独特，其吸收光谱和热稳定性都与同源酶不同。

1.2.2.2　生物大分子的厌氧代谢

嗜热厌氧菌具有降解淀粉、纤维素和木聚糖的能力。

（1）嗜热厌氧菌的淀粉降解

以乙醇热厌氧杆状菌（*Thermoanaerobacter ethanolicus*）为例，其淀粉降解活力具有独特的热激活和热稳定性，该微生物具有 α-葡萄糖苷酶和海藻糖酶活力。从该菌中还发现一种独特的支链淀粉酶，对淀粉是从 α-1,4 键裂解，而对出芽短梗孢糖则是从 α-1,6 键裂解。该菌还具有环状糊精酶活力，其对 α-环状糊精或 β-环状糊精的水解活力要比对淀粉大得多。此酶对环状糊精是采用多点作用的方式打开其环状结构，再把线性糊精进一步降解成小分子。

以硫化氢热厌氧杆菌为例，其具有 α-淀粉酶和支链淀粉酶的活性，对直链淀粉是以α-1,4 键裂解，对支链淀粉则表现出独特的 α-1,6 键裂解方式。支链淀粉酶的形成依赖于生长状况，酶主要在对数生长期形成。当细胞在 0.5%的淀粉中生长时，酶大部分是与细胞结合的，当细胞在含有限制生长的淀粉的合成培养基中连续培养时，支链淀粉酶和 α-淀粉酶超量产生并且细胞表层会部分解体，同时形成膜疱和膜外泡囊。

一些嗜热厌氧菌如鳍栖热厌氧杆菌（*Thermoanaerobacter finnii*）、乙酰乙基热厌氧杆菌、嗜热网球菌和产硫热厌氧杆菌，其支链淀粉酶也具有这样的双重特性。

将产硫热厌氧杆菌和产乙醇热厌氧杆菌共培养，两种菌的代谢能够相互协同，通过

淀粉酶互相补充而使淀粉发酵水平得到很大提高。在单独培养中，两种菌都不能完全降解淀粉；而在共培养中，淀粉则可以被完全水解。在单菌进行的淀粉发酵中，产乙醇热厌氧杆菌产生低水平的支链淀粉酶和葡糖淀粉酶，而产硫热厌氧杆菌产生较低水平的 β-淀粉酶和葡糖淀粉酶。在共培养发酵中，由于两个菌的互补作用，改善了对淀粉的代谢状况，淀粉消耗总量和速率增高，淀粉酶产量上升，乙醇产量也升高。

（2）热纤维端孢菌的纤维素降解

热纤维端孢菌与其他能降解纤维素的微生物一样，在微晶纤维素上生长良好，但基本上没发现有胞外纤维素酶。有学者在对该菌的研究中纯化了具有高分子量、多功能的多聚酶复合体，将其称作纤维素酶聚合体。该纤维素酶聚合体负责将不溶性的纤维素类物质黏附到菌体上，纯化的纤维素酶聚合体具有菌体纤维素酶系统的所有特性。

具有这样的多酶复合体并不仅局限在热纤维端孢菌，也不仅局限于纤维素酶。热纤维端孢菌的五个不同菌株的纤维素酶聚合体复合物包括中温厌氧菌和一些好氧微生物，这表明纤维素酶聚合体可能是纤维素降解中广泛存在的一种酶系统。

还发现热纤维端孢菌的木聚糖酶活性在纤维素酶聚合体和非纤维素酶聚合体部分都有。

（3）嗜热厌氧菌的木聚糖降解

一些嗜热厌氧解糖细菌，包括产乙醇热厌氧杆菌、乙酰乙基热厌氧杆菌、布氏热厌氧杆菌和热纤梭菌，都能缓慢地发酵木质素。

研究发现，能降解木质素的解糖热厌氧杆菌，具有系列的糖酶，包括淀粉酶、葡萄糖异构酶和高水平的木聚糖内切酶。例如，从美国黄石国家公园温泉中分离到的解糖热厌氧杆菌 R1，有活性很高的木聚糖酶，还含有木聚糖内切酶、β-木糖苷酶、阿拉伯呋喃糖苷酶、乙酰酯酶和木糖异构酶。当微生物在木聚糖上生长时，细胞表面结构带负电荷，与此同时产生与细胞相连的木聚糖内切酶，并使得细胞与木聚糖紧密结合。通过透射电镜技术手段可见细胞表面的突起，出现在 S 层的部分类似于纤维素酶聚合体，专门对木聚糖进行吸附和水解。此外，解糖热厌氧杆菌还能产生多种木聚糖内切酶，均糖基化且具热稳定性。

对木聚糖内切酶（xynA）、β-木糖苷酶（xynB）和木糖异构酶（xylA）的基因进行序列分析并克隆到大肠杆菌中，对所表达的酶进行纯化和鉴定，表明木糖异构酶氨基酸序列与其他嗜热厌氧菌的该酶的氨基酸序列有很高的同源性，但与中温好氧菌却有较大差异。通过定点诱变分析发现，当天冬氨酸被天冬酰胺代替、谷氨酸被谷氨酰胺代替、组氨酸被天冬酰胺代替后，木聚糖内切酶就基本失活了，表明这些氨基酸在催化作用中起着重要作用。

1.2.3 嗜热菌代谢适应机制

温度是一种重要的环境因子，但由于单细胞生物无法对温度进行调节，因此其对温度的适应机制就是使各细胞成分对温度稳定。

来自嗜热菌的酶都具热稳定性。此外，这些酶对有机溶剂、去垢剂、蛋白水解剂、极端 pH 都有独特的耐受性。

1.2.3.1　对热稳定的酶

中等嗜热厌氧细菌的一些酶，包括葡聚糖内切酶、乙醇脱氢酶、β-淀粉酶、支链淀粉酶和木聚糖异构酶，通过对这些酶的氨基酸序列和三维结构进行比较分析可了解到酶的热稳定性是多因素共同作用的结果，这些因素包括分子内疏水基团相互作用、氢键、β-折叠、二硫键、金属结合、糖基化和一些辅助因子如多胺等。

极端嗜热菌与中等嗜热菌的一个不同之处就是不形成芽孢，而许多中等嗜热菌都形成芽孢。嗜热厌氧菌的芽孢对热有很强的耐受性，其中乙醇热厌氧杆菌的芽孢对热的耐受性一般用来作为判断对微生物培养基高压灭菌的标准。

表 1-3 列出中等嗜热厌氧菌代表性的酶的特性，表 1-4 则列出了极端嗜热厌氧菌的酶特性。

表 1-3　中等嗜热厌氧菌部分酶特性

酶	最适温度/℃	热稳定性	宿主菌
木糖/葡糖异构酶	80	90℃下 22min	产硫热厌氧杆菌
内切淀粉支链淀粉酶	75	70℃下 5h，75℃下 45min	解糖热厌氧杆菌
支链淀粉酶	90	95℃下 35min	产硫化氢热厌氧杆菌
环状糊精酶	65	65℃下 3h，70℃下 75min	产乙醇热厌氧杆菌
支链淀粉酶	80	85℃下 17min，90℃下 5min	热厌氧菌 Tok-B1
乙醇-乙醛/甲醛氧化还原酶	65	91℃下 22min	布氏热厌氧杆菌
L-苹果酸：NADP⁺氧化还原酶	40	72℃下 10min	热纤梭菌

表 1-4　极端嗜热厌氧菌酶的特性

项目	酶最适温度/℃	热稳定性	菌
氢化酶	90	100℃下 2h	激烈热球菌
氢化酶（氧化 H_2）	约87		布氏热网菌
F_{420} 反应	80~90	70℃下 3h	詹氏甲烷球菌
非 F_{420} 反应	80	70℃下 9h	詹氏甲烷球菌
甘油醛-3-磷酸脱氢酶		100℃下 44min	沃氏热球菌
依赖于 DNA 的 RNA 聚合酶	86	100℃下 135min	附着热变形菌
α-葡糖苷酶	>115	105℃下 1h	激烈热球菌
支链淀粉酶	105	105℃下 30min	激烈热球菌
α-淀粉酶	>108	105℃下 30min	激烈热球菌
淀粉酶复合体		90℃下 2h	嗜热网球菌
α-葡糖苷酶	105~115	98℃下 48h	激烈热球菌

项目	酶最适温度/℃	热稳定性	菌
丝氨酸蛋白酶	115	100℃下4h	激烈热球菌
乳酸脱氢酶	>98	90℃下150min	海栖热袍菌
ATP硫酸化酶	90		闪烁古生球菌
乙醛铁氧还蛋白氧化还原酶	>90		激烈热球菌
淀粉酶	100	120℃下2h	激烈热球菌

从表1-3和表1-4中酶的特性可以看出，中等嗜热厌氧菌的酶大都具热稳定性，即使在菌的最适生长温度以上也还具活性。而极端嗜热菌酶的最适作用温度和热稳定性都比中等嗜热厌氧菌酶的要高。因此可以认为，大多嗜热厌氧菌酶作用的最适温度接近或超过菌生长的最适温度。

詹氏甲烷球菌的两种氢化酶最适作用温度与菌的最适生长温度都是85℃，其中一个热稳定性更好些，在85℃的半衰期为37min，而F_{420}反应氢化酶的半衰期仅为1.2min。布氏热网菌（Pyrodictium brockii）的氢化酶结构和功能都与中温的大豆生根瘤菌（Bradyrhizobium japonicum）的氢化酶类似，不同的是最适作用温度有差异。

强烈炽热球菌（Pyrococcus furiosus）的淀粉酶的最适温度至少为100℃，并表现出明显的热稳定性。α-葡糖苷酶的最适温度范围从105～115℃，其在98℃的半衰期为46～48h。该菌的氢化酶有类似的最适温度，并具有一些好氧和厌氧细菌及古细菌中发现的氢化酶的性质。

对最适生长温度在55～70℃的嗜热菌的生长特性进行比较，还发现它们在复杂培养基中生长的倍增时间范围为11～16min，而中温的大肠杆菌和枯草杆菌的世代时间为21min和26min。

1.2.3.2 独特的催化活性

淀粉降解酶具有淀粉支链淀粉酶双重活性特征，从具有该酶特征的不同嗜热厌氧菌来看，大多普遍存在。研究表明，该双重活性特征是酶的一个活性中心在起作用，因为嗜热厌氧菌是在能量限制条件下进化的，只有一个活性中心而具多种催化功能的酶才具备生存优势。由于嗜热厌氧菌的进化早于好氧菌，推测具有该双重活性的酶在其后的生物中也应存在。

1.2.3.3 细胞膜和其他细胞成分

（1）细胞膜

嗜热菌细胞膜在高温下能维持细胞的完整性，其热稳定性的原因在于，嗜热古生菌比中温古生菌相对于二乙醚类酯有更高比例的四醚，但是仅此并不能说明热稳定性，例如，隐蔽热网菌仅含有45%的四醚。除此之外，像普通热厌氧杆菌（Thermoanaerobacterium commune），其细胞壁含有黏肽，且此菌的类脂含有独特的非异戊二烯分支甘油二乙醚和单醚（甘油二乙醚的存在表明其在进化的某个阶段与古生菌相似）；像产乙醇热厌氧杆菌和产硫热厌氧杆菌，还发现了另一独特的类脂，都含有C_{30}二羧基酸，由异构支链

C_{15} 脂肪酸头对头缩合而成，可能的机制就是其在细胞膜上形成薄层，以帮助维持细胞膜的完整性。

（2）其他细胞成分

极端嗜热菌的细胞组分具有明显的热稳定性，表明其能在极端的温度下生存和生长。

文献报道强烈炽热球菌最适生长温度为 100℃，其铁氧还蛋白在 95℃ 培养 24h 仍很稳定；从热自养甲烷杆菌中分离到的另一铁氧还蛋白，与热纤梭菌和普遍热脱硫杆菌的铁氧还蛋白相似，与其他热稳定的梭菌不同之处在于其不含组氨酸。

与中温产甲烷菌相比，甲烷嗜热菌含高水平的 2,3-双磷酸甘油酸盐（1.1mol/L）。研究发现炽热甲烷嗜热菌蛋白对热变性作用的耐受性，更多是来自于与细胞质内高水平的 2,3-双磷酸甘油酸盐的相互作用，而不是其具有的氨基酸序列，这也验证了这种化合物的存在对甲烷嗜热菌蛋白的热稳定性有正相关作用。

分子生物学研究表明，极端嗜热古细菌具有独特的反螺旋结构，反螺旋活性的存在是与高温下的生长关联在一起的，可使 DNA 分子在高温下更加稳定，特别是在 70℃以上。

古细菌染色体限制性图谱研究得到速生热球菌（*Thermococcus celer*）的染色体，是由单一 DNA 分子组成、染色体相对较小、呈环状排列的结构。

嗜热厌氧菌的蛋白质和酶在菌所栖息的环境中能很好地发挥其应有的功能，与那些嗜热好氧菌相比，嗜热厌氧菌的酶合成率不高，表明厌氧代谢的效率不是靠提高蛋白质的产率，而是靠蛋白质所具有的热稳定性和高代谢活性来实现的，这就使得嗜热厌氧菌在能量有限的条件下比好氧菌更具有优势。

1.3　嗜酸（碱）菌

大多数的微生物都生活在 pH 4～8 的环境中，而最适 pH 在 7 附近。虽然许多微生物都有在超出其最适 pH 范围的极端环境中生长或生存的能力，但仅有少数一些细菌在酸性或碱性 pH 范围有最适生长点。pH 在 3～4 的酸性自然环境相对较普遍，包括有热泉、土壤和湖泊、泥炭沼泽和一些肠胃环境；天然的碱性环境一般都是由于大量碳酸钠和其他盐类的存在。这种情况在土壤中很典型，在非均质、结构不连续的环境中，如土壤，其微环境的营养成分、含氧水平和 pH 局部有较大变化，这样的差异可能是由于微生物的生长代谢活动所引起的。而对土壤 pH 的测定一般是平均值的测定，在土壤的微环境中，pH 值有可能比测得的 pH 偏酸或偏碱较大的幅度。

1.3.1　嗜酸嗜碱菌生态学

1.3.1.1　肠胃生态系统

人类的肠胃系统为适应饮食成分的变化及肠胃微生物的活动，pH 变化很大，成为人体酸度最大的环境。瘤胃环境的 pH 是波动的，但是由于瘤胃具很强的缓冲能力，总 pH 的变化不会持续很长时间。

胃内无食物时 pH 很低（大约 1.5），食物进入后，pH 大约为 4，存在的微生物有兼性厌氧菌（链球菌、乳杆菌），以及专性厌氧菌，如胃八叠球菌（*Sarcina ventriculi*），其对 pH 的耐受力较强，能在 pH 1~9.8 的范围生长。对从肠道中分离的微生物进行的研究表明，pH 对培养和酶的产生非常重要，细菌的氨基酸脱羧酶要在 pH 远低于中性 pH 时才会产生，而脱氨基酶只在碱性 pH 条件下才产生。结肠中碳水化合物的发酵使得 pH 下降到 4.8，对结肠细菌在 pH 5~7 的连续培养研究表明菌群有变化，梭菌在 pH 7 时生长得更好，在 pH 5 时仅有乳杆菌和双歧杆菌生长，pH 6 有利于丙酸和乙酸的产生，而氨的生成在 pH 变化时并无改变。

厌氧菌占了胆道中微生物的一半，常见的有产气荚膜梭菌（*Clostridium perfringens*）以及大量的脆弱拟杆菌（*Bacteroides fragilis*）。有观点认为这些菌在此进行代谢活动并且很可能是引起胆道炎症的病原体，由于其具有破坏胆酸的能力，引起胆酸毒性变化，依据胆酸结合方式，获得不同的信号途径以维持细胞生存能力。另外，在小肠末端也发现厌氧菌，其氧化还原电位为-150mV，而且此处厌氧菌的总数大于好氧菌的总数，推测兼性厌氧菌是以发酵的生长方式生长。

1.3.1.2 与食物消化有关的嗜酸嗜碱菌

绝大多数食物腐败细菌在 pH 低于 5 以下不能生长，pH 降低可能是产乳酸、乙酸和丙酸细菌代谢活动后导致的。食品中的肉毒梭菌由于产生气体、挥发性有机酸和蛋白水解酶而导致的腐败，有时还会产生肉毒素，研究表明在 pH 4.0 时肉毒梭菌仍能生长并产生毒素，显示其具有嗜酸特性。

窖藏是已有 3000 年历史的作物保存方法之一，作物收获后直接密封以创造厌氧条件。在贮藏过程中，作物中的糖和一些有机酸被乳酸细菌发酵，产生乳酸及乙酸、乙醇和其他少量产物使得 pH 降到 3.8~5.0 之间，低的 pH 可降低植物酶的活力和防止有害厌氧微生物的扩增，同时厌氧环境也可防止好氧性的腐败和使作物产热。梭状芽孢杆菌是对窖藏过程最有害的，一些梭状芽孢杆菌发酵氨基酸形成胺和氨，另一些则发酵乳酸形成了丁酸，一般这些微生物在 pH4 左右都会被抑制。

嗜树甲烷短杆菌（*Methanobacterium arbophilicum*）在生长树木的湿润部分有甲烷产生的地方可以发现，其生长的最适 pH 为 7.5~8.5。大量的厌氧细菌，包括异养菌和产甲烷细菌在白杨、榆树、柳树的湿润部分都可发现。树的种类不同湿润部分的 pH 也由酸性到碱性有很大差异，有时在同一树上可能两种极端的 pH 环境都存在，表明厌氧细菌在偏离其生长最适 pH 酸或碱较大范围的环境中仍有进行代谢活动的能力。

在谷类农作物如大麦、燕麦、水稻、黑麦的外壳或外衣上广泛存在最大八叠球菌（*Sarcina maxima*），该菌能在 pH 值从 1~9.8 的范围内生长，产生乙酸、丁酸、H_2 和 CO_2。胃八叠球菌和最大八叠球菌都具有独特的能耐受大 pH 范围的能力，说明这两种细菌和那些不耐受细菌之间在细胞组分，特别是细胞膜上有结构和生化等方面的差异。

1.3.1.3 沉积生态环境

与酸性泥炭沼泽相连的湖泊系统的沉积物 pH 值从 4.8~8.0，随着沉积物 pH 降低，系统溶氢浓度和氢转移动力学参数降低，说明 pH 对氢代谢有影响，氢活力和氢代谢率下降。

嗜酸性产甲烷过程，研究表明水解菌、产氢产乙酸菌和产甲烷细菌都对低 pH 值很敏感。从沼泽中分离到的乳杆菌、梭状芽孢杆菌和胃八叠球菌，其生长的 pH 值可分别低到 4.7、3.9 和 2.0，胃八叠球菌可以从花园土壤、河土、河流淤泥和酸性泥炭沼泽沉积物中富集到。

嗜碱性产甲烷过程，研究表明由甲醇形成甲烷的最适 pH 为 9.7，高于常规的甲烷菌纯培养物的 pH 范围。有些产甲烷菌的最适 pH 在中性以上，比如嗜碱甲烷杆菌（*Methanobacterium alcaliphilum*）pH 为 8.0~9.0、嗜树甲烷短杆菌生长的最适 pH 为 7.5~8.0、万尼甲烷球菌的最适 pH 为 7.0~9.0，而属于甲基营养型产甲烷菌的俄勒冈甲烷嗜碱（盐）菌（*Methanohalophilus oregonensis*），在 pH 10 的湖底 3m 深的含水碱性盐层中都可以分离到，其生长的最适 pH 为 8.4~9.0，pH 低于 7.6 不能生长。从埃及湖泊沉积物中分离到一些甲烷菌，这些湖泊的 pH 为 8.3~9.7，比如织里甲烷嗜盐菌（*Methanohalophilus zhilinae*）同时也是嗜盐的，生长需 0.7mol/L 的盐。

不论是酸性沼泥，还是碱性湖泊，在其中能够存在的微生物，其最适生长处于正常的 pH 范围之外，说明它们对 pH 的变化有很强的适应能力。

1.3.2　生理代谢特性

在酸或碱的极端环境下，越来越多的研究表明厌氧菌群不仅能耐受极端 pH，而且能逐渐适应极端 pH。厌氧菌群经受环境 pH 变化的影响，其生长和代谢产生的发酵产物也会导致周围环境的变化。

1.3.2.1　嗜酸发酵

如果一种微生物仅产生酸性发酵产物，具有较低 pK_a 的酸就不会再形成，以防止进一步酸化。对进行混合酸发酵的微生物，在低 pH 条件下生长通常导致产酸的终止并改为产乙醇。

（1）丙酮和丁醇发酵

以丙酮丁醇梭菌（*Clostridium acetobutylicum*）为例，该菌有两个生长期：在第一个生长期，培养基的 pH 从 6 左右到 4.5，胞内 pH 逐步下降；当其体内乙酸和丁酸的积累使 pH 降为 5.5 时，触发了由酸到醇的转换，从而进入第二个生长期。丙酮丁醇梭菌由产酸第一阶段到产醇第二阶段的变化，与关键催化酶水平改变有关。

在产乙酸、丁酸的第一阶段，细胞的磷酸转乙酰酶、磷酸转丁酰酶、乙酸激酶和丁酸激酶的活力较高，形成丁醇的丁醛和丁醇脱氢酶仅有少量，形成丙酮的辅酶 A 转移酶和乙酰乙酸脱羧酶有发现。从第一阶段到产醇第二阶段转变时，NADH-红素氧还蛋白氧化还原酶有明显的增加，这表明该酶在与质子转移相关的去酸化机制中起着一定的作用。

丙酮丁醇梭菌的产氢率在培养开始产醇时开始下降，并伴随着相应氢化酶的活力下降。在生长的产酸阶段，氢化酶活力水平很高，且细胞通过形成气态氢的有效途径，除去由于丙酮酸脱氢酶作用所产生的多余质子。产醇过程伴随着产氢的减少和形成醇酶类的增加，使得胞内的电子和质子转向形成中性的醇类。

（2）乙醇发酵

胃八叠球菌（*Sarcina maxima*）发酵产生乙酸、乙醇、甲酸、氢和 CO_2。当其生长在中性 pH 时，以相同浓度形成乙酸、乙醇和甲酸。随着 pH 降低，乙醇/乙酸的比率明显增加。而另一厌氧菌牛链球菌（*Streptococcus bovis*），在 pH 低于 6.5 时细胞产量和乙酸、乙醇、甲酸的产生量都下降，乳酸产量上升。

从胃八叠球菌的乙酸激酶和乙醇脱氢酶的水平来看，并不由环境的 pH 来调节和影响，而是由产物对葡萄糖代谢途径的中间部分进行调节，而并非对结尾部分进行调节。在低 pH 和中性 pH 中生长的细胞的丙酮酸脱氢酶、乙醛脱氢酶和丙酮酸脱羧酶活力水平有明显不同。前两个酶在中性 pH 中生长的细胞中为最高活力水平，通过丙酮酸脱氢酶对丙酮酸的氧化脱羧作用而形成乙酸和乙醇；在低 pH 时则由丙酮酸脱羧酶生成乙醇。

可以看出，代谢的调节可通过某些关键步骤的酶而不改变整个代谢途径来控制。

（3）乳酸、丙酸、琥珀酸发酵

乳酸菌是几类在中等酸性环境中生长的厌氧菌之一，其在中等酸性条件下的比生长率和 PMF 值（跨膜的 H^+ 梯度，质子动力）明显低于中性条件下。瑞士乳杆菌（*Lactobacillus helveticus*）则是单纯产酸菌，其生长和对葡萄糖的代谢与胞内和胞外质子化的酸浓度有关，该浓度能控制能量转换的机制和流出。因为该菌只产生乳酸，不可能通过改变发酵产物种类来减少酸性产物的产生。在葡萄糖中生长时，培养基 pH 快速下降的同时，细胞质中 PMF 和 $NADH/NAD^+$ 比率也都下降。

栖树丙酸螺菌（*Propionispira arboris*），分离自活树的潮湿部位，可发酵乳酸和一些糖类形成以丙酸、乙酸和 CO_2 为主的发酵产物，在该菌培养中加入氢导致同型丙酸发酵。这一代谢上的改变是由于氢化酶和丙酮酸铁氧还蛋白氧化还原酶对氧化型铁氧还蛋白的竞争，当有足量的氢存在时，载体都处于还原态，没有氧化态的铁氧还蛋白从丙酮酸的氧化中接受电子，因此乙酸形成受到抑制，而还原丙酮酸为丙酸所需的电子则来自于氢。

产琥珀酸厌氧螺菌（*Anaerobiospirillum succiniciproducens*）发酵糖形成琥珀酸、乙酸、乳酸和乙醇。发酵产物的组成受 CO_2 水平和培养基 pH 影响。在 pH6.2 和 CO_2 过量情况下生长，琥珀酸是主要发酵产物，而乙酸水平很低。相反，在 pH7.2 和限制 CO_2 水平情况下，除琥珀酸和乙酸降低之外还有乳酸形成。在 CO_2-HCO_3^- 过量的生长条件下，每摩尔葡萄糖的 ATP 产量和琥珀酸产量有明显提高，说明产琥珀酸厌氧螺菌提高琥珀酸产量有一个 CO_2 水平的临界值。发现碳和电子流影响磷酸烯醇式丙酮酸羧激酶的水平，在 CO_2-HCO_3^- 过量的生长条件下该酶水平增高，而乳酸脱氢酶和乙醇脱氢酶的水平下降，结果琥珀酸形成增多。

1.3.2.2 嗜碱发酵

对厌氧嗜碱发酵而言，研究胞内 pH 在中性以上能生长的微生物和真正的嗜碱菌的区别具有重要的意义。许多厌氧菌能在中性 pH 以上生长，但是通过发酵产生酸性终产物，pH 会迅速下降到中性以下，或许会更适合某些微生物生长。真正的嗜碱菌是能在 pH 维持在中性以上有最适生长点或区间，这包括一些专性厌氧菌。

解朊梭菌（*Clostridium proteolyticum*）分离于鸡粪厌氧消化器，而噬胶梭菌

（*Clostridium glueophage*）则分离自市政污水消化器。两种微生物都能进行蛋白质水解，可发酵胶原、明胶、偶氮化合物、蛋白质、熟肉和多肽等，主要的发酵产物为乙酸和 CO_2。这两种菌的最适生长 pH 为 6.0～8.0，发酵过程中 pH 一直保持在中性，即使产生大量的乙酸和偶有丁酸形成，但因为发生的氨化反应起到了中和作用，因此这些菌在高 pH 下生长的能力不同于其他梭菌。两种微生物都产生胶原酶，除了溶组织梭菌外，这是仅有的能产生该酶的梭菌。胶原酶是一类很重要的酶，因为其能作用于动物蛋白，水解胶原并生成多肽，这是其他蛋白酶所不具备的特性。

在高盐环境中常常存在硫酸盐，在此条件下，甲胺和其他甲基化合物，如二甲基硫化物是主要的产甲烷前体，而由乙酸、甲酸、H_2 产甲烷则不明显。可见从高盐环境分离的产甲烷菌的底物范围受到硫是否存在的影响。例如嗜碱的俄勒冈甲烷嗜盐菌，分离自含硫酸盐的环境，其利用三甲胺，在甲醇或二甲基硫化物中生长缓慢，不能利用 H_2/CO_2、甲酸、乙酸。

分离自埃及湖泊高盐环境中的嗜碱产甲烷杆菌，只以 H_2/CO_2 为底物产甲烷，不利用乙酸、三甲胺、甲醇或甲酸。分离自同样湖泊高盐沉积物中的织里甲烷嗜盐菌，能利用三甲胺和甲醇，不能利用 H_2/CO_2、甲酸或乙酸，并能耐受更高的盐。

因此，可以认为：甲烷菌依据其底物范围和对盐的耐受性而占据了不同的小生境。

1.3.3 生化适应机制

微生物存在于高或低的 pH 环境或是在生长中经历了 pH 的变化，就会通过消耗能量来维持体内环境的稳定或是调节细胞质的条件以适应环境 pH 的变化，这样消耗的能量要少些。厌氧菌与好氧菌相比，从给定的底物中获得的能源要少得多，而厌氧菌适应极端 pH 的机制也一般不采用高能量消耗的方式。

1.3.3.1 内部 pH 的维持

随着对厌氧菌的深入了解，关于其体内生长 pH 和胞外环境 pH 是否维持平衡，引起人们的关注。

在巴氏梭菌（*Clostridium pasteurianum*）的生长过程中，胞外 pH 从 7.1 降到 5.1 而内部 pH 同时也由 7.5 降到 5.9。热醋梭菌和丙酮丁醇梭菌在 pH 下降时维持内外 pH 之差，ΔpH 仅大约一个 pH 单位。八叠球菌在中性 pH 生长时，细胞体内 pH 为 7.1，当外部 pH 下降至 3.0 时，胞内 pH 为 4.3。牛链球菌在外部 pH 从 6.5 变化到 5.0 时，其细胞质 pH 也相应从 6.8 变化到 5.6。在较宽的一个 pH 值范围，能观察到细胞膜电位有很小的变化。

在环境 pH 发生变化时，产甲烷菌细胞内 pH 也会发生变化。例如布氏甲烷杆菌（*Methanobacterium bryantii*）利用 H_2 和 CO_2 生长时，pH 变化范围从 5.0 到 8.1，其细胞质 pH 不会维持恒定。在非最适 pH 生长时，膜内外产生 pH 梯度，不能满足维持一个恒定胞内 pH 的条件。亨氏甲烷螺菌（*Methanospirillum hungatei*）和热自养甲烷热杆菌（*Methanobacterium thermoautotrophicum*）在 pH5.8～7.8 的范围生长，其胞内 pH 相对于外部 pH 总是偏碱性，只有在 pH6.7 时，内外 pH 是相同的。

弱酸如乙酸、丁酸的产生会使得胞外 pH 发生变化，导致胞内的 pH 不能维持恒定。

这些酸的未游离态能自由地渗入细胞膜进入胞内，在细胞内以较大的ΔpH 值积累，从而使胞内 pH 降低。

因此，厌氧菌利用其发酵的代谢产物来适应环境 pH 的变化；不同的菌群其细胞膜对内外 pH 差异的维持能力不同，也就是不同的细胞对质子渗透的差异，反映了对酸的适应性生态竞争机制；同时，耐受酸菌群由于 ATP 酶活力水平高导致细胞膜对酸危害的抗性强，与膜相连酶的最适 pH 低，细胞在低 pH 时排出质子的能力强。

1.3.3.2 细胞膜和细胞成分

由于细胞内部 pH 随着环境 pH 的变化而变化，厌氧菌有多种适应机制以克服极端 pH 的有害影响，比如：细胞中碳和电子流向的改变、细胞形态、膜结构和蛋白质合成等，均可看作是菌体对 pH 条件变化的一种适应机制。

丙酮丁醇梭菌、保加利亚乳杆菌和胃八叠球菌在环境 pH 变化时都会发生形态学的变化。丙酮丁醇梭菌在生长的产酸阶段引起培养基 pH 从 6.8 降到 5.0 左右，当在低 pH 开始进入产醇阶段时，由杆菌变成了梭菌。丙酮丁醇梭菌的细胞膜成分也随产醇水平的提高而发生改变。生长在产醇阶段的细胞其细胞壁增厚，对剪切力和细胞壁水解酶的抗性都比产酸阶段的细胞强。

保加利亚乳杆菌生长在低 pH（pH4.5 左右）时，菌体形态为杆状，并由数个细胞连成链状。当培养基 pH 升高时，细胞变细变长，链上的细胞增多，当 pH 达到 8.0 时，长链折合成丝。自溶活性是保加利亚乳杆菌细胞解链必需的，碱性 pH 使得这些解链酶不能合成而不是抑制酶活性。

胃八叠球菌在酸性 pH 生长时是四联球菌的细胞形态，pH 增高时细胞变大并且细胞分裂变得不规则，结果在每个联球囊袋中有大量的细胞。在碱性 pH 时，细胞开始形成芽孢，芽孢的形成也是对极端 pH 的一种适应机制。八叠球菌的生活周期中形成芽孢是一种求生机制，在由胃部的酸性环境进入小肠碱性环境时，被诱发开始形成芽孢。

胃八叠球菌在环境 pH 改变时，其结构和脂类组分也会发生变化。中性 pH 时，细胞膜脂肪酸占优势的是碳链长度从 C_{14} 到 C_{18} 的脂肪酸。但是在 pH 为 3.0 条件下生长时，则存在着独特的碳链长度，即从 32～36 的 α,ω-双羧基脂肪酸，它们占细胞膜脂肪酸总量的 50%。由于其疏水特性，使得这些脂肪酸有助于消除来自生长过程产生的有害发酵产物（乙酸、甲酸和乙醇）对细胞稳定性所造成的危害，并防止摄取在低 pH 会使其逸散的代谢酸类。由于厌氧菌多在有限的条件下生存，随着外界 pH 的变化而改变其细胞膜组分比消耗 ATP 产生质子要有利得多。

1.3.3.3 与好氧菌的比较

对好氧微生物而言，环境 pH 改变影响其基因表达，其通过几种新蛋白的合成，来实现细胞保护和维持体内平衡。如鼠伤寒沙门菌（*Salmonella typhimurium*）处于酸性条件下，其反应就是产生几种蛋白质，被认为是酸的一种抵御机制。针对 pH 变化，好氧菌倾向于改变其代谢以抵御变化，直到恢复适宜的 pH 条件，而不是适应环境。

对厌氧菌而言，pH 是一种对生长有抑制作用的可变环境因子。胃八叠球菌的碳代谢的改变是受基因表达和蛋白质合成调控的，因为对环境 pH 变化的应答是发生在蛋白质合成水平，而不是改变或抑制酶的活力。丙酮丁醇梭菌在其所产丁醇的影响下使蛋白质合成发生改变，由于在终产物形成中起关键作用的酶活力发生变化，通过蛋白质合成来调节碳和电子流的改变。

研究表明，酶的变化也相应地反映在 mRNA 的变化上，因而厌氧菌能通过基因表达的调控来适应环境 pH 的变化。它们对环境 pH 改变的应答方式是使其在生长中适应这种变化，而不是像好氧菌一样采取保护菌体的方式来抵御外界条件的变化。

1.4 嗜盐菌

世界上的内陆湖泊中，包括了一些对嗜盐微生物来说是最极端的自然环境，如死海、大盐湖等。这些盐湖形成地因有较高的温度而引起高蒸发率。在入海口和一些特殊的海岸边、岩石区、积水潭，由于强烈的蒸发，也会成为极端的含盐环境。人类活动也会造成一些高盐环境如晒盐场，在某些盐池 NaCl 浓度可以达到饱和状态。

对耐盐细菌而言，生长并不需要 NaCl，但能在有盐条件下生长；而嗜盐细菌生长则必须利用 NaCl。嗜盐细菌可根据其对盐的需求而分为三个类群：①轻度嗜盐菌，NaCl 浓度为 2%～5%（0.34～0.85mol/L）时生长最快；②中等嗜盐菌，NaCl 浓度为 5%～20%（0.85～3.4mol/L）时生长最快；③极端嗜盐菌，NaCl 浓度为 20%～30%（3.4～5.1mol/L）时生长最快。

1.4.1 高盐生态系统

1.4.1.1 基本特性

高盐生态系统（内陆湖、海滨盐场）的离子组分总盐浓度和 pH 跨度变化较大。如北美大盐湖和中国青海及新疆的一些盐湖，湖中 Na^+ 和 Cl^- 是占优势的离子（Na^+ 和 Cl^- 的浓度分别为 105.4g/L 和 181g/L），盐浓度范围从 10%～20%（w/V）甚至以上，pH7.0～10，为碱性。

海滨盐场是人为的高盐环境，蒸发后的海水依序泵入系列盐池，造成盐的浓度不断升高，这样使得钙合成物（$CaSO_4$、$CaCO_3$）和 NaCl 依序沉淀下来。海滨盐场盐浓度和离子组成的系列变化表明，这些环境中存在轻度嗜盐到极端嗜盐的多种微生物群体。

1.4.1.2 有机质来源

高盐生态系统的生物类群一般有限。

在高盐环境附近生长的藻类和其他植物可能作为有机物质被带入高盐系统，尤其是雨季开始后，湖的水位明显升高，导致生长于湖岸边的植被被浸没而死亡。此外，在高盐环境中生长的嗜盐生物的死细胞和代谢产物也是有机物质的来源。

无脊椎动物、藻类和原核生物也是该环境有机物质的主要来源，盐场有卤虾和卤蝇存在，它们带有大量的几丁质，从晒盐场可分离到几丁质厌氧杆菌。高盐浓度下盐杆菌科一些成员的细胞壁含有糖、蛋白质和脂类，这些细胞壁被分解后可使有机物质的含量显著增加。

在高盐浓度下维持细胞膨胀压的有机渗透物质，也对高盐生态系统的整个碳循环作出贡献。除了钾，嗜盐细菌（如外硫红螺菌、甲烷嗜盐菌、蓝细菌等）也积累低分子有机物甘氨酸、甜菜碱、β-谷氨酰胺、N-乙酰基-β-赖氨酸，甚至碳水化合物（α-葡糖基油酸盐），以适应高盐下的渗透压。处于渗透压下的杜氏藻（*Dunaliella*）在高盐浓度下合成的主要化合物是甘油。

1.4.1.3 有机物质的氧化

盐浓度的增高导致沉积物中 H_2 和各种挥发性脂肪酸（VFA）异常积累，H_2 和挥发性脂肪酸的积累表明在高盐环境中间氢转移的新陈代谢很难进行。

与其他生态系统（消化器、海洋等）相比，高盐环境对有机物质的氧化是不完全的。一旦盐浓度高于 15%，有机物质的矿化效率就开始降低。即使存在对挥发性脂肪酸的氧化过程，但与大多数厌氧菌对碳水化合物的发酵过程相比，在高盐环境中挥发性脂肪酸的氧化过程还是很慢。在高盐环境中，H_2 和甲酸能刺激硫酸盐的还原过程，而乙酸、丙酸或乳酸则难以在此过程中发挥作用。对高盐湖沉积物（每升含盐 340g）富集后进行检测，溶解氢高达 200μmol/L，乙酸来自纤维素的降解，乙酸、丙酸、丁酸在加入富集培养物后的两个月内仍不能被代谢。

1.4.2 微生物多样性

海滨盐场的各个不同盐浓度的盐池中都栖息着大量不同的嗜盐或耐盐菌。在第一个盐池的绝大多数菌属轻度嗜盐；而在中间的盐池，海水被浓缩到 NaCl 浓度达 10%～20%，大部分菌属中等嗜盐菌，这类环境中微生物种类、数量最多；最后的盐池则是极端嗜盐菌的领地。海滨盐场的沉积物为厌氧状态且富含硫化物，厌氧沉积物中的硫化物主要来自于硫酸盐还原，硫酸盐是海水中的主要无机化合物之一（25mmol/L），在盐场中逐步被浓缩到饱和程度并以硫酸钙（石膏）的形式沉淀下来。

在开始的海水或至 NaCl 饱和时的系列盐池中，存在着各种不同的光合硫氧化菌，光合硫氧化细菌生长在含硫化物并且阳光能达到的一些区域的厌氧沉积物的表面，利用硫化物作为光合作用的电子供体。

在高盐环境中的极端嗜盐厌氧菌群中，包括属于盐厌氧菌科的发酵性细菌、属于外硫红螺菌科的光合硫氧化细菌和硫酸盐还原菌。

1.4.2.1 发酵性细菌

盐厌氧发酵细菌由于其专性嗜盐、细胞壁结构为革兰阴性及 DNA 的 G+C 含量低等特性，具有典型的发酵特征，常见有以下几个属：

①拟盐杆菌属，分解葡萄糖产生乙酸、乙醇及 H_2/CO_2。

②盐杆菌属，产生乙酸、丙酸、丁酸及 H_2/CO_2。

③几丁质盐厌氧杆菌属，在积累乙酸和 H_2/CO_2 时，也形成异构丁酸。

④洛氏螺旋盐杆菌和死海螺旋盐杆菌属，均能产生孢子，它们氧化碳水化合物形成挥发性脂肪酸和气体，前者主要为异构丁酸，后者主要为甲酸。

⑤解糖栖盐菌属，利用碳水化合物和 N-乙酰氨基葡萄糖的最适 NaCl 浓度为 10%，浓度范围为 3%～30%，利用葡萄糖的代谢途径为同型产乙酸。

⑥阿拉伯糖醋盐杆菌属，在 NaCl 浓度从 10%～25%时能在甜菜碱和三甲胺上生长，最适 NaCl 浓度为 15%～18%，从其氢化酶对氢的亲和力来看，该菌可能与硫酸盐还原菌竞争 H_2，还原 CO_2 形成乙酸。

1.4.2.2 光合细菌

厌氧光合细菌可根据其所含的细菌叶绿素和类胡萝卜素分为紫细菌和绿细菌。

与以水作为电子供体在光合作用中产生氧的蓝细菌相反，厌氧光合细菌可利用 H_2、有机化合物或还原性硫化合物作为电子供体，在阳光可到达的厌氧环境生活。在利用还原性硫化合物时，形成不同氧化程度的硫化合物，最终产物为硫酸盐。

厌氧光合细菌常在湖底的静水层或变温层中厌氧、有微弱光照的水体环境或有充足光线的沉积物表面形成致密的一层。绝大多数菌绒都主要是由紫硫细菌或绿硫细菌形成的有色生物质体。除了厌氧和光照条件外，光合紫硫细菌或绿硫细菌还需要硫化氢之类的稳定电子供体（厌氧沉积物中的硫化氢，大多是由细菌对含硫蛋白质的降解或硫还原菌对硫酸盐或硫的还原形成的）。靠岸浅海环境中含盐范围从低盐到高盐的地带是这些光合菌的理想栖息地。在这样的环境中，紫硫细菌和绿硫细菌按含氧、硫化物和光的强度梯度垂直分布。

水体中的氧向沉积物中渗透的深度一般不会超过 2mm，超过这个深度氧就会被硫化物化学结合或不同异养和自养生物消耗掉，特别是好氧无色硫氧化菌。在许多浅水沉积物中，能满足光合作用的照射可达 2～8mm 的深度，即使沉积物表面覆盖的蓝细菌或藻类可深到 10mm。光的蓝和绿部分与红和近红外部分的渗透深度相比要小些，而后者正是光合细菌所需的。近红外光只在浅水层（深度小于 50～100cm）的情况下才能渗透进沉积物。水深度超过 2～4m 时，只有波长在 450～550nm 之间的光能到达沉积物表面，但还是能被有细菌叶绿素和特殊类胡萝卜素的光合细菌利用。

一些来自靠岸海洋环境的光合细菌可以耐受 2%～4%的 NaCl，但也分离到了严格嗜盐的紫硫细菌或绿硫细菌，其最适生长盐浓度为 2%～5%的 NaCl，属轻度嗜盐微生物，这类菌在晒盐场与海水相连的第一个池中很丰富，此处海水被浓缩到大约 6%～8%的 NaCl。

而在高盐环境中仅分离到少数紫细菌，观察到了一些绿硫细菌但没有分离到，从海滨盐场中分离的大多数紫细菌为中等嗜盐菌，最适生长的盐浓度在 6%～11% NaCl 之间，它们分别属于红螺菌属、着色菌属、荚硫菌属和外硫红螺菌属。

极端嗜盐紫细菌可以在如沙漠、湖泊等高盐环境的含碱卤水中分离到，其最适生长需要 20%～25%的 NaCl，属于外硫红螺菌科。

1.4.2.3 硫酸盐还原菌

硫酸盐还原菌在含大量硫酸盐的高盐环境中会产生细菌的硫酸盐还原作用，其最明显的特性就是在厌氧代谢中以硫酸盐作为主要的电子受体。它们绝大多数也能利用硫代硫酸盐、亚硫酸盐或硫作为电子受体，少数还能以硝酸盐或延胡索酸盐为电子受体。当以硫化合物为电子受体时，其最终代谢产物为硫化氢，并释放到环境中。硫酸盐还原菌属化能有机营养型，能以低分子有机化合物如乳酸、丙酮酸、乙醇和挥发性脂肪酸或 H_2 为电子供体，少数还能利用脂肪酸并完全降解形成 CO_2。还有少数硫酸盐还原菌属自养型，能以 CO_2 为唯一碳源。

代谢过程中，硫酸盐还原作用主要是在厌氧沉积物或海底厌氧水层中进行，仅有如 H_2、甲酸和乳酸等有限的几种底物能被利用，在不完全氧化的情况下，会在沉积物中积累乙酸，表明盐会对挥发性脂肪酸的分解产生某些限制。

从高盐环境中分离到的中等嗜盐硫酸盐还原菌并不多，所分离到的乳酸和脂肪酸氧化菌株，在盐浓度达 27% 时生长很缓慢，需盐脱硫弧菌（*Desulfovibrio salexigens*）在 NaCl 浓度超过 12% 时就会停止生长。嗜盐硫酸盐还原菌的适宜生长盐浓度及其范围见表 1-5。

表 1-5　嗜盐硫酸盐还原菌群适宜生长盐浓度及其范围

	菌名	盐范围 （以 NaCl 计）/%	最适生长盐浓度 （以 NaCl 计）/%
轻度嗜盐	脱硫弧菌亚种　*Desulfovibrio desulfuricans*	0.5～6	2.5
	需盐脱硫弧菌　*Desulfovibrio salexigens*	0.5～12	2～4
	巨大脱硫弧菌　*Desulfovibrio giganteus*	0.2～6	2～3
	波氏脱硫菌　*Desulfobacter postgatei*	0.5～4	0.7
	广阔脱硫菌　*Desulfobacter latus*		2
	弯曲脱硫菌　*Desulfobacter curvatus*		2
	嗜水脱硫菌　*Desulfobacter hydrogenophilus*		1
	杂食脱硫球菌　*Desulfococcus multivorans*		0.5
	烟酸脱硫球菌　*Desulfococcus niacini*		1.5
	可变脱硫八叠球菌　*Desulfosarcina variabilis*		1.5
	自养脱硫杆菌　*Desulfobacteriun autotrophicum*		2
	空孢脱硫杆菌　*Desulfobacteriun vacuolatum*		2
	酚脱硫杆菌　*Desulfobacteriun phenolicum*		2
	吲哚脱硫杆菌　*Desulfobacteriun indolicum*		2
	泥生脱硫线菌　*Desulfonema limicola*		1.5
	巨大脱硫线菌　*Desulfonema magnum*		2～3
中等嗜盐	嗜盐脱硫弧菌　*Desulfovibrio halophilus*	3～18	6～7
	雷特巴湖脱硫盐菌　*Desulfohalobium retbaense*	3～25	10

1.4.2.4　产甲烷菌

对高盐生态系统开展的产甲烷菌微生物研究表明，甲烷菌利用的底物主要是甲基化合物，而对 H_2 和乙酸的利用则很弱。也就是说，对于高盐环境中产甲烷作用而言，H_2 并不是一种重要的资源。

由于高盐环境硫酸盐浓度较高，海洋和嗜盐产甲烷菌对 H_2 的竞争能力不明显，自然硫酸盐还原菌在与产甲烷菌竞争 H_2 中占优势。低分子量的甲基化合物如甲胺可能是高盐条件下产甲烷作用的主要底物。已报道的嗜盐甲基营养型产甲烷菌见表 1-6。

表 1-6　已分离的高盐生态系统产甲烷菌特性

特性		马氏甲烷嗜盐菌（Methanohalophilus mahii）	嗜盐甲烷嗜盐菌（Methanohalophilus halophilus）	普氏甲烷嗜盐菌（Methanohalophilus portucalensis）	织里盐地甲烷菌（Methanosalsus zhilinae）	尉氏甲烷盐菌属（Methanohalobium evestigatum）
形态		不规则球菌	不规则球菌	不规则球菌	不规则球菌	不规则球菌
大小（宽×长）/μm		0.8×1.8	0.5×2	0.6×2	0.75×1.5	0.5×1.5
最适温度/℃		35	26～36	40	45	50
最适 pH		7.5	6.5～7.4	6.5～7.5	9.2	7.0～7.5
最适 NaCl 浓度/%		12	7～9	3～12	4	24
嗜盐性		中等	中等	中等	中等	极端
底物利用	H_2+CO_2	-	-	-	-	-
	乙酸	-	-	-	-	-
	甲醇	+	+	+	+	+
DNA 含量/[%（G+C）]		48.5	44	43～44	38	未测

1.4.2.5　产甲烷菌和硫酸盐还原菌的竞争

在反应体系中当硫酸盐达到一定量时，硫酸盐还原菌在与产甲烷菌竞争不同的能源过程中将占优势。

在海洋环境中，H_2 和乙酸主要经硫酸盐还原途径而被利用。尽管如此，甲烷菌仍然在该环境中存在，其所利用的底物为甲胺（被认为是不被硫酸盐还原菌利用的非竞争性底物）。同时，从海洋环境中也分离到了属于甲烷微菌科和甲烷球菌科的氢营养型产甲烷菌。高盐生态系统中所含的硫酸盐的量多于海洋生态系统，这种底物的竞争作用会加剧。

在一些盐湖的沉积物中，产甲烷菌利用 H_2 的 NaCl 浓度的上限为 9%。当 NaCl 浓度达到 15%以上，以氢作为电子供体的产甲烷活性降低，甚至为零。因此，在高盐环境下产甲烷菌的存在与甲胺之类的非竞争性底物的存在密切相关。

在高盐生态系统中，NaCl 浓度直接影响产甲烷菌和硫酸盐还原菌的功能及分布。硫酸盐还原菌在 H_2 代谢方面有更高活性，但产甲烷菌在高 NaCl 浓度下也能利用一些特殊的有机化合物。大多数生态系统中，厌氧菌对有机物质的矿化生成最简单的化合物，如 CO_2、CH_4 和 H_2S，而在高盐生态系统中高含盐量导致挥发性脂肪酸和 H_2 的积累。

1.4.3　生化适应机制

1.4.3.1　细胞内部盐浓度

在高盐环境下专性嗜盐菌有两种适应方式：一是细胞内盐浓度维持在一个与外

界环境盐浓度相近的水平，二是细胞能将 NaCl 排出并产生相应的有机渗透压调节物质。

嗜盐厌氧细菌，如前柔盐拟杆菌（*Halobacteroides prohaloides*）、盐生盐拟杆菌（*Halobacteroides halogensis*）和乙酰乙基盐拟杆菌（*Halobacteroides acetoethylicus*），它们的胞内盐浓度相似。这几种菌细胞内的氯离子浓度与培养基盐浓度是对应的，且不产生渗透压调节物质。当在其最适 NaCl 浓度生长时，前柔盐拟杆菌和盐生盐拟杆菌胞内的 Na^+ 和 K^+ 浓度大致相同；而在乙酰乙基盐拟杆菌中，Na^+ 则是胞内占优势的离子。与嗜盐厌氧细菌不同，嗜盐好氧细菌当外界盐浓度高于其最适生长的盐浓度时，其胞内盐浓度并不增加，表明嗜盐好氧细菌能将氯排出，控制其内部盐浓度。

嗜盐好氧或厌氧古菌以及嗜盐厌氧细菌，它们的胞内盐浓度受外界盐浓度的影响，当外界 NaCl 浓度增加时胞内盐浓度也相应增加。其胞内单价离子的总浓度等于或超过外界相应离子的总浓度。

1.4.3.2　酶

高盐环境对嗜盐厌氧菌的影响（以乙酰乙基盐拟杆菌的酶活为例），与对嗜盐好氧古生菌酶的特性在某些方面有相似之处。

乙酰乙基盐拟杆菌的代谢酶，包括甘油醛-3-磷酸脱氢酶、乙醇脱氢酶和吸收脱氢酶在内的几种酶，都需盐来维持其活性，不同的酶各有不同的最适盐浓度，在 Na^+ 浓度与细菌内浓度相似或高一些的条件下活性最高。而丙酮酸脱氢酶在与胞内相同的 K^+ 浓度下活性最高。无论是 Na^+ 或 K^+ 浓度变化，都对酶活性有刺激作用，乙醇脱氢酶在一定范围内随着盐浓度增加酶活性也增加，在缺盐情况下酶活性几乎都要受到影响。

乙酰乙基盐拟杆菌酶对高于细胞内正常盐浓度的高盐的耐受特征，在嗜盐好氧古生菌的酶中也有类似情况。而在嗜盐好氧细菌中，大多数酶是在低于细胞内盐浓度的情况下活力才高。

1.4.3.3　细胞成分

在高盐环境中，光合细菌靠合成或摄取一些有机化合物并在细胞质中积累来调节其渗透压。其中最常见的就是甘氨酸甜菜碱。大多数紫细菌和绿细菌还能积累海藻糖和蔗糖等糖类物质，其中一些也能积累化合物 *N*-乙酰谷氨酰胺酰基谷氨酸。极端嗜盐紫细菌[比如盐绿外硫红螺菌（*Rhodospirillum haloviridis*）]还合成另一种氨基酸衍生物四氢嘧啶。

高盐环境的厌氧微生物中存在着底物利用范围宽的异养菌类群，这些底物包括生物多聚大分子如淀粉、糖原、蛋白质、纤维素和几丁质。而产甲烷菌利用的底物仅局限在甲基化合物，在 NaCl 浓度为 15%以上时，利用 H_2 的产甲烷作用就没有了。

高盐环境下硫酸盐还原菌在与产甲烷菌竞争 H_2 中占优势。嗜盐硫酸盐还原菌能利用的底物有 H_2/CO_2、甲酸、乳酸、丙酮酸和乙醇等，对乳酸和乙醇的氧化不完全。这种独特的代谢特性导致乙醇和其他挥发性脂肪酸积累。这种积累和环境的盐浓度成正比，即盐浓度增加对厌氧细菌转化挥发性脂肪酸过程产生明显抑制。

发酵性细菌产生的代谢产物与产甲烷菌或硫酸盐还原菌密切相关。有些发酵性细菌生成乙醇，这是硫酸盐还原菌可利用的底物。前柔盐拟杆菌具有蛋白分解活性并会形成甲醇，能被甲烷嗜盐菌利用生成甲烷；产甲烷菌的主要底物甲胺，可能是来源于高盐条件下原核生物普遍存在的渗透压调节物质甘氨酸甜菜碱。

1.5　嗜冷菌

深海地区、高寒地区、永久冻土地区以及极地地区占据了地球的大部分区域，地球上生物圈约 75% 都处于永久的低温环境。在这些极端的地区，具有嗜冷特性的古细菌、细菌和病毒等微生物得以大量繁殖，构成了寒冷地区的微生物系统。

嗜冷菌一般是在 $-15\sim20℃$ 之间最适宜生长，由于这个温度段与其他菌最适宜的温度段相比要冷很多（普通细菌适应生长温度为 $25\sim40℃$），故其得名嗜冷菌。

由于嗜冷菌独特的生存环境，要求其自身具备能在低温环境下实现所有的生命活动。微生物的生长需要维持细胞膜的流动性用于营养物质的运输以及遗传物质的复制用于繁殖，低温条件的限制要求嗜冷菌能够在低温条件下实现物质的运输以及遗传物质的复制，这也要求嗜冷菌能够产生低温下具有活性的各种生物结构。

1.5.1　嗜冷产甲烷菌的生态

自然界中，低温产甲烷菌广泛存在于深海沉积物、苔原湿地、永久冻土、冰川、沼泽地、低温厌氧水稻田泥土、淡水湖沉积物、废物厌氧反应器及低温粪便发酵物中。在各种低温生态系统中，低温产甲烷菌构成了重要的微生物群落结构，甲烷的生成由它们的相互营养作用决定，在全球碳素循环中发挥了非常重要的作用。

1.5.1.1　嗜冷产甲烷菌资源

有关嗜冷产甲烷菌的研究起步较晚，且缺乏对其生理生化特性及培养条件的研究，直到 1992 年 Allen 等从南极洲湖底（$1\sim2℃$）分离得到了一株嗜冷性产甲烷菌布氏拟产甲烷球菌（*Methanococcoides burtonii*），并且对它的基因组序列进行了研究，它成为第一个正式鉴定的嗜冷微生物。研究表明，它利用甲胺和甲醇产甲烷，但不能利用 H_2/CO_2 或乙酸，属于甲基营养型产甲烷菌。

1997 年 Franzmann 等从南极洲分离得到了第一个能利用 H_2 和 CO_2 产甲烷的嗜冷产甲烷菌 *Methanogenium frigidum*，它的最适生长温度为 15℃，并且在 $18\sim20℃$ 不能生长。此后，研究者们又陆续从各种冷环境中分离得到一些嗜冷产甲烷菌。

虽然从低温环境中得以分离培养的产甲烷菌资源相对较少，其中真正低温产甲烷菌更少，但在自然界中低温产甲烷菌资源却广泛存在，涵盖了甲烷微菌目（Methanomicrobiales）和甲烷八叠球菌目（Methanosarcinales）中的常见甲烷菌属，如产甲烷菌属（*Methanogenium*）、甲烷粒菌属（*Methanocorpusculum*）、甲烷螺菌属（*Methanospirillum*）、甲烷拟球菌属（*Methanococcoides*）、甲烷八叠球菌属（*Methanosarcina*）、甲烷噬甲基菌属（*Methanomethylororans*）、甲烷杆菌属（*Methanobacterium*）、甲烷叶菌属（*Methanolobus*）等，如表 1-7 所示。

表 1-7　从冷环境中分离得到的产甲烷菌

菌株	分离地点和时间	当地温度/℃	生长温度/℃	最适温度/℃	利用底物
布氏拟产甲烷球菌（*Methanococcoides burtonii*）	Ace 湖，南极洲，1992	1～2	−2～28	23	甲胺、甲醇
嗜冷产甲烷菌（*Methanogenium frigidum*）	Ace 湖，南极洲，1997	1～2	0～18	15	H_2/CO_2、甲醇
湖沼甲烷八叠球菌（*Methanosarcina lacustris*）	Soppen 湖，瑞士，2001	5	1～35	25	H_2/CO_2、甲胺、甲醇
波罗的海甲烷八叠球菌（*Methanosarcina baltica*）	Gotland 海峡，瑞典，2002	1～6	5～28	21	甲胺、甲醇、乙酸
海洋产甲烷菌（*Methanogenium marinum*）	Skan 海湾，美国，2002	1～4	5～25	25	H_2/CO_2、甲醇
阿拉斯加甲烷球菌（*Methanococcoides alaskense*）	Skan 海湾，美国，2005	1～6	5～28	24～26	甲胺、甲醇
MB 甲烷杆菌（*Methanobacteriumstrain* MB）	泥炭沼泽，西伯利亚，2007	1～3	5～30	25～30	H_2/CO_2
布泥产甲烷菌（*Methanogenium boonei*）	Skan 海湾，美国，2007	1～6	5～30	19.4	H_2/CO_2、甲醇、乙酸盐
嗜冷产甲烷叶菌（*Methanolobus psychrophilus*）	西藏高原沼泽，中国，2008	0.6～1.2	0～25	18	甲胺、甲醇、甲基硫醚
润土甲烷杆菌（*Methanobacterium reterum*）	永久冻土，西伯利亚，2010			28	H_2/CO_2、甲胺、甲醇

1.5.1.2　嗜冷产甲烷菌分布

永久冻土中低温产甲烷菌的甲烷排放量占全球的 25%，同样含有多种低温产甲烷菌资源。高纬度冻土中低温产甲烷菌群落结构组成、丰度及产甲烷代谢途径与其生境条件、气候变化均有一定相关性，而不同冻土地带检测到的群落结构及产甲烷途径具有明显的差异。研究发现，永久冻土中的产甲烷菌在系统发育上大多隶属于 4 个科，即甲烷杆菌科（Methanobacteriaceae）、甲烷八叠球菌科（Methanosarcinaceae）、甲烷微菌科（Methanomicrobiaceae）及甲烷鬃菌科（Methanosaetaceae）。

低温厌氧水稻田泥土是生物合成甲烷的另一个主要场所。由于稻田的氧分压较大且相对干燥，所以含有的产甲烷菌相对其他生境来说，氧气耐受性和抗旱能力较强。水稻田泥土中存在的低温产甲烷菌资源与永久冻土中的资源相似，即在系统发育上分属于 4 个科：Methanobacteriaceae、Methanosarcinaceae、Methanomicrobiaceae、Methanosaetaceae，它们利用的底物一般是 H_2/CO_2 和乙酸，氢营养型产甲烷菌的种群数量随着温度升高而增大，低温下存在着甲烷八叠球菌科和甲烷鬃菌科的竞争选择关系。在水稻田中乙酸的积累可以促使 Methanosarcinaceae 的菌株更快速生长，而甲烷鬃毛菌属（*Methanosaeta*）的菌株对乙酸的 K_m 值和阈值均低于甲烷八叠球菌属（*Methanosarcina*）的菌株，因此在乙酸浓度低的环境中更有利于它的生长。

在淡水湖沉积物中，低温产甲烷菌类群的分布随着季节的变化而变化，同时氢营养型产甲烷菌的丰度和活性会随着淡水沉积物的深度不同而发生改变。在冬季沉积物中产甲烷菌的类型要比夏季的多，其优势菌是甲烷微菌目（Methanomicrobiales）。

在酸性的西伯利亚沼泽中，氢营养型产甲烷菌和乙酸营养型产甲烷菌是甲烷生成的主要菌群。在低温下挥发性酸降解过程中，甲烷鬃毛菌属和甲烷螺菌属（*Methanospirillum*）均有发现。

1.5.2　嗜冷菌生化适应机制

低温微生物在长期生物进化过程中形成了一系列适应低温的机制。这些机制包括营养物质的吸收和转运、DNA 的复制合成、蛋白质的合成、合成代谢和分解代谢及能量代谢的正常进行等方面，都有着独有的特点。

1.5.2.1　细胞膜流动性

膜脂的组成提供了膜流动的前提条件，从而保证膜中镶嵌的蛋白质发挥正常的功能。膜中脂类的改变会引起膜流动性的改变，而膜的流动性也为营养物质的转运和吸收提供了基础。因此微生物必须调节脂类的组成，从而调节膜的流动性和相结构以适应环境的变化。

当微生物处于低温时最常看到的变化是不饱和脂肪酸的比例增加。比较中温酵母和嗜冷酵母同时处于低温时发现，嗜冷酵母合成的不饱和脂肪酸含量增加，细菌处于低温时除了不饱和脂肪酸发生改变外，尚有其他的变化如缩短酰基链的长度、增加脂肪酸支链的比例和减少环状脂肪酸的比例等。所有这些变化对于低温时维持膜的流动性具有重要意义。

中温菌在接近 0℃时溶质吸收不活跃，其细胞膜中的运载蛋白对冷敏感，溶质分子不能与相应的运载蛋白结合，且在低温条件下由于能量缺乏不能支持营养物质的跨膜运输，而嗜冷菌细胞膜中的运载蛋白对冷不敏感。比较研究嗜冷的、中温的和嗜热的 *Torulopsis* 菌株，发现只有嗜冷菌能在 2℃运转葡萄糖。

1.5.2.2　冷休克蛋白与冷保护剂

细菌具有强大的环境适应能力，能够在低温条件下存活。

一种名为"冷休克蛋白"的蛋白质是细菌低温存活的关键。1987 年从大肠杆菌中发现了第一个冷休克蛋白。发现"冷休克蛋白"的 mRNA 具有感知冷暖的特殊能力。感知温度的特殊功能使"冷休克蛋白"的 mRNA 只有在低温的情况下才会表现稳定。也就是说，在低温下 mRNA 反而能够更有效地复制细菌的遗传信息，帮助细菌生存繁衍。

研究表明，嗜冷产甲烷菌等嗜冷微生物在温度突然降低时，会诱导冷激蛋白的高表达，产生冷休克反应。冷激蛋白的产生一般出现在滞后期和对数生长期。而且，并不是只有嗜冷菌才能产生冷激蛋白，当生长温度突然降低时，无论是嗜冷微生物还是中温微生物都会被诱导产生冷激蛋白，只不过嗜冷微生物产生得更多。

低温下微生物合成的一些小分子化合物对微生物的冷适应也具有重要的意义，如海藻糖、胞外多糖、甜菜碱、甘露醇等，被称为低温防护剂。这些化合物起到防止结晶、浓缩营养物质以及防止酶冷变性等作用。海藻糖被推测可以防止蛋白质变性凝聚，普遍认为胞外多糖改变了微生物的生理生化指标，帮助微生物有效保持细胞膜流动性并保存水分，协助浓缩营养物质，并保护酶免受冷变性。有研究发现，在嗜冷产甲烷菌中发现了一些可能的低温保护剂，包括甜菜碱、一些氨基酸及其衍生物等，被称为相容性溶质。

1.5.2.3 tRNA 的结构与组成

酶是由活细胞产生的、对其底物具有高度特异性和催化效能的蛋白质或 RNA，tRNA 的成分组成对嗜冷产甲烷菌的热稳定性具有重要的影响。tRNA 中 G + C 含量越高，其稳定性越高，但流动性越差，反之亦然。

由于 tRNA 维持基本稳定性需要一定的 G + C 含量，所以嗜冷产甲烷菌不能通过降低 G + C 含量来提高 tRNA 的流动性。但是增加 tRNA 的流动性对于低温条件下其功能的实现具有十分重要的意义，这就要求嗜冷产甲烷菌必须通过其他途径来改善 tRNA 的流动性。

研究发现，*Methanococcoides burtonii* 中 G+C 的含量与嗜温、嗜热产甲烷菌相比并没有减少，但在 tRNA 转录后结合的二氢尿嘧啶含量远远高于其他对照古菌。因此，这可能是嗜冷产甲烷菌改善 tRNA 局部构象从而增加 tRNA 流动性的关键环节。

1.5.2.4 独特的蛋白质结构

酶在低温下具有很高的催化效率与更松散且更具柔性的蛋白质结构相关联，这种蛋白质结构容许利用更少的能量投入就产生具有催化效能的构象变化。嗜冷菌中的蛋白质在低温下能保持结构上的完整性，这可能是由于其蛋白质分子含有更多的氢键和盐键从而能形成相对松动和具有弹性的结构。

以嗜冷酶蛋白为例，通过对嗜冷酶的蛋白质模型和 X 射线衍射分析表明，嗜冷酶分子间的作用力减弱，与溶剂的作用加强，酶结构的柔韧性增加，使酶在低温下容易被底物诱导产生催化作用，温度提高时，嗜冷酶的弱键容易被破坏，使酶变性失活。例如：从南极海水分离的枯草杆菌蛋白酶与嗜温枯草杆菌蛋白酶比较，肽链稍长，酶分子中的盐键数量较少，芳香作用减低，对 Ca^{2+} 亲和力减少，与溶剂的相互作用增加，尽管活性中心序列是保守的，但由于这些变化有利于增加酶的柔韧性，使其在低温下容易与底物结合，在 4℃时其活性是其他两种嗜温酶的 20 倍，体现了典型的嗜冷酶的特性。

因此它们与底物结合的活化能更低，特别是在低温和常温下与大分子底物结合的活化能更低。研究发现，嗜冷菌中的有些代谢酶类较中温菌在低温条件下具有较低的 K_m，这反映了嗜冷菌细胞中的酶类在低温下具有较强的底物亲和力。还发现嗜冷菌细胞中有些代谢酶类以不同温度特性的同工酶方式存在，这可能是嗜冷菌适应低温环境的独特方式。

1.5.2.4.1 嗜冷酶氨基酸序列的一些特征

对南极耐冷菌静止嗜冷杆菌（*Psychrobacter immobilis*）的脂肪酶序列的分析表明，该脂肪酶中稳定的碱性残基精氨酸与精氨酸+赖氨酸[Arg/（Arg+Lys）]的物质的量比较中温菌及嗜热菌中的低得多。在低温脂肪酶中，如精氨酸等稳定性残基的低数量可能有助于形成一种更具柔性的三级结构。另外，增加的甘氨酸残基可能会起到有力的促进作用，在低温催化过程中促进酶的构象改变。

已经报道了很多嗜冷酶的特性，包括 β-内酰胺酶、α-淀粉酶、枯草杆菌蛋白酶、3-磷酸甘油醛脱氢酶和磷酸丙糖异构酶。在这些酶中都可以观察到氢键、芳香作用和离子对的减少，而分子的表面环呈伸展状态。在某些酶中还发现表面环区域中的脯氨酸减少。这些特性看起来都是为了增加蛋白质的柔性，使嗜冷酶在低温下获得更高的催化效率，尽管因此会破坏蛋白质分子的致密结构、降低酶的热稳定性。

不同的酶具有不同的机制来提高其结构的柔性。在一种来自南极细菌的柠檬酸合成酶中同样观察到其表面环呈伸展状态、环中脯氨酸残基减少以及带电残基增多。但没有发现该酶具有在其他一些嗜冷酶中观察到的现象，如异亮氨酸减少以及精氨酸与精氨酸+赖氨酸[Arg/（Arg+Lys）]的物质的量之比下降。

从南极海水中两株不同的枯草杆菌中分离出两种枯草杆菌蛋白酶，发现这两种酶的多肽链（309 个氨基酸）比另两种来自中温菌的枯草杆菌蛋白酶的多肽链（275 个氨基酸）稍长一些。插入部分主要发生在与其二级结构单元（9 个 α 螺旋和 8 个 β 折叠链）相连的一些环中。环长度的增加可以给二级结构单元提供更大的运动空间，提高结构的柔性。而且发现在这两种酶中虽然也有二硫桥存在，但其并没有起到稳定结构的效应。这可能是由于肽链增长使分子折叠致密程度降低，结构单元之间的距离加大使其结构变得松散从而削弱了二硫桥的稳定作用。

1.5.2.4.2 稳定性、活力和柔性的关系

越来越多的证据表明酶的稳定性、活性和柔性之间的关系比预想的要复杂得多。

嗜冷酶的高催化活性总伴随着它的低热稳定性。一般地具有高度热稳定性的嗜热酶在室温时催化效率很低。因为从显著增加分子体系的刚性获得的热稳定性损害了底物和酶之间的相互作用。相反地，分子结构的柔性使酶与底物可以以较低的能量进行结合。Shoichet 等通过基因定点突变发现，催化反应中活性位点的氨基酸残基对于酶的稳定性来说并不是最佳的。

某些蛋白质结构是用来控制蛋白质的稳定性的，而另外的区域在决定蛋白质的柔性方面很重要，它决定该酶在环境温度下发挥其最佳的催化活性。因此，我们有可能获得不仅具有高催化活性且也具有良好热稳定性的嗜冷酶。

研究发现，来自强烈炽热球菌（*Pyrococcus furiosus*）的嗜热柠檬酸合酶的平均温度因子（B 因子，B factors，代表晶格全部或局部的混乱度）与来自南极细菌菌株的柠檬酸合酶相比要高得多。理论上，这意味着该嗜热酶比嗜冷酶具有更大的柔性，但经过进一步的计算发现嗜冷酶酶分子的小结构域比该嗜热酶的大结构域具有更大的柔性，尽管两者的 B 因子很接近。相对大结构域而言，酶的活性是由小的结构域的相对运动诱导的。两种结构域在柔性上的巨大区别可以提高嗜冷酶在低温下的活性。

研究来自北极水螺菌（*Aquaspirillum arcticum*）的苹果酸脱氢酶（MDH）的三维结构时发现，其主链原子的平均 B 因子比来自黄色栖热菌（*Thermus flavus*）嗜热苹果酸脱氢酶的 B 因子要低得多，这看起来与嗜冷酶的高柔性相矛盾。但在严格排除两者比较时分辨率不同以及酶的包装、溶剂含量和分子间的相互作用带来的影响，以在催化时发挥作用残基的原子的 B 因子去除其余不发挥作用的原子的 B 因子，比较其比值，发现北极的 MDH 比栖热菌属的 MDH 要高得多，说明北极的苹果酸脱氢酶的催化位点比较嗜热

MDH 而言具有更大的柔性。

在采用底物抑制剂或定点突变来研究酶的三维结构与其冷适应性的关系中发现，减少脯氨酸和精氨酸残基的数量、增加甘氨酸残基的数量可以降低酶的稳定性，以及减弱分子之间的相互作用力，增加酶与溶剂的相互作用，减弱结构域之间或亚基之间的相互作用，以及减弱阳离子与阴离子之间的相互作用力，同样也使嗜冷酶的稳定性变得更低。所有这些因素都提高了酶分子结构全部或局部的柔性。它使酶在低温下更容易与底物结合，具有更高的催化活性。因此有人推测，在低温下，酶的不稳定性是其获得高催化活性所必需的。在低温时，酶分子在结构上的一些改变（如上所述），导致其致密结构变得松散，柔性加大，因此易与底物结合提高其活性，但由于肽链折叠程度下降使分子处于一种较伸展的状态，因此降低了其稳定性。这与其适应低温生长环境是一致的。

此外，嗜冷菌具有 0℃合成蛋白质的能力。这是由于其核糖体以及细胞中的可溶性因子等对低温的适应。体外实验表明，在同样低温条件下嗜冷菌体外蛋白质翻译的错误率最低。许多中温菌不能在 0℃合成蛋白质，一方面是由于其核糖体对低温的不适应，翻译过程中不能形成有效的起始复合物，另一方面是由于低温下细胞膜的破坏导致氨基酸等内容物泄漏。

由此可见，嗜冷菌适应低温的能力表现在蛋白质合成过程中翻译机制的适应性以及在低温下能保持完整的结构，从而保证低温下蛋白质合成的正常进行。

1.5.3　嗜冷酶

嗜冷菌中产生的很多酶在低温下才显示高效的催化效率，而在高温下很快失活，这类酶称为嗜冷酶。

嗜冷菌的主要应用在于微生物源的嗜冷酶，微生物学家已从深海和南北极的海洋环境发现的嗜冷菌群中分离到各种嗜冷酶。如来自南极细菌的 α-淀粉酶、枯草杆菌蛋白酶和磷酸丙糖异构酶等。

通常情况下，在 0～30℃范围内，嗜冷酶的活性比相应的嗜温酶要高，例如，从嗜冷性海洋微生物中分离的蛋白酶在 20℃时的活性约为 40℃时的 50%，而从土壤中分离的蛋白酶在20℃时的活性仅为40℃时的25%。嗜冷酶最适反应温度与嗜温酶相比要低 20～30℃。

天然嗜冷酶筛选的常规方法是从嗜冷环境中采集样品、富集、分离嗜冷菌，再通过特定选择标记筛选嗜冷酶。一般工业生产上从嗜冷环境中收集 DNA 样品，随机切割成限制性片段，再插入寄主细胞进行表达。利用基因重组技术，把极端酶的基因克隆，并进行序列分析，进一步探讨酶的结构与功能的关系，是目前极端酶酶学研究的方法之一。

最近的研究表明，利用多型基因克隆技术，从海洋嗜冷菌的 DNA 中克隆并表达了DNA 聚合酶。而一旦筛选到生产菌株，要使其投入工业化生产应用，需要大规模的细胞培养和酶的大量合成及分泌条件的优化以及生化反应设备的设计等工作。要满足其生长及发酵条件，将会对设备和环境提出苛刻的要求。因此，把嗜冷酶基因克隆到嗜温菌中表达，这样产量较高，能够较好地保持原有的稳定性。实验室中通常在-5℃下培养嗜冷菌2～10h（据菌种而定），得到较高浓度的细胞和胞外酶，低温下更多的酶生成可以补偿酶活力的低速率。高温（＞20℃）可以缩短生长时间，但细胞浓度低，胞外酶产量少。

1.6　嗜压菌

嗜压微生物（piezophiles）是指需要在高于大气压的压力条件下才能良好生长的微生物，它们一般生活在平均水深超过 3800m 的海区，有着与陆地截然不同的生境，在这样的生境中，压力可超过 40MPa，而温度仅为 1～4℃。根据微生物最适压力的不同，又可划分为耐压微生物（piezotolerant，最适生长压力在 0.1～40MPa 之间都能生长，在 0.1MPa 下生长更好）、嗜压微生物（piezophiles，最适生长压力为在 0.1MPa 下也具有生长能力，但高压下生长更好，40MPa 是其最适生长压力）、极端嗜压微生物（extreme piezophiles，生活在 10000m 以下，它们不仅耐受压力，而且生长也需要压力，不能在低于 40MPa 压力下生长）。耐压微生物既可以在高压下生长、也可以在常压下生长，而嗜压微生物和极端嗜压微生物需要压力才能达到最适生长。

1.6.1　嗜压菌生态

1.6.1.1　嗜压菌分布

在水深超过 1000m 的深海区域，有着全球最大的独立的生态系统，包括深层海水（deep layer water）、表层沉积物（top layer sediment）以及冷泉（cold seep）、热液（hydrothermal vent）、多金属结核区（metallic nodules）等多种地质结构。深海是一个多重极端环境，低温（热液喷口除外）、无光照和低营养；pH 大概在 7.8～7.9 之间；压力随着深度逐渐增加，水深每增加 100m，压力就会增加 1MPa；深层海水的氧浓度为 200～300μmol/kg；溶解有机碳的溶度是 35～48μmol/kg。

深海随着水深可分为海洋深层（1000～3000m）、海洋深渊层（3000～6000m）和超深渊层（6000～10000m）。虽然超深渊带占全球海底面积不大（1%～2%），但由于海沟的"V"形截面特征和较陡的侧向坡度，海沟两侧广阔区域的海床沉积物都具有向海沟底部运移的趋势，这就造成了海底生源要素向超深渊带的积聚和埋藏，因此超深渊带在全球生源要素循环特别是碳汇作用中扮演着极其重要的角色。

超深渊带（hadal zone）大多分布在由洋陆板块俯冲形成的海沟底部，是地球生物圈最深的生境。在超深渊带极端高压和海沟地形形成的双重隔离下，生物在适应极端环境的过程中独立进化，形成大量特有物种；同时由于超深渊微生物种群以硫化物、氮化物、甲烷等化合物作为食物和能源，其具有独特的生命本源和机制。因而，生活在这样一种封闭、深海环境的超深渊生物群，有着独特的生命体系，对它们的分离和研究，为探索生命在高压极端环境下生存的生化与分子适应机制奠定了基础。

1.6.1.2　深渊微生物多样性

嗜耐压微生物是深海生态系统中的重要组成部分。

（1）深渊微生物分布

超深渊微生物的研究始于 20 世纪 50 年代，直到 1981 年美国 Scripps 海洋研究所研究人员从马里亚纳海沟（Mariana Trench）中分离到 1 株在常压下无法生存的绝对嗜压菌。

2012 年，美国、日本等国家针对全球海沟生态系统开启了名为 HADES 的海沟生态系统综合观测计划（Hadal Ecosystem Studies），重点研究海沟生物（基因）进化过程、碳循环过程与海沟生态系统相互作用，并获得初步研究成果。比如，对马里亚纳海沟 11000m 底部与 6000m 区域相比，11000m 深的微生物丰度更高，沉积物的生物耗氧速率几乎是 6000m 区域的 2 倍，表明超深渊底部环境中存在着非常活跃的微生物活动。

（2）嗜压菌的分离培养

对嗜压微生物的分离方法也有很多，包括先富集后分离，也有直接分离的，分离的时候有直接固体培养基分离的，也有梯度稀释和采用不同底物稀释分离等。目前，分离到的嗜压细菌大多为革兰阴性菌，包括 γ-变形菌类群中的希瓦菌属（Shewanella）、冷单胞菌属（Psychromonas）、发光杆菌属（Photobacterium）、科尔韦尔菌属（Colwellia）、硫代深海嗜压菌属（Bathythiophil）及摩替亚菌属（Moritella）等，以及部分 δ-变形菌类群和 α-变形菌类群。根据最适生长温度进行分类，嗜压微生物又可分为低温、中温、高温和超高温嗜压微生物，最适温度分别为小于 15℃、15~45℃、45~80℃和大于 80℃。

美国科学家对全球最深的两个超深渊位点（马里亚纳海沟中的挑战者深渊 Challenger Deep、10918m，和西雷纳深渊 Sirena Deep、10667m）进行研究，发现两个海沟主要以异养的 γ-变形菌纲（Gammaproteobacteria）为主，其次是泉古属（Nitrosopumilus）和广古菌门（Euryarchaeota），还有 α-、β-、ε-、δ-变形菌纲和厌氧的甲烷氧化古菌。同时还发现海沟环境受热液流的影响较大，比如西雷纳深渊的微生物群落以假交替单胞菌（Pseudoalteromonas）为主，而热液流和热液喷口就含有高丰度的假交替单胞菌。

日本科学家分别对马里亚纳海沟的挑战者深渊（0~10257m）和日本海沟（0~7407m）中的微生物群落组成进行了研究，发现在挑战者深渊中存在着丰富的异养生物，它们很可能以有机碳为食；γ-变形菌纲和拟杆菌门（Bacteroidetes）等异养细菌是海沟水体中的优势类群；深渊带与超深渊带的古菌群存在生态位分离；挑战者深渊的有机物可能是由海沟坡上的有机物沉积而来。

中国科学家通过高通量测定，报道了马里亚纳海沟底层水（benthic boundary layer，BBL）中颗粒附着古菌和浮游古菌的组成，发现奇古菌门（Thaumarchaeota，>90%）和乌斯古菌门（Woesearchaeota，<10%）为主要类群，其中奇古菌门中以 Marine Group I（MGI）类群为主；颗粒附着古菌和浮游古菌的分布区分明显，前者主要分布在表层沉积物中，后者主要分布在水体中，且浮游古菌活性较强。

基于新的基因组分析技术，对挑战者深渊微生物基因组的全面解析和对其原位代谢活性的报道，揭示了深渊特殊极端环境对微生物种群分化的驱动作用；研究还表明深渊特定微生物类群通过氧化 CO 来获取能量，拓展了 CO 氧化菌的生存空间范围。由此，可以看出海洋超深渊海沟中的异养细菌，在生物地球化学循环过程中发挥着重要作用。

1.6.2　嗜压菌生化适应机制

生活在深海的微生物经历了低温（热液口除外）、高压、高盐、寡营养等极端条件的考验。深海环境是一个高静水压（high hydrostatic pressure，HHP）生态系统。

高静水压对微生物最直接的影响就是使其体积变小，导致微生物分子系统构象和超分子结构的变化，从而影响其在细胞中的功能。深海微生物在高静水压（p）下，其会发生细胞膜的流动性变差、多聚蛋白分解、蛋白质结构变化、运动性变差、翻译有可能受阻等变化，以适应深海的高压环境（图 1.4）。

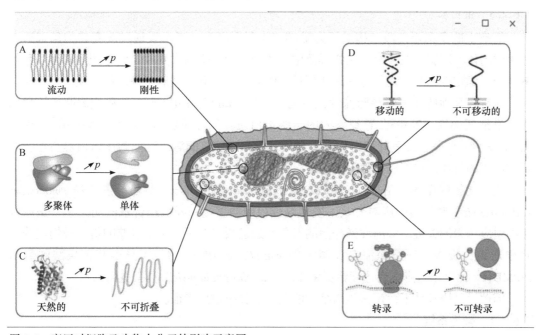

图 1.4　高压对细胞及生物大分子的影响示意图

A—膜中的脂质（流动—变硬）；B—多聚蛋白组合（多聚体—单体）；C—蛋白质结构（螺旋—不可折叠）；D—细胞运动性变差；E—核糖体的蛋白质翻译失败

1.6.2.1　核酸

HHP 能使 DNA 双链分子的氢键变得更加稳定，导致解链温度 T_m 值升高，从而使得 DNA 的复制、转录和翻译过程变得更加困难。例如，单链结合蛋白在 DNA 的复制、转录过程中起着稳定 DNA 分子的作用。

研究发现，对比分析耐受压力的和不耐受压力的希瓦菌（*Shewanella*），发现二者的 DNA 单链结合蛋白有差异。甘氨酸和脯氨酸的含量与 DNA 双螺旋结构的稳定性有关，它们在压力耐受菌株的 DNA 单链结合蛋白中含量较少。同时还发现，耐受压力的菌株的 DNA 单链结合蛋白与 DNA 分子单链的结合浓度更低。

1.6.2.2　脂膜和细胞流动性

脂膜是目前存在的最具压力敏感性的生物结构之一。完整的生物膜是一种非常复杂的层状磷脂双层基质，含有多种脂质分子和大量具有多种生化功能的蛋白质。在压缩后，脂质通过改变它们的构象来适应体积限制。因此，随着压力的增加，脂质双层失去流动性，变得对水和其他分子迅速不渗透，而对膜的最佳功能至关重要的蛋白质-磷脂相互作用被消弱。

细胞膜主要结构是两层磷脂夹杂着一些蛋白质，磷脂的排列结构决定了膜的流动性。当磷脂中分支链脂肪酸或不饱和脂肪酸的含量增加时，高压下细胞膜的流动性增强。例如在高压生长下，希瓦菌、摩替亚菌（*Moritella* sp.）和深海发光杆菌（*Photobacterium profundum*）等这些嗜压菌细胞膜中的单不饱和脂肪酸含量增加；而耐压希瓦菌（*Shewanella piezotolerans*）细胞膜中的多不饱和脂肪酸和支链脂肪酸的含量增加。

1.6.2.3 蛋白质

细胞中的多聚蛋白质结构对压力敏感。类似于脂类，蛋白质通过改变其构象来适应压缩时的体积限制。在 HHP 生物群落中，压力不会使蛋白质变性，而是通过修改多聚体的结合、稳定性以及催化位点来改变蛋白质的功能，以此来适应高静水压环境。

对来自深海的中度嗜冷菌株紫色希瓦菌（*Shewanella violacea*）的研究表明，该菌株生长最适压力为 30MPa，其细胞内的一些蛋白质，如呼吸蛋白、细胞分裂蛋白 FtsZ、RNA 聚合酶亚基、二氢叶酸还原酶、异丙基苹果酸脱氢酶等，这些嗜压蛋白具有独特的适应高压的特性，在高压条件下更稳定、活性更高。

通过比较嗜压热球菌（*Thermococcus barophilus*）MP 与柯达热球菌（*Thermococcus kodakarensis*）对压力的应对方式，发现高蛋白的伸缩性和降低结合水的动力学，是原核生物适应压力的关键；深海发光杆菌的新型水通道蛋白，可用于水过滤的仿生膜构建的替代候选物；极端嗜压菌深海希瓦菌（*Shewanella benthica*）的 3-异丙基苹果酸脱氢酶（IPMDH）比常压适应奥奈达湖希瓦菌（*Shewanella oneidensis*）具有更高的耐压性。

因此，高压条件下，蛋白质因结构的变化而具有耐压特征。

1.6.2.4 鞭毛系统

鞭毛是多种细菌的运动器官，单个极生鞭毛可促使细菌在液体中游动；多个侧生鞭毛可以使细菌在黏性环境下形成群。

在高压条件下，细胞膜流动性变差，也影响到细胞的运动性。但是在高压条件下，深海嗜耐压微生物依然可以运动，它们有两套鞭毛系统来应对高压环境。例如深海发光杆菌 SS9 有两套鞭毛系统，其中侧生鞭毛仅在高压和高黏度下表达、极生鞭毛在液体培养中表达；耐压希瓦菌 WP3，在低温条件下侧生鞭毛被诱导，而在高压条件下极生鞭毛被诱导。

1.7 厌氧微生物

最初的生命是厌氧型的，厌氧微生物在氧气不足或无氧气的情况下，完成生物化学反应。对于最初的植物生命来说，氧气是它的一种废弃物，大量的氧气对它来说是有害的、是一种毒气，但这些生物的厌氧呼吸的效率极低，而当时海洋中的养料并不能维持很长时间。后来叶绿素产生了，它向生命体提供养料，生命体不再依赖通过厌氧过程聚集起来且不断减少的营养素，厌氧微生物才进化成为今天的需氧微生物。

1.7.1 微生物生态

人类生活的环境和人体本身就生存着种类众多的厌氧微生物，它们与人类的关系密切。然而由于厌氧微生物的分离和纯种培养的困难，研究厌氧微生物的技术和方法进展又相当缓慢，致使人类对厌氧微生物的认识和利用远远落后于对好氧和兼性厌氧微生物的研究工作。

直到近年随着厌氧操作技术的不断完善、厌氧微生物研究方法的不断改进，尤其是近十多年来许多新技术和方法的应用，促使厌氧微生物学研究取得了很大的进展，获得了丰硕的成果。发现了众多种类的厌氧微生物，它们在自然界不仅生存于一般的常温无氧和少氧环境中，最近尚发现有生存于高温环境最适生长温度为 100～103℃甚至有高达 105℃的超嗜热专性厌氧细菌，亦发现有能生长在南极的嗜冷厌氧菌，尚发现有能在 22%～25% 盐浓度中生长的专性厌氧发酵嗜盐菌。

厌氧微生物作为自然界中的最初生命形式，大部分都是古菌，厌氧产甲烷菌是古菌中数量最多的。在厌氧产甲烷菌中，许多的产甲烷菌又是高温菌。产甲烷菌的极性脂质结构、细胞壁的伪肽聚糖结构以及参与产甲烷代谢的几种辅酶因子等，都是古菌的特征。

1.7.2　利用 CO

"厌氧"一般是指这样的环境，即有机化合物、二氧化碳和硫酸盐作为主要的最终电子受体，电位非常负。其中 CO 作为电子受体，也得到关注。

1.7.2.1　CO 厌氧菌

CO 能被厌氧菌利用最早发现于 1931 年，当时 Fisher 等报道了 CO 能被污泥和甲烷菌的混合培养物转化为 CH_4 和 CO_2。从那以后，发现大量纯培养的甲烷菌能够利用 CO，并拥有一套 CO 代谢系统。联合发酵厌氧菌的生境分布广泛，从污泥消化器、鸡粪、马粪、瘤胃等中也分离到 CO 利用菌，在所有这些生境中 CO 都不是基本碳源。CO 氧化成 CO_2 也出现在一些产乙酸菌、硫酸盐还原菌和梭菌中。

利用 CO 的厌氧菌，在分类学上具多样性，既有古细菌也有真细菌，包括有产甲烷菌、硫酸盐还原菌和产乙酸菌。虽然 CO 在厌氧生态系统中不是微生物主要的中间代谢产物，但 CO 却以低水平的副产物存在。一些微生物如黏液真杆菌（*Eubacterium limosum*）、食甲基丁酸杆菌（*Butyribacterium methylotrophicum*）、产生瘤胃球菌（*Peptostreptococcus productus*）、热醋穆尔菌（*Clostridium thermoaceticum*）、杨氏梭菌（*Clostridium ljungdahlii*）、普遍脱硫弧菌（*Desulfovibrio vulgaris*）和巴氏甲烷八叠球菌（*Methanosarcina barkeri*）能代谢利用 CO，而另外一些菌如巴氏梭菌（*Clostridium pasteurianum*）仅仅在有别的能源存在的条件下才能利用 CO。例如食甲基丁酸杆菌在仅有 CO 存在的条件下不能生长，但当生长在含有其他一些底物的环境中，在培养容器顶部空间为 100% CO 气体时，能够消耗一些 CO。而 Lynd 等筛选到的一株 CO 利用菌，在仅有 CO 时生长旺盛。虽然在无 CO 条件下多次传代，但 CO 菌株利用 CO 的能力是稳定遗传的。生氢氧化碳嗜热菌（*Carboxydothermus hydrogenoformans*）对 CO 具专一依赖性，该菌种分离自温泉中。另一能利用 CO 的梭菌是热醋穆尔菌，分离自鸡粪中。从牛粪中分离的黏液真杆菌也能利用 CO，产生瘤胃球菌 U-1 分离自厌氧污泥消化器，能以 CO 为能源快速生长。

1.7.2.2 利用 CO 生化机制

代谢底物多样性是厌氧菌适应环境的重要机制。

自然界存在的单碳化合物的价位由–4 到+4。在代谢单碳化合物的厌氧细菌中，同型产乙酸菌对底物的利用范围相对最广泛，其次是产甲烷菌和硫酸盐还原菌。厌氧菌类群间对单碳化合物的竞争所产生的结果，同以 H_2 或乙酸作底物的类似实验所得结果相比较有很大差异。厌氧细菌在其能量代谢中以单碳化合物作为电子供体和/或电子受体。与好氧菌相反，与这些氧化还原反应相关的自由能变化很小，例如 CO 和 H_2O 转化为 CO_2 和 H_2（$\Delta G°=-20kJ/mol$）。

能以 CO_2 为唯一碳源和能源的产酸细菌也能正常地利用其他单碳化合物如甲酸、甲醇、H_2/CO_2 以及多碳化合物如葡萄糖。因此，这些微生物有一个非常多样性的酶机制，以使其能在不同环境条件下生存。该类型菌能将 CO 转化为 CO_2 和 H_2，同时还伴随着 ADP 磷酸化反应。

第2章
生命三域概论

2.1　生命三域基础知识

2.2　生命三域生化特征

2.3　古生菌化学分类对于生命三域的意义

2.1 生命三域基础知识

2.1.1 生命三域理论的提出

生命从起源、形成到今天经历了漫长的进化过程，人类对生命起源进化的认识也几经周折，至今仍在不断探索。直至 1977 年 Whittaker 提出动物界、植物界、真核原生生物界、真菌界和原核生物界的五界生物进化分类系统，以及生物从非细胞进化为细胞以后，沿着原核生物和真核生物两条线进化的观点，才逐渐被大多数学者所接受。

近代生物化学、分子生物学和分子遗传学的迅速发展，极大地促进了生物系统分类学的发展。以 C. R. Woese 等为代表的科学家，他们以称之为细菌"化石"的 16S rRNA 的核苷酸序列分析为主的一系列研究结果表明：在分子水平上将原核生物区分为两个不同的类群，分别称为真细菌（Eubacteria）和古细菌（Archaebacteria），这两个类群彼此的

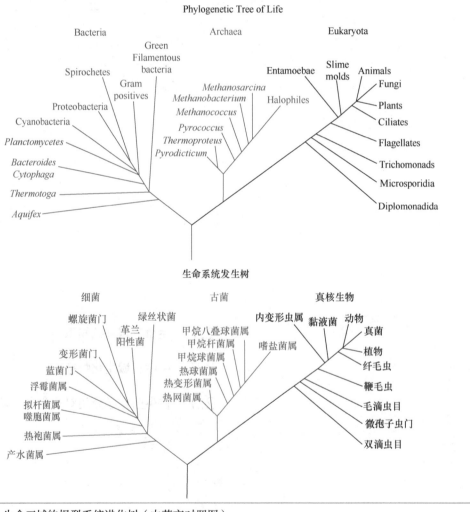

图 2.1　生命三域的根型系统进化树（中英文对照图）

16S rRNA 的核苷酸序列相似系统（S_{AB} 值）仅在 0.1 左右；而且真细菌和古细菌各自与真核生物的 S_{AB} 值也是在 0.1 左右，可见古细菌、真细菌和真核生物三者之间的进化距离几乎是相等的，因而提出了古细菌界（Archaebacteria）、真细菌界（Eubacteria）和真核生物界（Eukaryota）的三界学说。

在此基础上，Carl Woese 等在 1990 年提出了趋向自然的生命三域（three domains）进化系统，即古生菌域（domain Archaea）、细菌域（domain Bacteria）和真核生物域（domain Eukaryota），认为现代生物都是从一个共同祖先——前细胞（pre-cells）分三条线进化形成的，并构建了有根系统进化树（图 2.1）。

三界学说认为现今一切生物都是由共同的远祖——一种小的细胞进化而来，其先分化出细菌和古生菌两类原核生物，后来古生菌分支上的细胞，先后吞噬了原细菌（相当于 G⁻ 细菌）和蓝细菌，并发生了内共生，从而使两者进化成与宿主细胞紧密相连的细胞器——线粒体和叶绿体，于是宿主最终发展成各类真核生物。图 2.2 所示的"生物系统进化树"中，左侧分支是细菌域，中间分支是古生菌域，右侧分支是真核生物域。

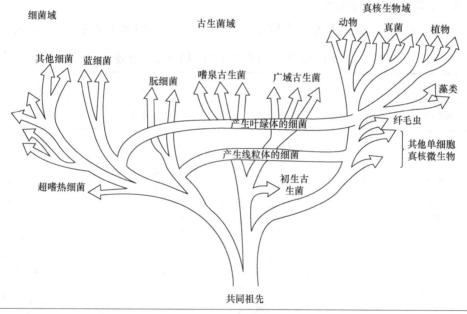

图 2.2　生物的系统进化树

2.1.2　生命三域的特征及其比较

2.1.2.1　生命三域的定义

（1）细菌域　包括细菌、放线菌、蓝细菌和各种除古生菌以外的其他原核生物，细胞为原核细胞。

细菌是所有生物中数量最多的一类。据估计，其总数约有 $5×10^{30}$ 个。细菌个体非常小，目前已知最小的细菌只有 0.2μm 长，因此大多在显微镜下才能看到。细菌一般是单细胞，细胞结构简单，缺乏细胞核、细胞骨架以及膜状胞器，例如线粒体和叶绿体。

细胞膜脂主要是酰基甘油二酯；核糖体含细菌型 rRNA。

（2）古生菌域　包括泉古生菌、广古生菌和初生古生菌，细胞为原核细胞。

古生菌又称古细菌，是一类很特殊的细菌，多生活在极端生态环境中；具有原核微生物的某些特征（如无核膜及内膜系统），也有真核微生物的特征（如以甲硫氨酸起始蛋白质的合成、核糖体对氯霉素不敏感、RNA 聚合酶和真核细胞的相似、DNA 具有内含子并结合组蛋白）；此外，还具有既不同于原核生物也不同于真核生物的特征，如细胞膜中的脂类是不可皂化的，细胞壁不含肽聚糖，有的以蛋白质为主，有的含杂多糖，有的类似于肽聚糖，但都不含胞壁酸、D 型氨基酸、二氨基庚二酸。

细胞膜脂主要是类异戊基甘油二醚或二甘油四醚；核糖体含古生菌型 rRNA。

（3）真核生物域　包括单细胞的原生生物，以及所有多细胞的原生生物、动物、植物和真菌，细胞为真核细胞。

真核生物是所有单细胞或多细胞的、细胞具有细胞核的生物的总称。

细胞膜脂主要是甘油脂肪酰二酯；核糖体含真核生物型 rRNA。

2.1.2.2　生命三域特征的比较

至今已有越来越多的研究成果支持和丰富了生命三域的概念（学说），详见表 2-1。

表 2-1　细菌、古生菌以及真核生物特征的比较

特征		细菌	古生菌	真核生物
细胞核		无核仁、核膜	无核仁、核膜	有核仁、核膜
细胞器		无复杂内膜	无复杂内膜	有复杂内膜
细胞壁		几乎都含有胞壁酸的肽聚糖	多种类型（伪肽聚糖、蛋白多糖），无胞壁酸	无胞壁酸
膜脂		酯键脂、直链脂肪酸	醚键脂、甘油异戊基醚	酯键脂、直链脂肪酸
气囊		有	有	无
转移 RNA		大多数 tRNA 有胸腺嘧啶	tRNA 的 T 或 TψC 臂中无胸腺嘧啶	有胸腺嘧啶
		起始 tRNA 携带甲酰甲硫氨酸	起始 tRNA 携带甲硫氨酸	起始 tRNA 携带甲硫氨酸
多顺反子 mRNA		有	有	无
mRNA 内含子		无	无	有
mRNA 剪接、加帽及聚腺苷酸尾		无	无	有
核糖体	大小	70S	70S	80S（胞质核糖体）
	延伸因子 2	不与白喉杆菌毒素反应	反应	反应
	对氯霉素和卡那霉素敏感性	敏感	不敏感	不敏感

续表

特征		细菌	古生菌	真核生物
核糖体	对茴香霉素敏感性	不敏感	敏感	敏感
	RNAP 的数目	1 个	几个	3 个
	结构	简单亚基形式（4 个亚基）	与真核微生物酶相似的复杂亚基形式（8～12 个亚基）	复杂亚基形式（12～14 个亚基）
利福平敏感性		敏感	不敏感	不敏感
聚合酶 II 型启动子代谢		无	有	有
相似 ATP 酶		无	是	是
产甲烷作用		无	有	无
固氮		有	有	无
以叶绿素为基础的光合作用		有	无	有
化能无机自养型		有	有	无

注：RNAP，即依赖于 DNA 的 RNA 聚合酶。

2.1.3　生命三域的起源与系统进化关系

2.1.3.1　生命三域的生物特征

尽管最基本的生化特征（如蛋白质、遗传物质等）三个域都共有，证明地球上生命形式的统一性，可是有许多进化特征只在三个域中的一个或两个中被发现。许多情况下，三个域中只在两个域发现部分进化特征的分布，与图 2.1 中表述的根据系统发育树描绘的双叉分支顺序不符。三个域内特征的准随机分布不能满意地解释从融合或吞噬导致的任何一类最原始的早期发生的嵌合现象；然而，它可以解释具有生命的早期前细胞多表型物种的细胞性（细胞化）的、近期提出的非双叉多样化图解。事实上，三个域中三个可配对中的每一个，似乎都是姊妹群（sister groups），决定于认定的特征，如图 2.3 所示。

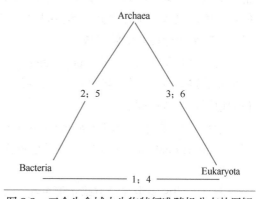

图 2.3　三个生命域中生物特征准随机分布的图解
数字表示两个域共有而第三个域缺失的特征。1—酰基酯；2—环状基因组；3—蛋白质延伸因子 EF-Tu 1；4—ATP-磷酸果糖激酶；5—转录单位；6—Vacuolar-ATP 酶（液泡质子 ATP 酶）

2.1.3.2　早期生命表型特征多样性

通过无机的氧化还原能量电子流驱使 CO_2 还原和有机物合成，在原始的无机世界的热水圈中逐渐形成生命。早期生命形式多样，比较典型的生命表型特征如下所述。

一是黄铁矿（天然 FeS_2）的形成是一个很普通的地球化学过程（$H_2S+FeS \rightarrow FeS_2 + H_2$，$G^\ominus$ =11.9kJ/mol），此过程在高温条件下自然发生。因此，H_2S/FeS 被推测作为还原力，使原始 CO_2 还原、有机化合物合成还原，同时使 NO_3^- 还原为 NH_3。

二是早期生命以氢氧化为基础提供氧化还原能量来源，这便是自发性黄铁矿（FeS_2）形成的理论推测。从而，更广泛的底物可利用，进化的生命即将进入更广泛的生态环境。

三是无机氧化还原的能量来源虽然只被古生菌域中的无机化能自养超高温物种使用，但是在太古代时期，氧化还原偶联剂 H_2/S^0 和 H_2/CO_2 在火山区分布广泛，是可被利用的。

四是被古生菌利用的 H_2/SO_3 偶联反应，只在含硫贫乏的太古代海洋中的富含硫的岩浆热水孔附近地带偶被利用。

五是在大气层中已形成低氧浓度，由于强烈的紫外线辐射，水蒸气发生光化学暴烈，出现的表面水层使得 H_2/O_2 氧化还原偶联发挥作用。

六是在微量氧和生态环境中最上层，尚存在极端嗜热的产液菌属（*Aquifex*）和氢杆菌属（*Hydrogenobacter*）菌群，表明了无机化能自养型生命的存在。与此同时，光合作用的进化也在井然发生，致使生命不再依赖于地球化学氧化还原当量。

在老化成熟并不断冷却的地球上，环境连续变化，导致生态环境的进一步多样化，使原始生命有充分的机会，在不同的无机化能自养型营养基础上，具有许多表型特征。伴随着从无机化能自养型生命衍生的有机物的积累，专性异养型生命也有了进化的机会。

2.1.3.3　生命系统的进化简况

从三个生命域看，最终达到的共同祖先的状态或许就是祖先细胞的多表型特征种群，即显示出细胞的大多性质、在基因库和物种分离水平上不能频繁突变以交换自己产生的代谢体。只有在生理学允许的占据独立的空间、前细胞种群细胞化之后，原始的分类单元——三个生命域才能够形成。

由于基础物种（founder populations）具有共同的属性和类似的遗传潜力，三个域形成独立的进化变化，使得生命三域有各自的原始特征。这样的过程与动物和植物的分类单位的地区性形成相似。

形成三域的基础类群（founder groups）是早期生化进化（前细胞）经历细胞化的产物（aboriginal products），并不是界定的远古分类单元的后裔，这与较高等生物是一致的。

图 2.4 的说明中并没有暗示促进物种和三域形成的意思，但正如图中右侧的树状图指出的，容许基础类群的形成。20 世纪 90 年代，科学家们推测以 H_2/O_2 无机化能自养为基础的、代谢方面相似于"Aquificales"菌群的前细胞，与以 H_2/S^0 和 H_2/CO_2 无机化能自养为基础的、代谢比较古老的前细胞相比，进化更快、经历的细胞化更早，此后二者合并（合成一体）成为古生菌域。

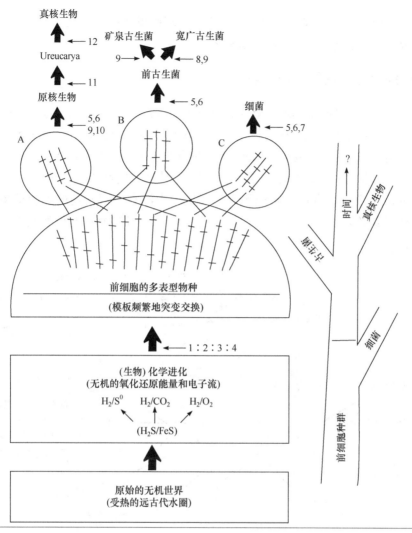

图 2.4 物种多样化图解

2.2 生命三域生化特征

2.2.1 细胞壁的生化意义

细胞壁结构功能与化学成分在综合分类学中已具有十分重要的地位。1665 年，R. Hooke 在植物组织中发现了细胞壁，从而提出了所有生物的基本构成单位"细胞"；而细胞壁的存在与否，成了区别动物和植物之间的重要标志之一。

列文虎克（Leeuwenhoek）在"微动物"（microfauna）概念中，确认了细胞壁和二分裂（binary fission）的存在，支持了将"微动物"（后来称为"细菌"）归为植物界的裂殖菌纲。

蓝绿藻中由于胞壁质（murein）的存在，与细菌域的蓝细菌（Cyanobacteria）相吻合，因而将蓝绿藻归属到细菌纲。

古生菌域中胞壁质缺失，却存在多种类型的细胞壁和细胞外膜多聚体，这成为两个原核生物域之间最早的生物化学区分指标之一。

2.2.2 从细胞壁结构看生命三域

三个生命域中，唯有细菌域具有囊球形成（sacculus-forming）的细菌壁多聚体——胞壁质。处在细菌域分支最深的两类极端嗜热、异养[高温神袍菌目（Thermotogales）]和无机化能自养菌（*Aquifex/Hydrogenobacter*）中也存在胞壁质（肽聚糖），因而胞壁质的合成被认为是生命进化中分离出细菌域期间最早的个体形态发育特征之一。

在另外的两个域（真核生物域和古生菌域）中没有发现共通的细胞壁多聚体，却发现许多化学结构不相同的表层结构，在古生菌中分布的细胞壁和胞壁外膜多聚体如图2.5所示。

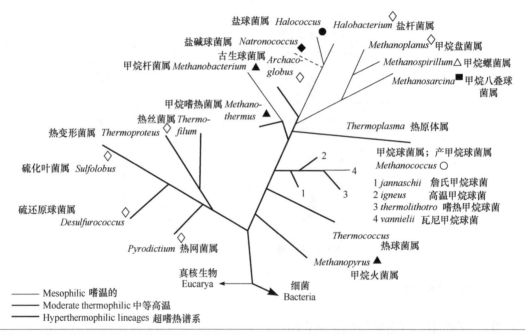

图2.5　古生菌中细胞壁和胞壁外膜多聚体的分布

▲ 假肽聚糖；● 硫酸化的杂多糖；◆ 甲烷菌软骨素；◆ 氨基葡萄糖聚糖；◇ 糖蛋白S层；○ 蛋白S层；△ 蛋白外鞘；□ 蜡梅糖

2.2.2.1 古菌域的细胞壁结构

在古生菌域中的泉古生菌界（Crenarchaeota）的成员以及广古生菌界（Euryarchaeota）的某些成员，并不具有坚硬的细胞壁球囊（cell wall sacculus），而是具有由规则排列的亚单位组成的、有一定稳定性的蛋白质表面层（S层）。绝大多数S层都由糖蛋白组成。

在细胞壁缺失的嗜酸热原体（*Thermoplasma acidophilum*）中，没有特别的表面结构，通过富含甘露糖的糖蛋白和脂糖（图2.6）来增加细胞质膜的强度。因为两类组分的聚糖都直接暴露在细胞外，这类糖的表面结构与真核生物的蜡梅糖相似。

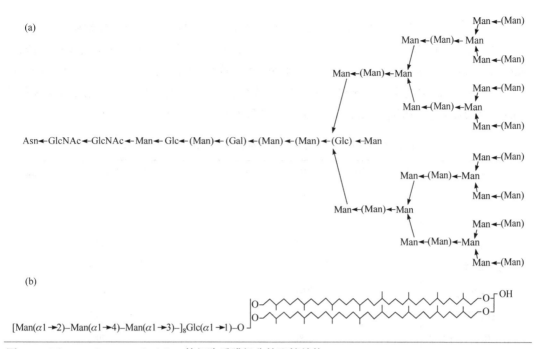

(a)

(b)

$[\mathrm{Man}(\alpha 1 \rightarrow 2)-\mathrm{Man}(\alpha 1 \rightarrow 4)-\mathrm{Man}(\alpha 1 \rightarrow 3)-]_8 \mathrm{Glc}(\alpha 1 \rightarrow 1)-\mathrm{O}-$

图 2.6　*Thermoplasma acidophilum* 的细胞质膜组分的聚糖结构

（a）糖蛋白；（b）脂糖；（ ）表示甘露糖残基可变数

在甲烷火菌属（*Methanopyrus*）、甲烷杆菌属（*Methanobacterium*）、甲烷八叠球菌属（*Methanosarcina*）、嗜盐球菌属（*Halococcus*）和嗜盐碱球菌属（*Natronococcus*）等的一些种中发现坚硬细胞壁，虽然囊球形成的细菌壁多聚体菌体形态相似，但不同属种的结构完全不同。

（1）伪肽聚糖　它的总体化学结构与细菌的胞壁质相似，但是在许多重要部分有明显差别，例如缺失 D-型氨基酸、糖苷键和肽结合的类型不同等。而且它的生物合成也是明显区别于胞壁质的，包括在其他任何生物中未曾发现的反应机制，比如，通过 UDP 激活的谷氨酸分步合成肽，用 UDP 直接与谷氨酸键合。

（2）甲烷菌软骨素　甲烷八叠球菌的细胞壁多聚体甲烷菌软骨素（Methanochondroitin）（图 2.7）与地衣芽孢杆菌的糖醛酸磷壁质不同，而是与动物的结缔组织的重要部分硫酸软骨素（chondroitin sulfatc）相似。但是，甲烷菌软骨素不硫酸化，氨基半乳糖：葡萄糖醛酸的分子比率是 2，而软骨素是 1。甲烷菌软骨素的生物合成也不同于动物的软骨素。

（3）硫酸化的杂多糖　盐球菌属的由高度硫酸化的杂多糖形成的细胞壁，与至今在其他生物中发现的多聚体都不相同。

$[\rightarrow)$ -β-D-GlcA- （$1 \rightarrow 3$）-β-D-GalNAc- （$1 \rightarrow 4$）-β-D-GalNAc- （$1 \rightarrow]_n$

（a）

[D-GlcA- （$1 \rightarrow 3$）-GalNAc- （$1 \rightarrow 4$）-]$_{23 \sim 25}$

（b）

[-β-D-GlcA- （$1 \rightarrow 3$）-β-D-GalNAc- （$1 \rightarrow 4$）-β-D-GlcA-1 $\rightarrow]_n$

（4 个或 6 个硫酸）

（c）

图 2.7　构建骨架结构的比较：巴氏甲烷八叠球菌中的甲烷菌软骨素（a）、地衣芽孢杆菌中的糖醛酸磷壁质（b）和动物结缔组织中的硫酸软骨素（c）

GlcA 为氨基葡萄糖；GalNAc 为 *N* － 乙酰氨基半乳糖

它的特征在于 N-乙酰氨基塔洛糖醛酸的存在，以及甘氨酰基代替了氨基葡萄糖残基。

（4）氨基葡萄糖聚糖　盐杆菌目（Halobacteriales）的个别成员，从嗜盐碱球菌属的 *Natronococcus occultus* 和从土库曼斯坦酸盐土壤中分离的盐球菌属的 *Halococcus turkmenicus* 的提取物中，分离到具有很特别的细胞壁多聚体。分离球囊的水解物含有谷氨酸、醋酸和氨基葡萄糖，*Natronococcus* 中糖醛酸也是主要成分（表 2-2）。

表 2-2　嗜碱性古生菌细胞壁水解物中主要组分的分子比率

组分	嗜盐土库曼斯坦球菌（Halococcus turkmenicus）	嗜盐碱球菌（Natronococcus occultus）
D-氨基葡萄糖	1.00	1.00
L-谷氨酸	1.66	0.76
醋酸	2.11	2.21
D-葡萄糖醛酸	—	1.35
D-葡萄糖	0.01	0.01
D-甘露糖	0.02	0.01
回收（包括 H_2O 和矿物质）	80%	70%

2.2.2.2　生命三域的细胞壁特征

根据古生菌域内细胞壁和胞壁外膜的多种化学类型的出现和分布（图 2.5）可以看出，古菌的共同祖先很可能是一个无完整的细胞壁的实体，而且是以不同化学结构的细胞壁和细胞外膜在相互独立的子孙后裔中以不同路线进化的。

在真核生物域也发现了细胞表面结构的类似变化。在植物、真菌和许多世系的藻类中发现了分别由纤维素、几丁质或酸性杂多糖构成的坚硬细胞壁，但动物细胞和大多数异养性单细胞真核生物的细胞外表是被蜡梅糖或蛋白薄膜保护着的。所以，真核生物的共同祖先也很可能没有完整的细胞壁。

细胞壁、胞壁外膜的化学结构以及它们在 3 个域分布的显著差异，与 Carl Woese 早期提出的生物界的三深裂结构（tripartite structure），以及在早期前细胞水平衍生的按三条路线进化的假设相一致。

2.2.3　产甲烷菌细胞壁多样性及生物合成

2.2.3.1　产甲烷菌细胞壁的多样性

在生命的第三域——古生菌域内，产甲烷菌是最大的一个类群。产甲烷菌区别于所有其他原核生物的共同特征是它们能代谢产生甲烷。对它们的 16S rRNA 序列和其他生物化学、分子特征的分析表明，产甲烷菌在系统进化上并非同源性的类群。它们不具有像细菌域肽聚糖（胞壁质）那样的共同的细胞壁多聚体而衍生多样化的细胞被膜。

革兰阳性产甲烷菌的细胞壁由伪肽聚糖（图 2.8）或甲烷菌软骨素组成。*Methanopyrus* 和 *Methanothermus* 两个属的超高温种还有胞外细胞包被层（outer cell envelope layer）。

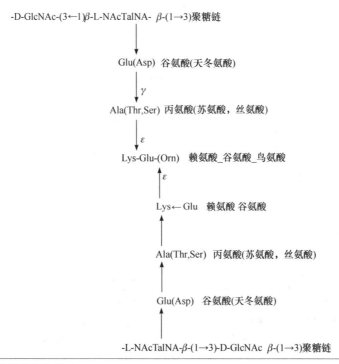

图 2.8　伪肽聚糖的结构与修饰物

β-（1→3）聚糖链：*N*-乙酰氨基葡萄糖 ─（ *N*-乙酰-L-塔罗糖醛酸 ─）

革兰阴性产甲烷菌具有由晶体蛋白或糖蛋白亚单位（S 层）构成的单层细胞被。

2.2.3.2　伪肽聚糖生物合成途径

在甲烷杆菌目（Methanobacteriales）和甲烷火菌属（*Methanopyrus*）中发现的伪肽聚糖形成高电子密度的细胞壁囊球。由于它的总体的化学三维结构，伪肽聚糖仍被作为肽聚糖看待，和细菌肽聚糖比较，它是一种具有本质差别的类型。它的聚糖链是由 *N*-乙酰氨基酸（氨基葡萄糖或氨基半乳糖）和 *N*-乙酰-L-氨基塔洛糖醛酸以 β（1→3）键结合组成。交联聚糖链的肽亚单位通常由连续的 3 个 L-氨基酸（Lys，Glu，Ala）组成。

根据从细胞抽提物提取分离出的前体，提出了伪肽聚糖生物合成的途径（图 2.9）。在细胞抽提物中可以发现 UDP-GlcNAc 和 UDP-GalNAc 单体，以及 UDP-GlcNAc-（3←1）β-NAcTalNA 双糖。因为氨基塔洛糖醛酸的单体衍生物没被发现，因此推测 *N*-乙酰氨基塔洛糖醛酸是在上述双糖合成期间形成的。很可能它的合成是通过 UDP-*N*-乙酰氨基半乳糖的差向异构化和氧化实现的，因为在细胞抽提物中有较大数量的 UDP-*N*-乙酰氨基半乳糖。

五肽的合成从 UDP 激活 Glu 残基开始，随后 UDP 激活的肽分步形成，直至五肽形成。UDP 直接和 Glu 残基的 N^α-氨基键合。最后这一 UDP 激活的五肽与双糖键合，得到 UDP 激活的双糖五肽，这与转移十一碳烯酸单磷脂得到十一碳烯酸焦磷酸激活的双糖五肽十分相似。伪肽聚糖生物合成的最后一步是，一个肽亚单位的末端丙氨酰残基断裂，谷氨酸残基与相邻链的赖氨酸残基键合。

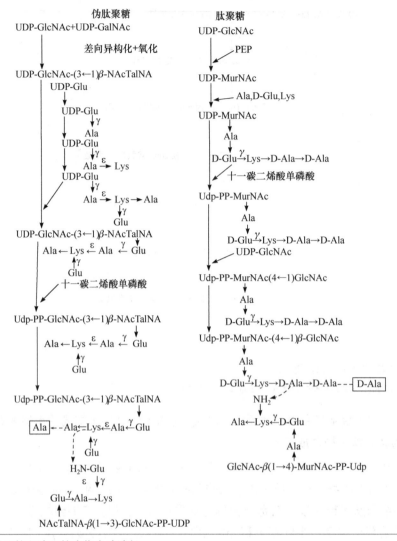

图 2.9　伪肽聚糖和肽聚糖生物合成途径

（Udp=undecaprenyl，十一碳二烯酸）

2.2.3.3　超高温种 S 层糖蛋白生物合成的提出

　　炽热甲烷嗜热菌（*Methanothermus fervidus*）的双层细胞被膜是由伪肽聚糖囊球和覆盖囊球的 S 层组成的。而此 S 层是由六角形排列的糖蛋白亚单位构成。糖蛋白亚单位可以用三氯乙酸（5%～10%）抽提全细胞，然后以甲酸（10%）作展开剂进行反向色谱分离。成熟的糖蛋白由 593 个氨基酸组成。与常温菌 S 层蛋白相比较，这种超高温糖蛋白含有很高数量的异亮氨酸、天冬氨酸和半胱氨酸，而且它还有 14%以上的折叠（sheet）结构，作为潜在的 *N*-糖基化位置的结构物（Asn-Xaa-Ser/Thr）和典型的先导肽（leader peptide）都存在。伪肽聚糖中的聚糖链是一种由甘露糖、3-*O*-甲基甘露糖、3-*O*-甲基葡萄糖和 *N*-乙酰氨基半乳糖组成的典型的杂糖，而在糖蛋白中还有少量的半乳糖和 *N*-乙酰氨基葡萄糖（图 2.10，图 2.11）。此杂糖通过 *N*-乙酰氨基半乳糖与天冬氨酸残基键合。

α-D-3-O-MetManp-(1→6)-α-D-3-O-MetManp-[(→2)-α-D-Manp]₃-(1→4)-D-GalNAc

图 2.10　从甲烷嗜热菌的 S 层糖蛋白分离的杂糖聚糖链的结构

3-O-甲基甘露糖可部分由 3-O-甲基葡萄糖代替

3-O-MetManp—3-O-甲基甘露糖；GalNAc—乙酰氨基葡萄糖

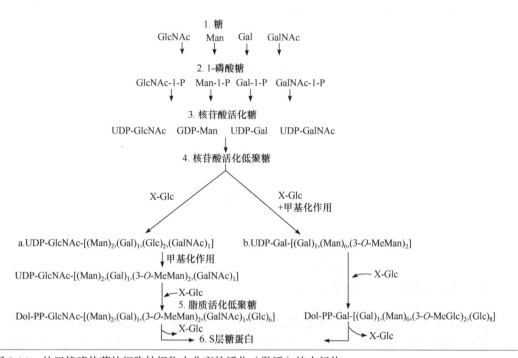

图 2.11　从甲烷嗜热菌的细胞抽提物中分离的活化（激活）的中间体

　　从 S 层糖蛋白只分离出一种类型的聚糖，而从细胞抽提物中纯化了两种核苷酸和脂活化的聚糖类型。根据分离的前体，聚糖链的生物合成是从相应糖的 C1 磷酸衍生物的形成开始的。然后它们转化为相应的核苷酸激活衍生物，形成 UDP 激活的寡糖。作为单体的葡萄糖、3-O-甲基甘露糖或 3-O-甲基葡萄糖则未被发现，但它们却是寡糖中间体的组成成分。被激活的寡糖最有可能转化为 C₅₅ 多萜醇（dolichol）磷酸，形成多萜醇焦磷酸激活的寡糖。脂激活的寡糖含有另外的葡萄糖残基，而这种残基在加工过程中被转移（除掉）。分离的杂糖只含有氨基半乳糖作为氨基糖，而从细胞抽提物分离的杂糖中间体具有氨基半乳糖和氨基葡萄糖。可以设想，这些氨基糖也都是进一步加工和重新排布的原料。

2.2.3.4　甲烷菌软骨素生物合成途径的提出

　　甲烷八叠球菌绝大多数种的细胞都被僵硬的、有时是薄片叠成的、由甲烷菌软骨素组成的细胞壁包围着。它的细胞壁基质是由 D-氨基半乳糖、D-葡萄糖醛酸或 D-半乳糖醛酸、D-葡萄糖、脂肪酸和微量甘露糖组成。结构元素软骨素和三聚体已从部分酸水解物中分离出来；此三聚体被鉴定作为聚糖的构建骨架。

　　以从巴氏甲烷八叠球菌（*Methanosarcina barkeri*）的抽提物分离出 4 种 UDP 激活的、1 种十一碳二烯酸焦磷酸酯激活的公认为甲烷菌软骨素的前体，提出了甲烷菌软骨素生物合成的途径（图 2.12）。据此，UDP-*N*-乙酰软骨胶素（UDP-N-acetylchondrosine）是从 UDP-*N*-乙酰氨基半乳糖和 UDP-葡萄糖醛酸形成的。随后 *N*-乙酰软骨胶素转移到 UDP-*N*-乙酰氨基半乳糖，这样得到 UDP 激活的三糖；这种三糖具有与甲烷菌软骨素重复单位相同的结构。下一步这种三糖的 UDP 残基很可能被十一碳二烯酸焦磷酸酯取代，三糖在细胞质膜的外表面聚合为甲烷菌软骨素。

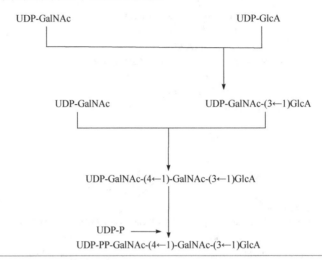

图 2.12　甲烷菌软骨素生物合成的图解说明

　　以上合成图解表明，核苷酸激活的寡糖参与 3 种不同产甲烷细菌细胞被膜多聚体合成，包括伪肽聚糖、S 层糖蛋白和甲烷菌软骨素的生物合成。因此看来，这是产甲烷菌的聚糖组分生物合成过程中典型的共同特征。

　　通常，细胞壁多聚体中出现的寡糖是在脂阶段形成的。除糖蛋白之外，几乎在所有原核生物细胞壁多聚体生物合成的过程中，十一碳二烯酸都是一种很普遍的脂载体，在原核和真核生物中看来多萜醇是共通的脂载体。具有糖蛋白的原核生物，像炽热甲烷嗜热菌（*Methanothermus fervidus*）或蜂房芽孢杆菌（*Bacillus alvei*）具有两种脂载体，分别称为十一碳二烯酸和多萜醇。原核生物多萜醇的链长度（C_{55}～C_{66}）比真核生物（$\geqslant C_{75}$）短。

　　由于核苷酸激活的寡糖和肽的出现，明确了肽聚糖和伪肽聚糖的生物合成是以不同途径完成的。核苷酸激活的氨基酸残基和肽，它们的核苷酸直接与 N^{α}-氨基键合。此外，携带寡糖的核苷酸可能也参与产生甲烷。

2.3　古生菌化学分类对于生命三域的意义

　　古生菌又称古细菌或古菌。而分类学是研究物种、物种之间的亲缘关系以及物种的起源和进化的一门科学，是生物学中最古老的分支学科之一。化学分类是研究有机体的化学变化以及特征化学组分在分类鉴定中应用的一门科学。近年来兴起的细菌化学分类，以 DNA 碱基组成中（G+C）含量测定和脂肪酸分析为基础，采用生物化学、分子生物学、分子遗传学等先进技术和手段，为细菌分类做出重要贡献。如图 2.13 所示为化学分类信息及其相互关系。

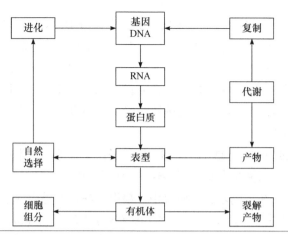

图 2.13　生物大分子化学分类信息及其相互关系

2.3.1　古菌化学分类信息

古菌的化学分类信息见表 2-3。

表 2-3　古菌的化学分类信息

组分	技术
核苷酸	1. DNA（G+C）含量（%）
	2. DNA-DNA 杂交
	3. DNA-rRNA 杂交
	4. 细胞基因组分析
	5. 16S rRNA 序列分析
	①S_{AB} 值
	②寡核苷酸序列印记分析
	③二级结构分析
蛋白质	1. RNA 聚合酶分析
	2. 全细胞蛋白质分析
	3. 脂酶分析
膜脂	1. 脂肪酸分析
	2. 酶类分析
胞壁	肽聚糖分析
多胺	组成及分配类型分析

2.3.1.1　核苷酸分析

（1）DNA 中（G+C）含量（%）测定　在分类学研究中，（G+C）含量（%）是应用最普遍的化学分类指标之一，常采用热变性温度法、高效液相色谱法、浮力密度法进行测定。对测定结果的解释仍按照"DNA 的（G+C）含量差异超过 5%的两菌株不能鉴定为同一个种，超过 10%的不能定为同一个属"的规定，由 DNA 分子的结构与生物学功能所决定，（G+C）含量（%）测定的意义只在于否定，而不在于肯定。

（2）DNA-DNA（rRNA）分子杂交　尽管（G+C）含量（%）测定在细菌分类中十分重要，但也存在局限。首先，它不能充分反映菌株间的亲缘关系，即使两菌株（G+C）含量（%）相近甚至相等，也不能肯定两菌株亲缘关系很接近。其次，如果两菌株亲缘关系相距太远，则两者不能结合。

对此，只能用 DNA-DNA 或 DNA-rRNA 分子杂交来解决。常用的有硝酸纤维素膜固相分子杂交、羟基磷灰石液相杂交和复性速率液相杂交等。

（3）基因组分析　在古菌基因组研究中，最引人注目的是内含子的发现，Woese 和他的同事们分离了极端嗜热古菌硫黄矿硫化叶菌（*Sulfolobus solfataricus*）编码 tRNA^{Ser} 和 tRNA^{Leu} 的基因，发现这两种基因都含有非编码核苷酸片段，否定了"原核生物基因组没有内含子"之说。

（4）16S rRNA 寡核苷酸序列分析　菌群分类学家选择了在生物进化过程中变化较缓慢、保守、功能未改变、被称为细菌"活化石"的 RNA 作为研究对象。通过 RNA 碱基序列分析，不仅可以研究亲缘关系较远的菌种间的相似性，还可以把各菌群之间的亲缘关系追溯得很远，阐明各菌群之间的进化关系。

16S rRNA 寡核苷酸序列分析中有全序列分析和不完全序列分析，结果以"S_{AB}"值表示。此外，还有寡核苷酸序列印记分析，"序列印记"分析着重于菌株间质的区别，而"S_{AB}"值着重于量的差异。

2.3.1.2　蛋白质分析

（1）依赖于 DNA 的 RNA 聚合酶　依赖于 DNA 的 RNA 聚合酶，是 DNA 转录过程中的一种关键酶。真核生物的 RNA 聚合酶比较复杂，包括在核仁中发现的 RNA 聚合酶 I、在核质中发现的 RNA 聚合酶 II 和 III，以及从线粒体内膜发现的 RNA 聚合酶 IV（除 IV 外都含有多个亚基）。而在原核细胞中只有一种 RNA 聚合酶。

对于高温菌来讲，其 RNA 聚合酶可分为两种，即由 4～5 个亚基组成的真细菌型和由 8～11 个亚基组成的古细菌型。古细菌型又分为从嗜盐菌和产甲烷菌分离得到的 4 个大亚基 RNA 聚合酶和从嗜酸菌和嗜热菌分离得到的 3 个大亚基 RNA 聚合酶。

（2）分析结果　蛋白质分析包括某种特定蛋白质分析和全细胞蛋白质分析，其分析结果与 DNA-DNA 分子杂交结果基本一致。

2.3.1.3　膜脂分析

（1）细菌膜脂

由甘油和脂肪酸通过酯键结合而成的脂肪酸甘油酯，非极性链一般是 C_{14}～C_{20}（以 C_{15}～C_{18} 占优势）的脂肪酸，常见有以下类型：

$$CH_3(CH_2)_nCOOH; \quad CH_3CH(CH_2)_nCOOH; \quad CH_3CH_2CH(CH_2)_nCOOH$$
$$\qquad\qquad\qquad\qquad | \qquad\qquad\qquad\qquad\qquad |$$
$$\qquad\qquad\qquad CH_3 \qquad\qquad\qquad\qquad\qquad CH_3$$

此外，还发现一些高温菌特有的脂肪酸：

$$(C_6H_{11})CH_2(CH_2)_9COOH(11\text{-环己烷十一酸})$$

(C₆H₁₁)CH₂(CH₂)₁₁COOH(13-环己烷十三酸)

(C₇H₁₃)CH₂(CH₂)₈CH₂COOH(11-环庚烷十一酸)

(C₇H₁₃)CH₂(CH₂)₈CHCOOH(11-环庚烷十一酸)
　　　　　　　　　|
　　　　　　　　 OH

$$HOOC(CH_2)_{11}-CH(CH_2)_2CH(CH_2)_{11}COOH$$
（上有CH₃，下有CH₃）

（2）古细菌膜脂

由甘油和异戊基醇通过醚键构成的醚酯，它们的非极性链几乎都固定在 C_{20} 或 C_{40}。C_{20} 的异戊醇是完全饱和的植烷醇分子，而饱和的 C_{40} 异戊基醇链则以具有两个末端的 1,1′-二植烷醇出现。C_{20} 和 C_{40} 植烷醇与甘油通过醚键结合衍生出两类基本的醚，即植烷醇甘油二醚和二植烷醇二甘油四醚，如图 2.14 所示。这种醚酯便是古细菌特有的标志。

古菌中，嗜酸嗜热菌分支的四醚比较特殊，它们的 C_{40} 二植烷醇链出现多种变化。

第一种变化：它们的二植烷醇链中含有 1~4 个环戊烷环（图 2.15）。

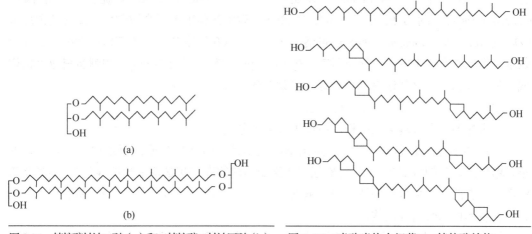

图 2.14　植烷醇甘油二醚（a）和二植烷醇二甘油四醚（b）　　图 2.15　嗜酸嗜热古细菌 C_{40} 植烷醇结构

第二种变化：甘油的第 3 位碳原子上接一己糖醇分子，构成一类很特殊的四醚；这种四醚属硫化叶菌属（*Sulfolobus*）所特有（图 2.16）。

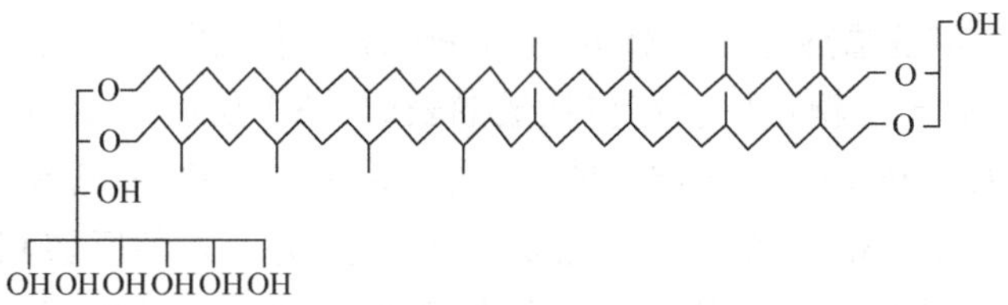

图 2.16　硫叶菌属特有的四醚

第三种变化：通过二醚与四醚之间的"杂合"，两条植烷醇链中的一条的第 20 位碳原子与 21 位断裂，C_{40} 植烷醇成为两个 C_{20} 植烷醇（图 2.17）。

第四种变化：植烷醇链两端共价结合（图 2.18），这种二醚在产甲烷高温菌的膜脂中也有发现（占 85%）。

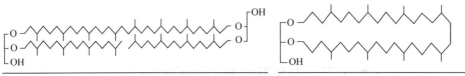

图 2.17　二醚与四醚的杂种　　　　　　　　图 2.18　嗜酸嗜热古细菌的第四种醚酯

2.3.1.4　细胞壁分析

细胞壁是生物从非细胞进化到细胞形态之后最早出现的生化特征之一，也是生命三域相互区分的重要特征之一。

（1）泉古菌界的细胞壁和细胞外膜

泉古生菌的细胞壁既无胞壁酸也没有细胞外膜，大多胞外膜都是由糖蛋白亚单位构成的 S 层。

虽然泉古生菌外膜均由糖蛋白 S 层构成，但不同属（种）之间的糖蛋白是有差异的，比如硫化叶菌（*Sulfolobus*）等属种的 S 层可被 1%SDS 消旋；热变形菌属（*Thermoproteus*）的 S 层在碱性 pH、2%SDS、煮沸条件下都不会被破坏；黏脱硫古球菌（*Desulfurococcus mucosus*）的 S 层可溶于 Triton X-100 且该 S 层中还有由中性糖和少部分氨基酸组成的类黏蛋白层；热网菌属（*Pyrodictium*）的 S 层由 30nm 厚的糖蛋白亚单位构成，在质膜和 S 层之间还有一可被钌红着染的附加层。

（2）广古菌界的细胞壁和细胞外膜

广古生菌分为极端嗜盐菌和产甲烷古菌两个分支。

①极端嗜盐菌细胞壁　极端嗜盐菌细胞壁不是由胞壁酸构成，而是由高度硫酸化的杂多糖形成。它的特征在于 *N*-乙酰氨基塔洛糖醛酸的存在和氨基葡萄糖残基被 *N*-氨基乙酰取代，有的分离物具有很特别的细胞壁多聚体，其水解物中含有谷氨酸、醋酸和氨基葡萄糖。有的由糖蛋白 S 层构成。

·②产甲烷高温菌的细胞壁和细胞外膜　一是革兰阳性产甲烷高温菌的细胞壁和细胞外膜。革兰阳性产甲烷高温菌的细胞壁分伪肽聚糖和甲烷菌软骨素两种类型。

属于伪肽聚糖型细胞壁的高温菌有：热自养甲烷杆菌、炽热甲烷嗜热菌（*Methanothermus fervidus*）、坎氏甲烷火菌（*Methanopyrus kandleri*）等种（属）。其中甲烷火菌属（*Methanopyrus*）和甲烷嗜热菌属（*Methanothermus*）两个属的超高温种（T_{max}=110℃）的伪肽聚糖层外还有一由糖蛋白亚单位构成的表面（S）层。此 S 层可用 SDS 或链霉蛋白酶消除。*Methanothermus fervidus* 的 S 层糖蛋白由 593 个氨基酸组成。和常温菌相比，这种超高温菌糖蛋白含有很高数量的异亮氨酸、天冬氨酸和半胱氨酸，而且有 14% 以上的折叠结构，在它的细胞两端的伪肽聚糖层内还发现数条通向细胞外的通道。

属甲烷菌软骨素型细胞壁的高温菌只有嗜热甲烷八叠球菌（*Methanosarcina ther-*

mophila）。因为与动物结缔组织的硫酸软骨素（chondroitin sulfate）的结构相似，因此将嗜热甲烷八叠球菌维持形状的细胞壁多聚体取名为甲烷菌软骨素。二者的重复单位三聚体的结构如图 2.7 所示。

二是肽聚糖和伪肽聚糖的区别。由于热自养甲烷杆菌等产甲烷菌的细胞壁由具有与细菌肽聚糖结构类似的多聚体构成，有聚糖链，有短肽链，也有间肽桥，具有典型的肽聚糖三维网状结构，因此也将这种多聚体看作"肽聚糖"。但是因为产甲烷菌的这种"肽聚糖"与真细菌的肽聚糖具有以下重要区别，因而将产甲烷菌的"肽聚糖"称为"伪肽聚糖"。

a. 真细菌的肽聚糖聚糖链是由 *N*-乙酰氨基葡萄糖和 *N*-乙酰胞壁酸通过 β-1,4-糖苷键线形重复连接而成，而产甲烷菌聚糖链中没有 *N*-乙酰胞壁酸，却有 *N*-乙酰氨基塔洛糖醛酸（*N*-acetyltalosominuronic acid）；b. 前者短肽链中有 L-型和 D-型氨基酸，而后者只有 L-型氨基酸；c. 前者通过 β-1,4-糖苷键相连，后者是通过 β-1,3-糖苷键相连；d. 前者的短肽链通常由丙氨酸-谷氨酸-二氨基酸[Lys、DAP（二氨基庚二酸）或 Orn（鸟氨酸)]-丙氨酸组成，而后者却由连续的 3 个 L-型氨基酸（Glu-Ala-Lys）组成，如图 2.19 所示。

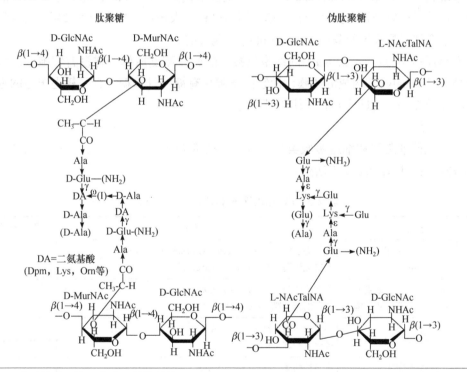

图 2.19　典型的肽聚糖和伪肽聚糖的结构

GlcNAc = *N*-乙酰氨基葡萄糖；NAcTalNA = *N*-乙酰氨基塔洛糖醛酸

三是革兰阴性产甲烷高温菌的细胞包被。革兰阴性产甲烷高温菌具有由晶体蛋白或糖蛋白亚单位 S 层构成的单层细胞包被。随高温菌种（属）的不同，细胞包被的种类也不同；而且蛋白质和糖蛋白的分子量（M_r）也不同，详见表 2-4。

表 2-4　革兰阴性产甲烷高温菌的细胞包被类型

种名	类型及 M_r
炽热甲烷嗜热菌（*Methanothermus fervidus*）	GPS，92 000
寿氏甲烷栖热菌（*Methanothermus sociabilis*）	GPS，89 000
詹氏甲烷球菌（*Methanococcus jannaschii*）	PS，90 000
丝绒甲烷球菌（*Methanococcus thermolithothropicus*）	PS，83 000
万尼甲烷球菌（*Methanococcus vannielii*）	PS，60 000
伏尔塔甲烷球菌（*Methanococcus voltae*）	PS，76 000
嗜热甲烷袋状菌（*Methanoculleus thermophilicus*）	GPS，130 000
康氏甲烷鬃毛状菌（*Methanosaeta concilii*）	S，Man，Glc，Rha，Rib
索氏甲烷丝状菌（*Methanothrix soehngenii*）	S，Rha

注：GPS 即糖蛋白表面层（S 层）；PS，蛋白表面层；S，外鞘。Man、Glc、Rha 和 Rib 分别代表甘露糖、葡萄糖、鼠李糖和核糖。

　　甲烷鬃毛状菌属（*Methanosaeta*）和甲烷丝状菌属（*Methanothrix*）中，它们的细胞被一套管状蛋白质外鞘包捆在一起，单个细胞具有一未知化学性质的附加层，而且细胞长链中的单个细胞是经过间隔栓（spacer plugs）隔开的。

　　③热原体（*Thermoplasma*）的细胞包被　热原体和支原体一样没有细胞壁，只有由蜡梅糖（glycocalyx）构成的质膜；而它的质膜具有糖（甘露糖）含量极为丰富的糖蛋白和糖脂（图 2.6），以增强细胞质膜的强度。

　　（3）小结

　　①高温菌细胞壁和细胞被膜类型的分类　研究表明，高温菌细胞壁和细胞被膜可分为 11 种类型，具体如表 2-5 所列。

表 2-5　高温菌细胞壁和细胞被膜分类简表

类型			代表菌	界级分类地位
肽聚糖型		革兰阳性 革兰阴性	嗜热脂肪芽孢杆菌（*Bacillus stearothermophilus*） 希蛛栖热菌（*Thermus scoto ductus*）	细菌界
	特殊	不含二氨基酸 有类外鞘结构	罗氏嗜热菌（*Thermomicrobium roseum*） 热袍菌属（*Thermotoga*）	
糖蛋白表面（GPS）型			热变形菌属（*Thermoproteus*） 硫化叶菌属（*Sulfolobus*）	矿泉古生菌界
伪肽聚糖型 伪肽聚糖＋GPS 型 甲烷菌软骨素型 外鞘型 蛋白表面（PS）型 蜡梅糖型（无细胞壁）			甲烷杆菌属（*Methanobacterium*） 炽热甲烷嗜热菌（*Methanothermus fervidus*） 嗜热甲烷八叠球菌（*Methanosarcina thermophila*） 索氏甲烷丝状菌（*Methanothrix soehngenii*） 詹氏甲烷球菌（*Methanococcus jannaschii*） 嗜酸热原体（*Thermoplasma acidophilum*）	宽广古生菌界

②细胞壁和细胞被膜的分类学意义　近年来，根据 16S 或 23S rRNA 核苷酸序列分析等一系列分子生物学、分子遗传学研究成果，提出了趋向生物自然进化发育的三域概念，以及相应的多种生物类群的系统进化树。然而，细胞壁和被膜类型的分类学意义，尤其是在界级分类系统中的分类学意义仍是不可低估的。

与细菌中的肽聚糖相似，古菌的伪肽聚糖多聚体结构，尤其是胞壁和被膜类型，不仅在科、目级分类单元，而且在种、属级分类单元中，都具有重要的分类学意义。

③细胞壁和细胞被膜类型是生物系统发育进化的标记之一　从非细胞进化到细胞，是生命起源漫长演化进程中的重要里程碑之一，而这一"进化"应该说是以细胞质膜的形成为标志的。

由于质膜，这一完整细胞的形成，才使得生命成为既能与外界进行物质交流，又能保持自己的独立和稳定的自动和开放体系，才具有巨大的进化潜力。因此具有遗传稳定性的质膜-细胞被膜类型自然打上系统进化发育的烙印，成为系统进化的标志之一。

从表 2-5 的细胞壁和细胞被膜分类中，可以看出，肽聚糖属细菌界（域）所特有，伪肽聚糖属宽广古生菌中的产甲烷菌所特有，糖蛋白表层（S 层）细胞被膜属超高温矿泉古生菌所特有，而外蜡梅糖型质膜属热质体所特有。虽然现有资料表明，最原始、最古老的细胞生物是没有细胞壁的，随着研究的深入，人们还会发现极端环境下（比如，生长温度偏高、类似热质体一类）的无细胞壁生物。

④细胞被膜与生长条件的关系　生物（尤其是单细胞生物）的细胞被膜与细胞内外的物质交换、外来刺激的感受和应答反应等密切相关。极端环境条件，尤其是高温环境下生物的生长温度与细胞被膜明显相关。能在 110℃生长的炽热甲烷嗜热菌、坎氏甲烷嗜热菌的细胞被膜，在伪肽聚糖层外还有一层糖蛋白表面层；能在 90℃生长的高温热袍菌属（*Thermotoga*），除有肽聚糖外还有由六角形排列的外膜蛋白组成的类似鞘的外层结构；能在 100℃以上温度下生长的高温菌，它们的细胞被膜无一不是由蛋白表面层（PS 层）或糖蛋白表面层（S 层）组成，而且某些高温菌的 S 层对于很苛刻的胞外条件具有令人吃惊的抵抗力。

2.3.1.5　多胺分析

多胺并非高分子物质，它是指分子中含有多个氨基（或硝基）的强碱性脂肪族化合物，通常把具有两个（或三个）以上氨基的化合物称为多胺。

多胺在生物界的分布十分广泛，从古细胞到动物、植物细胞都有存在，不同的生物中所含的多胺的种类及其含量和分布不同。研究显示，在厌氧高温菌中，除有独特的热醌结构外，分子链中还含有三胺、四胺、五胺、六胺等结构，因此认为多胺的分配类型对于古细菌（嗜热菌、厌氧菌等）的化学分类是一个重要的标示物。

2.3.2　化学分类对古菌分类学的意义

随着技术手段的进步和分类学的发展，通过胞壁分析、膜脂分析、（G+C）含量分析、DNA-DNA 杂交、16S rRNA 核苷酸序列分析、S_{AB} 值等方法，可从细胞水平、分子水平鉴别各种微生物的亲缘关系。其中，以 16S rRNA 核苷酸序列分析为标志的化学分类的最大贡献，在于发现古菌并提出三界域系统。

2.3.2.1 古生菌的确定

20 世纪 70 年代，Carl Woese 率先研究了原核生物的进化关系。他没有按常规细菌的形态和生物化学特性来研究，而是靠分析由 DNA 序列决定的另一类核酸——核糖核酸（RNA）的序列来确定这些微生物的亲缘关系。

首先，DNA 是通过指导蛋白质合成来表达生物个体遗传特征的，其中必须包含一个形成相应 RNA 的过程：蛋白质的合成必须在核糖体的结构上进行，RNA 被看作是细胞中一种大而复杂的分子，它的功能是把 DNA 的信息转变成蛋白质；核糖体的主要成分是 RNA，RNA 和 DNA 分子非常相似，组成它的分子也有自己的序列。

其次，由于核糖体对生物表达遗传特征非常重要，所以它不会轻易发生改变，因为核糖体序列中的任何改变都可能使核糖体不能行使它为细胞构建蛋白质的职责，那么这个生物个体就不可能存在。因此，核糖体是十分稳定的，它在数亿万年中都尽可能维持稳定，几乎没有改变，即使改变也是十分缓慢而且非常谨慎的。这种缓慢的分子进化速率使核糖体 RNA 的序列成为一个破译细菌进化之谜的突破点。

Carl Woese 通过比较许多细菌、动物、植物中核糖体的 RNA 序列，根据它们的相似程度列出了这些生物的亲缘关系。

一开始，他们发现同是原核生物的大肠杆菌和产生甲烷的微生物在亲缘关系上竟然有巨大的差别，它们的 RNA 序列和一般细菌的差别一点也不比鱼和花的差别小；产甲烷的微生物在微生物世界是特别的存在，因为它们会被氧气杀死，会产生一些在其他生物中找不到的酶类，因此他们把产生甲烷的这类微生物称为第三类生物。

后来，他们又发现还有一些核糖体 RNA 序列和产甲烷菌相似的微生物，这些微生物能够在盐里生长，或者可以在接近沸腾的温泉中生长。而早期的地球大气中没有氧气，含有大量的氨气和甲烷，可能还非常热。在这样的条件下植物和动物无法生存，却非常适合这些微生物生长。在这种异常的地球条件下，只有这些奇异的生物可以存活、进化并在早期地球上占统治地位，这些微生物很可能就是地球上最古老的生命。

因此，古生菌被定义为地球形成早期产生的微生物，能适应极端环境。例如能在强酸条件下生长的热原体属（*Thermoplasma*）（最佳生长 pH=2），还有能在沸水中生长的火球菌属（*Pyrococcus*）。古生菌常被发现生活于各种较为极端的自然环境下，如大洋底部的高压热溢口、热泉、盐碱湖等。

Carl Woese 等把这类生物定名为古生菌（Archaea），成为和细菌域、真核生物域并驾齐驱的三大类生物之一。他们开始还只是把这类微生物称为古细菌（Archaebacteria），后来他们感到这个名词很可能使人误解，认为古细菌是一般细菌的同类，则显不出它们的独特性，所以直接把"bacteria"的后缀去掉。这就是古生菌一词的由来。

2.3.2.2 三界系统的确立和古生菌的分类意义

（1）古生菌、细菌、真核生物三界系统的确立

按生命三域学说的分类观点，生物可分为古生菌域、细菌域以及真核生物域。古生菌也称古核生物，是一类在进化途径上很早就与真细菌和真核生物相互独立的生物类群。如图 2.20 所示。

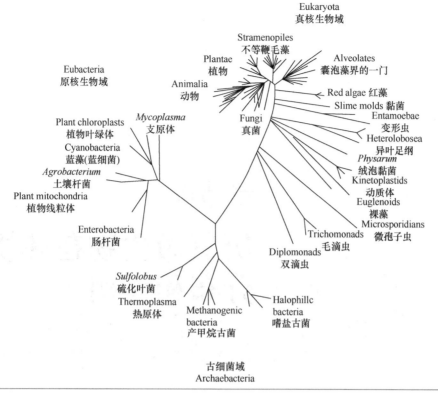

图 2.20　生物三界系统的确立

　　过去把古菌归属为原核生物，是因为其形态结构、DNA 结构及其基本生命活动方式与原核细胞相似，同属于原核生物的它们，没有以核膜为边界的完整细胞核；同时，古生菌和细菌不同，在于细菌的细胞壁含有肽聚糖，而古生菌没有这种化合物，而且古生菌的tRNA 分子的结构与细菌不同。

　　真核生物包括动植物、真菌等，古生菌与真核生物相比，它们的 tRNA 的许多特征相近，均含有核膜包被的完整细胞核。

　　（2）古生菌的分类意义

　　以 16S rRNA 核苷酸序列分析为标志的化学分类，其最大贡献莫过于古菌的发现和三界系统的提出。

　　Woese 等对大量菌株进行 16S rRNA 核苷酸序列分析发现，根据 S_{AB} 值所研究菌株明显地分为三个簇群，而且三个簇群彼此间是等距的，彼此间的 S_{AB} 均在 0.1 左右。据此提出了"古细菌"的概念，并提出了古细菌、真细菌和真核生物的三界系统。

　　继古细菌发现之后，在古细菌的基因组中发现了内含子，否定了"原核细胞基因组中没有内含子"之说；在膜脂分析研究中发现了古细菌特有的醚酯；在细胞壁分析研究中发现了区别于真细菌的古细菌细胞壁；在 RNA 聚合酶组分及免疫学分析研究中发现了古细菌型 RNA 聚合酶等，为"古细菌"之说提供了新的有力的证据。

第3章
厌氧微生物在环境中的分布和作用

3.1　自然界中的厌氧环境

3.2　厌氧消化微生物生态

3.3　碳循环中的微生物作用

3.4　氮循环中的微生物作用

3.1 自然界中的厌氧环境

3.1.1 自然界中氧循环

动物呼吸、微生物分解有机物及人类活动中的燃烧都需要消耗氧气，产生二氧化碳，但植物的光合作用却大量吸收二氧化碳，释放氧气，如此构成了生物圈的氧循环（氧循环和碳循环是相互联系的）。

氧在各圈层中的质量分数为：地球整体，28.5%；地壳，46.6%；大气，23.2%；海洋，对于整个海洋而言海水最多，水分子中氧的质量分数约为 88.88%（16/18），因此海水中的氧元素也是最丰富的，总量为 85.8%，15℃时溶解氧量为 6mg/kg。

在地壳中，形成岩石的矿物质中约 95%是硅酸盐，其主要结构单元是四面体的（SiO_4^{4-}），其余 5%的组分也大多含有氧元素，如石灰岩中的碳酸盐（CO_3^{2-}）、蒸发岩中的硫酸盐（SO_4^{2-}）、磷酸盐岩石中的磷酸盐（PO_4^{3-}）等。地壳中存在的氧可看成是化学惰性的。当 SiO_4^{4-} 这类含氧基团在岩石发生风化碎裂时，通常仍能以不变的原形进入地球化学循环，即随水流迁移到海洋，进入海底沉积物，甚至重新返回陆地。

大气中的氧主要以双原子分子 O_2 形态存在，并且表现出很强的化学活性。这种化学活性足以影响能与氧生成各种化合物的其他元素（如碳、氢、氮、硫、铁等）的地球化学循环。大气中的氧气多数来源于光合作用，还有少量是产生于高层大气中水分子与太阳紫外线之间的光致离解作用。在紫外光作用下，大气中氧分子通过光解反应生成氧原子，氧原子和氧分子结合生成臭氧分子，因此，大气层上空形成了臭氧层，由于臭氧的生成和分解都需要吸收紫外光，所以臭氧层成为地球上各种生物抵御来自太阳过强紫外光辐射的天然屏障。

在组成水圈的大量水中，氧是主要组成元素。氧在水体的垂直方向分布不均匀，表层水有溶解氧，深层水和底层水缺氧，当涨潮或湍流发生时，表层水和深层水充分混匀，氧可能被转送到深水层。在夏季温暖地区的水体发生分层，温暖而密度小的表层水和冷而密度大的底层水分开，底层水缺氧。秋末冬初时，表层水变冷，比底层水重，发生"翻底"。

由于火山爆发或有机体腐烂产生的 H_2S，能在大气中进一步被氧化为含氧化合物 SO_2，化石燃料燃烧及从硫矿石中提取金属的过程中也能产生 SO_2，这些 SO_2 在大气中被进一步氧化形成 SO_4^{2-}，然后通过酸雨形式返回地面。相似地，由微生物或人类活动产生的各种氮氧化物最终也被氧化为 NO_3^-，然后通过酸雨形式返回地面。

3.1.2 厌氧环境的特征

3.1.2.1 厌氧环境的影响因素

微生物生长环境的最重要特征是微生物氧化化学物质获取能量时的最终电子受体。电子受体主要有三类：氧气、无机化合物和有机化合物。

当有溶解氧存在或者溶解氧供应充足而不会成为限制因素时，属于好氧环境。在好氧环境中，微生物生长效率最高，降解单位污染物所生成的细胞物质非常多。

任何不是好氧的环境都属厌氧。但是，在废水处理领域，"厌氧"一般是指这样的环境，即有机化合物、二氧化碳和硫酸盐作为主要的最终电子受体，电位呈极低负值。在厌氧条件下，微生物生长效率比较低。

当环境中有硝酸盐和亚硝酸盐作为主要电子受体存在，并且没有氧时，这样的环境称为缺氧环境。在硝酸盐和亚硝酸盐存在时，电位升高，微生物生长效率比厌氧条件下高，但是比不上好氧的生长效率。

生化环境对微生物群落生态有着极为深刻的影响。好氧处理能够支撑完整的食物链，包括食物链底部的细菌和顶部的轮虫。缺氧环境比较受限制，而厌氧环境最受限制，只是细菌占主导地位。生化环境影响着处理效果，因为微生物在三种环境中可能有着迥然不同的代谢途径。

3.1.2.2 氧化还原电位

（1）氧化还原电位的定义

厌氧环境的主要标志是具有低的氧化还原电位（oxidation reduction potential，ORP 或 Eh）。某一种化学物质的氧化还原电位是该物质由其还原态向其氧化态流动时的电位差。一个体系的氧化还原电位是指体系中氧化剂和还原剂的相对强度，由该体系中所有能形成氧化还原电对的化学物质的存在状态决定，单位为伏特（V）或毫伏（mV）。利用氧化还原电对的电极电位，可以判断氧化还原反应进行的程度。

电位的大小决定氧化型和还原型物质的浓度比，如浓度相等时，称为标准电位，以 E^0 表示，在中性溶液（pH=7）中的标准电位常用 E^0 表示。体系中氧化态物质所占比例越大，其氧化还原电位就越高，形成的环境（可能是好氧环境）越不适于厌氧微生物的生长；反之，体系中还原态物质（如 H_2 和有机物）所占比例越大，其氧化还原电位就越低，形成的厌氧环境就越适于厌氧微生物的生长。

（2）氧化还原电位的测定

氧化还原电位可由 Nernst 于 1889 年确立的关系式进行计算，即

$$E = E^0 + \frac{2.3RT}{nF}\lg\frac{[氧化态]}{[还原态]}$$

式中　　E——氧化还原电位，V；

　　　　E^0——标准氧化还原电位，V；

　　　　R——气体常数，R=8.314J/（mol·K）；

　　　　T——热力学温度，K；

　　　　n——氧化还原反应中的电子转移数；

　　　　F——法拉第常数，F=96500C/mol；

　　　　[氧化态]——氧化态物质的浓度，mol/L；

　　　　[还原态]——还原态物质的浓度，mol/L。

标准氧化还原电位（E^0）随氧化还原电对和 pH 值的不同而变化，以水溶解氧气为例：

酸性条件　　$O_2 + 4H^+ + 4e^- \rightarrow 2H_2O$

碱性条件　　$O_2 + 2H_2O + 4e^- \rightarrow 4OH^-$

在酸性条件下，标准氧化还原电位 $E^0 = +1.229V$；在碱性条件下，标准氧化还原电位 $E^0 = +0.40V$。生化反应一般在中性条件下进行，在此条件下一些比较重要的生化反应的标准氧化还原电位 E^0 见表3-1。

表 3-1　一些生化反应的标准氧化还原电位 E^0

生化反应（底物/产物）	E^0/V
O_2 / H_2O	+0.81
Fe^{3+} / Fe^{2+}	+0.75
NO_3^- / NO_2^-	+0.42
反丁烯二酸 / 琥珀酸	+0.03
丁烯酸 / 丁酸	−0.03
丙烯酸 / 丙酸	−0.03
丙酮酸 / 乳酸	−0.197
SO_4^{2-} / HS^-	−0.22
HCO_3^- / CH_4	−0.204
HCO_3^- / 乙酸	−0.28
$NAD^+ / NADH$	−0.32
$NADP^+ / NADPH$	−0.35
HCO_3^- / 甲酸	−0.416
H^+ / H_2	+0.42

决定发酵液氧化还原电位值的主要化学物质是溶解氧。除溶解氧以外，体系中的 pH 值对氧化还原电位的影响也很显著。据测定，pH 值每降低 1（如由 7 降至 6），氧化还原电位值升高 0.06V。

3.2　厌氧消化微生物生态

3.2.1　厌氧环境的自然生态系统

厌氧生态系统是完全没有或者缺乏分子氧（气态或溶解态）的生存环境，例如自然条件下的湖、河等水体底泥，动物的消化道（瘤胃等）以及厌氧罐、厌氧操作箱等人工制造的无氧空间。在好氧生境中，兼性厌氧菌消耗氧也可在局部制造无氧微生境。

3.2.1.1　深海沉积物

海洋面积约占地球表面积的 70%，海洋沉积物是海洋历史的记载，在漫长的地质年代里，由陆地河流和大气输入海洋的物质以及人类活动中落入海底的东西，包括软泥沙、灰尘、动植物的遗骸、宇宙尘埃等统称为海洋沉积物。它既不同于淡水沉积物、土壤等陆地环境，又与海水水体环境相对独立。海洋沉积物是地球上最复杂的微生物栖息地。

研究表明，在世界各地海洋深处的沉积物中，都生活着大量微生物，通过对全球海洋微生物生物量的估算，大量的细菌生物量蕴藏在深海底下，其中大部分深埋于海底沉积物中。以主要温室气体之一的甲烷为例，约 90%的海洋甲烷循环过程发生在深海沉积物中，所有海底沉积物中产生的甲烷所含碳总量比地球表面的生物及陆地泥土含碳量的总和高 4～8 倍，而微生物在深海甲烷的生成与消耗过程中起着非常重要的作用。

由于存在缺氧、高盐等极端条件，所以在海底环境中有大量产甲烷菌的富集。在已知的产甲烷菌中，大约有 1/3 的类群来源于海洋这个特殊的生态区域。一般在海洋沉积物中，利用 H_2/CO_2 的产甲烷菌的主要类群是甲烷球菌目和甲烷微菌目，它们利用氢或甲酸进行产能代谢。在海底沉积物的不同深度，都能发现这两类氢营养产甲烷菌，此类产甲烷菌能从产氢微生物那里获得必需的能量。

硫酸盐还原细菌的广泛存在可能是造成这一现象的主要原因。硫酸盐在海洋中几乎无处不在，据测定，海水中硫酸盐浓度最大可达 27mmol/L。硫酸盐还原细菌在与产甲烷菌竞争底物（乙酸和氢）方面占有优势，其还原产物 H_2S 又可抑制产甲烷菌生长。因此，在海洋的生境中硫酸盐还原细菌起了主导作用，特别在沉积物和水的交界面处硫酸盐还原菌数量最多，在此交界面上下一定深度会形成一条硫酸盐原带，此域内几乎没有甲烷生成。尽管如此海水中的甲烷浓度仍超过其理论平衡浓度。究其来源，海洋中大多数甲烷来自于非竞争性的甲烷基质，即主要是从甲基化合物生成的。海洋动物的尸体分解后一般都可形成单甲胺、二甲胺和三甲胺等化合物，从而在海洋沉积物中形成了一条特别的由甲基化合物生成甲烷的代谢途径，如图 3.1 所示。

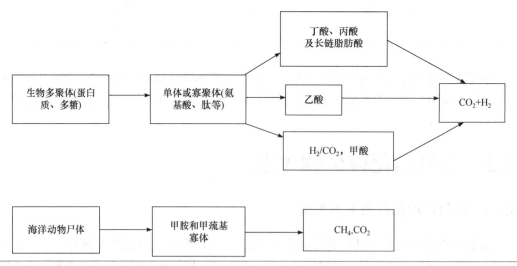

图 3.1　含硫酸盐海洋沉积物的碳流图

通过大量富集培养和计数实验，表明在含硫酸盐较多的沉积环境中，产甲烷细菌的活力虽然很低，但仍然可以生存。如果沉积物中存在大量腐败植物残体，有机物供应不受限制时，硫酸盐还原和甲烷发酵也有可能同时发生。在有机物质丰富而硫酸盐缺乏的深海海底环境中，甲烷自然也可以生成并逐渐积累。深海中的甲烷在高水压的作用下形成甲烷-水结合的窗格状结构。在硫酸盐耗尽的产甲烷海底沉积物中，甲烷生成途径和厌氧消化器及淡水沉积物不同。在海洋沉积物中加入放射性同位素碳 14 标记的乙酸盐（$^{14}CH_3COO^-$），发现并不生成 $^{14}CH_4$，而主要生成 $^{14}CO_2$。表明这些生境中从乙酸生成甲烷是由两种微生物协同完成的，这种由氧化乙酸产氢菌和氢营养甲烷菌组成的互营关系，和之前报道的嗜热氧化乙酸脱硫菌利用 H_2/CO_2 或乙酸产甲烷的作用相似。不过在发生硫酸盐还原作用的淡水沉积物中，从 $^{14}CH_3COO^-$ 生成 $^{14}CO_2$ 的现象也常常发生。

海洋沉积物中产甲烷菌的垂直分布与淡水沉积物相似，在一定深度范围甲烷浓度也随深度成线性增加。研究表明，产甲烷菌不仅可以分布在常见的淡水和海水沉积物中，也可以生存在成岩阶段埋藏深度达 1412m 的岩芯和水深达 4945m 的深海沉积物的特殊环境中，而成岩晚期（埋藏深度超过 2000m）的样品已不具有产甲烷的能力。实验的结果示于表 3-2。

表 3-2　不同沉积环境中的产甲烷细菌

成岩阶段	样品名称	水深/m	埋深/m	甲烷菌富集	菌数/（个/gTS）	产甲烷基质	形态
未成岩砂泥	海底淤泥	72	0～0.5	+	0.2×10	H_2/CO_2，甲酸	杆菌
	含粉砂泥	87	8.0～9.0		2.5×10	H_2/CO_2，甲酸	杆菌
	硅质软泥	4909	表层	+	0.5×10	H_2/CO_2	杆菌
	深海软泥	4945	表层	+	0.7×10	H_2/CO_2	杆菌
	褐色螺壳软泥		5～7		1.3×10	H_2/CO_2，甲酸	球菌
成岩早期	含碳泥		32～33	+		乙酸	八叠球菌
	泥炭		48～52	+		H_2/CO_2，甲酸	杆菌
	灰色含粉砂泥		246.45	+		H_2/CO_2，甲酸	球菌
	灰色含粉砂泥		321.56	+		乙酸	八叠球菌
成岩中期	灰色泥岩		454.3	+		H_2/CO_2，甲酸	短杆菌
	灰黑色泥岩		380	+		H_2/CO_2，甲酸	杆菌
	浅灰色泥岩		520	+		H_2/CO_2，甲酸	球菌
	灰色含粉泥岩		1056	+	0.7×10	H_2/CO_2，甲酸	杆菌球菌
	浅灰色含粉泥岩		1200			乙酸，H_2/CO_2，甲酸	八叠球菌/杆菌
	灰色泥岩		1412	+		H_2/CO_2，甲酸	杆菌/球菌
成岩晚期	灰色泥岩		超过2000	-		无甲烷产生	

在海洋沉积物中，产甲烷菌的形态组成非常单一，只含有甲烷杆菌和少量球菌；在成岩早期的样品中，产甲烷菌的菌相比较复杂，包括了甲烷八叠球菌、甲烷杆菌、甲烷短杆菌和甲烷球菌四个属，营养类型为氢营养和乙酸营养；在成岩中期样品中，产甲烷菌又趋单一，以氢营养型为主。

3.2.1.2 淡水沉积物

气候变化和广泛的人类活动对淡水生境有影响。淡水通过地下水和河流把陆地和海洋连接起来，对这种扰动最明显的反应是在水体表面，而发生在表面之下生境中的变化有着重要的意义。淡水沉积物的生物多样性丰富，主要的物种见表 3-3。

表 3-3 淡水沉积物生物群的物种丰富度

分类		全球已发现数量	全球物种大概数目	区域物种丰富度
细菌		>10000	未知	>1000
藻类		14000	≥20000	0~1000
真菌		600	1000~10000	0~300
原生动物		<10000	10000~20000	20~800
植物		1000	未知	0~100
无脊椎动物	扁形动物门	4000	≥10000	10~1000
	环节动物门	1000	≥1500	2~50
	软体动物门	4000	5000	0~50
	蠕虫类	5000	≥7500	0~100
	甲壳纲	8000	≥10000	5~300
	昆虫类	45000	≥50000	0~500
	其他	1400	≥2000	0~100

注：表中数据只是近似值，包括多种生境（如湿地、湖泊、河床及地下水）。

在湖泊、池塘等水体环境中，补偿深度（即光合作用产生的氧量恰好等于水呼吸作用消耗的氧量时的深度）下为耗氧水层。厌氧菌类群的垂直分布从上往下依次为光合细菌、硫酸盐还原菌和产甲烷细菌。在淡水沉积物中硫酸盐和硝酸盐的含量通常很少，因而沉积物中动植物残体的分解与厌氧消化器很相似，也属于产甲烷菌的第一类生态环境。

在淡水沉积物中，乙酸以微摩级的浓度微量存在，但在厌氧消化器中其浓度为毫摩级。虽然如此，在环境湖泊中测得从乙酸生成的甲烷仍然占甲烷生成总量的 60%，和从厌氧消化器中所测得的结果相似。淡水沉积物中的氢的浓度也很低，研究总结的部分产甲烷生境中的氢浓度比较示于表 3-4。

表 3-4 一些产甲烷生境中的氢浓度

生态环境	H_2/（nmol/L）	p_{H_2}/Pa
Mendota 湖沉积物	36	4.8
Knaak 湖沉积物	28	3.7
水稻土田	28	2.7

续表

生态环境	H_2/（nmol/L）	p_{H_2}/Pa
淤泥	203	27
瘤胃液（基础水平）	1400	187
瘤胃液（喂食后）	15000	2000

水体环境中基质以单向方式从上进入沉积层，搅拌作用很弱甚至没有。时间一长，可出现基质的浓缩和分层现象，菌群可能也随之出现分层。一般而言，沉积物表层含有较为丰富的复杂有机物，包括植物残体、藻类细胞、腐屑甚至动物残体等；表层的微生物菌群在生理上具有较大的多样性，并有更为强烈的代谢活动；下层营养受到限制，对菌群的选择性提高。在硝酸盐丰富的沉积物中，由于氧化还原电位高，很少存在产甲烷细菌。在含有硫酸盐的厌氧生境中，甲烷发酵受阻。而在温度低于 15℃时，沉积物中的甲烷生成也会趋于停止。

实验研究表明，尽管存在水域和地质条件的差异，淡水沉积物中产甲烷细菌的垂直分布仍具有明显的规律性。即从水层与沉积物的接触面开始，随着深度增加，甲烷浓度也随之增加，在 2～27cm 深度间达到最大值，深度继续增加则甲烷浓度开始下降。这可能是由于在 2～27cm 这段深度内，营养条件、氧化还原电位及其他限制性条件均适合产甲烷细菌和其他菌群生长需求的缘故。

3.2.1.3　稻田土壤

水稻田通常吸收有大量的有机物质，一旦被水淹没会很快转变成厌氧状态。长期的水稻种植形成了独特的稻田土壤细菌群落。这些细菌参与土壤物质转化过程，在土壤形成、肥力演变、植物养分有效化和土壤结构的形成与改良方面起重要作用。

（1）稻田土壤中的微生物

稻田土壤微生物的群落结构与数量可以作为衡量土壤肥力高低的重要指标，通过平板分离计数发现，丰富的稻田根际微生物类群数量是水稻高产的原因之一。

不同土壤类型、不同肥力、不同耕作制度、不同地域的土壤中，微生物数量和种类都不同。细菌是土壤中数量最大的一类微生物，其数量变化于 $2\times10^5\sim10^8$CFU/g 干土（CFU，菌落形成单位，colony forming unit）之间，是稻田土壤中最多的生命活动体，其中以黄沙泥中数量最多、黄泥田中数量最少。而放线菌和真菌多为好气性的，受土壤通气状况影响较大，随土类不同而有较大变化，在通气性较好的紫沙泥等沙质土壤中数量较多，以河沙泥最多；而在通气性差、肥力较低的黄泥田中数量少，放线菌为 278000CFU/g 干土、真菌为 11600CFU/g 干土。

土壤微生物中的特殊生理群直接影响到土壤某些养分的可给性和植物生长，其中主要微生物的作用有以下几种：

①固氮菌的数量可以作为衡量土壤肥力和熟化程度的指标之一，土壤肥力高、熟化程度高，固氮菌数量最多；反之，则固氮菌数量少。

②硝化-反硝化作用的交替是造成土壤氮元素损失的重要途径之一。硝化细菌和反

硝化细菌在土壤中的数量和分布受土壤氧化还原电位、pH 值、有机质含量等许多因素的影响。

③硫化-反硫化作用交替进行造成土壤硫素价态的变化。反硫化作用需在厌氧条件下进行，生成的 H_2S 会对植物根部造成毒害，秧苗烂秧形成的黑根主要就是反硫化细菌作用的结果，硫化作用形成的硫酸（盐）是植物吸收土壤硫素的主要形态。由此可见，硫化细菌和反硫化细菌的活动对土壤硫素肥力产生了深刻的影响，对作物生长会产生正反两方面的作用。

④纤维素分解细菌，有好气性和厌气性两类，它们促进了土壤中有机质的分解和转化，其数量可指示土壤有机质的含量、分解情况及土壤肥力水平和熟化程度。

⑤氨化细菌。土壤有机质要经过矿化之后才能被植物很好利用，氨化细菌对含氮有机质的矿化是有机氮被植物利用的前提条件。氨化作用产生的氨同时又是影响硝化-反硝化作用的一个因素。氨化细菌没有特定的种类范围，大部分异养细菌都能进行氨化作用，土壤氨化作用的强度变化能在一定程度上反映土壤的供氮能力。

（2）产甲烷菌群

稻田中的产甲烷菌群主要有甲酸甲烷杆菌、马氏甲烷八叠球菌、巴氏甲烷八叠球菌等。研究发现稻田里产甲烷菌的生长和代谢具有一些特殊规律：

第一，产甲烷菌的群落组成能保持相对恒定，当然也有一些例外，如氢营养产甲烷菌在发生洪水后就会占主要优势。

第二，稻田里的产甲烷菌的群落结构和散土里的产甲烷菌群落结构是不一样的和不可培养的。水稻丛产甲烷菌群作为主要的稻田产甲烷菌类群，其产甲烷的主要基质是 H_2/CO_2。而在其他的散土中，乙酸营养型产甲烷菌是主要的类群，其产生的甲烷主要来源于乙酸。造成这种差异可能是由于稻田里氧气的浓度要比散土中高，而在稻田里的氢营养型产甲烷菌具有更强的氧气耐受性。

第三，氢营养产甲烷菌的种群数量随温度的升高而增大。

第四，生境中相对高的磷酸盐浓度对乙酸营养产甲烷菌有抑制效应。

（3）稻田甲烷排放的规律

一是甲烷排放的耕作层深度规律。在稻田中，CH_4 产生主要发生在稻田土壤耕作层 2～20cm，但不同的农田作业对此有很大的影响。意大利稻田中 7～17cm 土壤层是重要的 CH_4 产生区域，13cm 处的 CH_4 产生率最大；而我国湖南地区由于独特的有机肥铺施操作，土壤中 CH_4 的产生在耕作层以下 3～7cm 就达到最大值。

二是甲烷排放的日变化规律。日变化规律随环境条件而异，目前观察到的主要有 4 种日变化类型：第一种类型是午后 13 时出现最大值，这种变化在我国多数地区和国外观测都出现，并且和水温、土壤浅层及空气温度的日变化一致；第二种类型是夜间至凌晨出现排放最大值，这是比较少见的一种，可能的原因是植物在炎热夏季的中午为防止植物体内的水分散失而关闭气孔，堵塞了 CH_4 向大气传输的主要途径，未能排出的 CH_4 在晚上随着气孔的开启排向大气，从而出现了 CH_4 排放率在夜间的极大值；第三种类型是一日内下午和晚上出现两次最大值，这种情况在杭州地区的晚稻和第二种类型一起被发现，可能是以上两种排放途径的作用结合在一起造成的；第四种类型是在特殊天气条件下发生的，如在连续阴雨天气，CH₄通量的日变化不像晴天那样明显地存在余弦波式的规律，而是有逐日降低的趋势，土壤温度的变化也只有微小的波动。这可能与阴雨天水稻光合作用减弱、水稻根系分泌物减少及阴雨天土壤温度较低造成的较低的土壤 CH₄产生率有关。

三是甲烷排放的季节变化规律。稻田甲烷排放的季节变化与水稻种植系统类型（例如早稻和晚稻）、稻田的预处理方式（例如施绿肥、前茬种小麦、垄作、泡田等）、土壤特性、天气状况、水管理、水稻品种、施肥情况等因子密切相关。水稻生长期甲烷排放具有 3 个典型排放峰，分别出现在水稻生长的返青、分蘖和成熟期。

（4）稻田甲烷的减排

近几年对大气甲烷 ¹⁴C 的观察表明，由生物学过程产生的甲烷约占整个地球大气中甲烷的 80%，而其中 1/3 以上是由水稻田所释放的。

稻田甲烷排放研究的最终目标之一是制定有效的减排措施。由于世界人口的增长，在减少全球稻田甲烷排放的同时，必须保证水稻产量不受影响。因此比较合理的思路是通过高效的农业管理措施或高产水稻品种来实现。

目前研究较多的是施肥管理和水分管理。

稻田甲烷排放的施肥效应从总体上讲，有机肥是增加甲烷排放的重要原因，而对无机肥而言，发现有的增加甲烷排放、有的减少甲烷排放、有的几乎没有影响。研究表明，施肥效应主要取决于所施肥料的质量、数量及施肥方法。因此，通过适宜的施肥措施，可以在不降低水稻产量的基础上减少稻田甲烷的形成速率。

水分管理对稻田甲烷排放也具有重要影响，合理的灌溉技术（如晒田、间歇灌溉）通过改变土壤的氧化还原电位，不仅可以达到减少甲烷的产生，而且能够促进土壤中甲烷的氧化作用，从而达到减少甲烷排放的目的。在水稻生长期的某些阶段，应晒田通气，晒田时甲烷排放量下降，而且重新灌水后需相当长时间才能使甲烷的排放率回升。

（5）硫酸盐还原菌

硫酸盐还原菌是另一生存于水稻田土壤的厌氧细菌类群。

闵航、周碧河等观察了水稻田硫酸盐还原菌的季节性消长，并进行以乳酸盐为基质的硫酸盐还原菌的分离及其生理生化特征的研究。研究结果表明，水稻田中硫酸盐的数量也是以分蘖期为最多，分蘖前和分蘖后各生育期相对较少，而且有机质含量较高的土壤中的硫酸盐还原菌数量较多，土壤中硫化物含量随着淹水时间的延长而增多。从水稻田土壤中分离的以乳酸盐为基质的硫酸盐还原菌有时为普通脱硫弧菌和脱硫肠杆菌属两种。

闵航等在研究水稻根际联合固氮活性时观察到在水稻分蘖盛期的根际有较高的联合固氮活性。现对于水稻甲烷释放的测定、产甲烷菌和硫酸盐还原菌的计数等研究，也观察到在水稻分蘖期至末期甲烷释放量最大、细菌数量最多。这表明水稻在分蘖盛期，可为这些类群细菌的繁殖和生命代谢活动创造良好的环境条件，提供了丰富适宜的基质，即水稻在分蘖盛期有最大的光合作用强度和效率，除满足本身需要外，还有一些合成中间产物如延胡索酸、苹果酸、琥珀酸等从根系分泌，而且根系也有部分自溶物，这些都可以作为细菌生长和代谢的良好基质。

3.2.1.4 动物瘤胃及肠道环境

许多动物的消化道分化出一个或多个膨大的室腔。膨大发生在胃前的动物称为前肠动物（如瘤胃动物），发生在胃后（如盲肠、大肠等）的称为后胃动物。由于有机物数量多而扩散氧的浓度很低，胃肠道中的发酵为厌氧消化。动物吞咽下的食物及其消化残渣在膨大的室腔中可保留足够长的时间，胃肠道中恒定的温度又为厌氧微生物提供了适宜的生活条件。

一般而言，胃肠道中共生微生物的发酵有利于增强宿主动物的消化能力，促进动物更好地吸收营养物质。典型的例子是，缺乏分解纤维素共生微生物的非瘤胃动物几乎不能利用纤维素。而牛、绵羊、山羊、鹿、麋、北美野牛和羚羊等都是瘤胃动物。

（1）反刍动物瘤胃

反刍动物瘤胃是自然界中十分重要的厌氧生境之一，反刍动物瘤胃能够为产甲烷菌提供诸如低电位、无氧、足够的有机酸碳源和能源等，瘤胃可以看成一个半连续恒温发酵装置。一般反刍动物瘤胃内温度恒定在 39℃左右，氧化还原电位可低至-350mV。在瘤胃气体中，CO_2 占 65%，CH_4 占 35%，瘤胃中的甲烷分压可达 0.35atm（1atm=101325Pa）。

由于瘤胃为厌氧微生物提供了良好的环境，瘤胃中微生物的含量极为丰富，生物相对丰度很高，细菌达 10^{10} 个/mL，原生动物达 10^6 个/mL，并含有少量分解纤维素的厌氧真菌，其主要特征见表 3-5。

表 3-5　瘤胃中的细菌和原生动物

项目	细菌	原生动物
细胞数/（个/g 内容物）	≥5×10^10	$10^5 \sim 10^6$
微生物氮/%	60～90	10～40
总发酵力/%	40～70	30～60
干重/（mg/mg）	9～20	5～6
细胞量/[g/头动物（牛）]	1463	455
细胞蛋白质量/[g/头动物（牛）]	797	248

瘤胃中主要的产甲烷菌为瘤胃甲烷短杆菌和巴氏甲烷八叠球菌，动物瘤胃中产甲烷菌的形态及能源见表 3-6。

表 3-6　瘤胃中产甲烷菌的形态及能源

种类	形态	能源
反刍甲烷短杆菌	短杆状	H_2/甲酸
甲烷短杆菌	短杆状	H_2/甲酸
巴氏甲烷八叠球菌	不规则团状	H_2/甲醇、甲胺/乙酸
马氏甲烷八叠球菌	球菌	甲醇、甲胺/乙酸
甲酸甲烷杆菌	长杆丝状	H_2/甲酸
运动甲烷微菌	短杆状	H_2/甲酸

瘤胃中的微生物种群发酵纤维素生成脂肪酸和多种气体，前者通过瘤胃壁吸收进入血流而被宿主动物利用，瘤胃气体则在动物打嗝时进入大气。瘤胃中的部分微生物在被"洗脱"（即发酵后产生的营养成分与菌群之间不断融合解离）并通过消化系统的后续部分时被分解吸收，成为宿主动物重要的蛋白质和其他营养物质的来源。

瘤胃发酵突出的特点是由生物多聚物生成的脂肪酸不再被微生物分解代谢，它们在积累到一定的浓度（如乙酸 60mmol/L、丙酸 20mmol/L、丁酸 10mmol/L）后，可被动物吸收利用。瘤胃动物反刍时产生的大量唾液中含有小苏打，吞咽进入瘤胃起到了缓冲 pH 的作用。食物在瘤胃中的停留时间往往不到一天，生长较缓慢的脂肪酸氧化菌和乙酸营养型产甲烷菌易于从瘤胃中被"洗脱"。但在乙酸基质上世代时间为 1～2 天的甲烷八叠球菌是一个例外，它们的数量虽然少，但却是在瘤胃中仍然能保持稳定的种群。这可能是因为瘤胃中有少量甲醇和甲胺，甲烷八叠球菌利用这些甲基化合物作基质时生长速度快的缘故。

氢营养型产甲烷菌在瘤胃甲烷菌中占主导地位，并且它们是瘤胃甲烷的主要生产者。氢营养型产甲烷菌较短的世代时间可以保证它们的生长速率与稀释速率同步。在瘤胃生态系统中，氢产生和利用的速度很快。喂食前瘤胃基础水平的氢分压很低，大约为 $1.85×10^{-5}$ 个大气压，但仍为厌氧消化器氢分压的 10 倍左右，并足以限制脂肪酸的进一步氧化。如 Hungate 的实验所揭示的，在生理功能正常的瘤胃中，乙酸和乙醇不是重要的中间产物，他测出的 K_m 值（酶促反应速度达到最大反应速度一半时所对应的底物浓度）进一步说明 H_2 作为中间产物比甲酸更为重要。

和一般胃肠道相似，瘤胃中的优势甲烷菌是甲烷短杆菌属的成员，其中的一些菌株与瘤胃原生动物形成共生关系。和厌氧消化器生态系统相比，可以把瘤胃看成是一个截短了的生态系统。瘤胃中由于缺乏脂肪酸氧化菌和乙酸营养型产甲烷菌，因而以每单位碳转化产生的甲烷数量大大减少，但动物每天咽下了大量的植物成分，因此瘤胃中的生物发酵非常旺盛，每天由于嗝气而损失的能量也不少。

估计饲料在瘤胃动物消化利用过程中，甲烷的生成和逸失会损失掉饲料中约 12%的能量。CO_2 被同型产乙酸菌而不是产甲烷菌还原，使得更多的基质碳为动物宿主所利用，从而所消耗的每单位基质中生成的甲烷量也相应降低。让瘤胃发酵的方向从生成甲烷转向生成乙酸，从动物营养学观点看是有益的，而且还有利于减少大气中的甲烷含量。含假胞壁质的产甲烷细菌和普通革兰阳性菌一样，对离子载体（ionophore）抗生素比较敏感。用这类抗生素，如莫能菌素（monensin）喂牛，可以减少 30%的甲烷释放量，并相应有更多的还原产物生成，特别是生成了营养价值较高的丙酸。

（2）人体肠道

人体内存在大量的共生微生物，它们大部分寄居在人的肠道中，它们的数量是人体细胞总数的 10 倍以上，其总质量超过 1.5kg，若将单个微生物排列起来可绕地球赤道两圈。

目前估计肠道内厌氧菌有 100～1000 种，严格厌氧的有拟杆菌属、双歧杆菌属、真杆菌属、梭菌属、消化球菌属、消化链球菌属、瘤胃球菌属，它们是消化道内的主要菌群；兼性厌氧的如埃希菌属、肠杆菌属、肠球菌属、克雷伯菌属、乳酸杆菌属、变形杆菌属等，是次要的菌群。

人的大肠吸纳未被消化的植物纤维和肠壁脱落的黏膜和细胞，发酵产物主要是脂肪酸。10%～30%的人产生数量不等的甲烷，人粪中产甲烷短杆菌的计数数量为 $10～10^{10}$ 个/g干重，其数量多少和被检者的产甲烷速率一致。使用 ^{13}C 核磁共振，在人和鼠粪中均可检测出加入 ^{13}CO 还原成 ^{13}C-乙酸，同时也观察到产乙酸量多的个体产甲烷量低。

人类从膳食中获取的能量，有 5%～10% 是通过大肠吸收脂肪酸而实现的。另外，从人粪中还分离到一株球形的特殊的产甲烷菌，需要 H_2 和甲醇双重基质才能生长，虽然在总体的甲烷生成中它并不重要。

（3）白蚁肠道

白蚁的明显特征就是其食木性，食物范围极广，包括木材、植物叶片、腐殖质、杂物碎屑以及食草动物粪便等，而有些白蚁进化程度较高，能够自己培养真菌，作为其营养来源。因此，按白蚁食性，可以把白蚁分为食木白蚁、食真菌白蚁、食土白蚁和食草白蚁。白蚁的食物都富含纤维素、半纤维素和木质素，但含氮量不高，即白蚁属于典型的寡氮营养型生物。

白蚁消化道呈螺旋状，主要由三部分组成，即前肠、中肠和后肠。与一般昆虫相比，白蚁后肠相当发达，约占全部肠道总容积的 4/5。由于大多数白蚁个体较小，肠道内的微环境复杂多变且难以准确描述，但可以肯定从前肠向后肠推移，逐渐变为无氧状态，至充满微生物的后肠部分达到最低的氧化还原电位（−270～−50mV），此处 pH 值近中性（6.2～7.6），但食土白蚁的后肠 pH 值高达 11.0 以上。

1938 年，Hungate 就已经提出白蚁利用共生物消化木质的过程，即木质纤维进入白蚁消化系统后，被消化道中的原生动物吸收，在原生动物体内被氧化为乙酸、二氧化碳和氢气，乙酸被原生动物分泌到体外后又被白蚁吸收，作为生命活动的能量来源。目前在低等白蚁的肠内已经发现了 434 种属于毛滴虫、锐滴虫和超鞭毛虫的原生动物。但在高等白蚁中很少发现原生动物。

低等木食性白蚁肠道含有丰富的多种多样的共生微生物区系，包括真核微生物和原核微生物两类，其中原核微生物有细菌和古菌，这些微生物在木食性白蚁消化纤维素过程中承担着重要作用。共生原核微生物中细菌一般占优势，产甲烷菌在后肠肠壁和鞭毛虫中有分布，产甲烷菌消耗纤维素降解的中间产物 H_2，并利用 CO_2 合成甲烷（$CO_2+4H_2 \rightarrow CH_4+2H_2O$），促进纤维素的厌氧分解。有些产甲烷菌黏附在白蚁肠壁上皮，有些产甲烷菌与白蚁肠道内的鞭毛虫共生，而游离在肠液中的产甲烷菌几乎没有。

在白蚁肠道中，发现了大量的耗氢微生物，包括同型产乙酸菌和产甲烷菌。由同型产乙酸过程产生的乙酸相当多，后肠微生物产生的乙酸可以满足白蚁 77%～100% 的呼吸需求，白蚁呼吸需要的乙酸约有 1/3 是通过同型产乙酸菌产生的；几乎所有的白蚁都能释放甲烷，早期的研究甚至认为白蚁是大气中甲烷的一个重要来源，在食土壤白蚁和食真菌白蚁肠道中，产甲烷菌是主要的耗氢微生物。

3.2.1.5 地热生态环境

在温泉和海底火山热水口等环境中，主要通过地质化学过程产生 H_2 和 CO_2，而无其他有机物质，因此温泉、热泉和火山湖等地热环境属于简单的无机自养生态系统，以往的大部分嗜热产甲烷菌都是从温泉中分离得到的；陆地上的地热区域分布很广，在地热及地矿生态环境中也存在大量能适应极端高温、高压的产甲烷菌类群，甲烷的生成包括同型产乙酸阶段和产甲烷阶段。

微生物生态学家对加利福尼亚、冰岛、意大利和新西兰等国家和地区的温度范围从40～100℃的温、热泉，以及火山湖的微生物种群的研究表明，热泉中的热气体含有甲烷的浓度达 20%以上，氢气的浓度也大于 6%，火山湖中产生的大部分甲烷是由火山作用产生的氢被产甲烷菌还原二氧化碳而生成的；在地矿环境中，由于存在大量的有机质，其微生物资源也很丰富并极具特点，产甲烷菌在地壳的分布比较广泛，在地壳不同深度、不同微环境中，其种属及形成甲烷途径各异。

不论是从热泉水中分离出的嗜热自养甲烷杆菌（最适温度 65℃）以及炽热甲烷嗜热菌（*Methanothermus fervidus*）（最适温度 83℃）等高温产甲烷细菌，还是从深海盆地热液喷口沉积物中分离出的激烈热火球古菌（*Pyrococcus furiosus*）（水温高达 110℃、水深约 2000m 相当于 20.26MPa），这种地质来源氢的微生物还原作用与石油、天然气和煤层中的甲烷生成有关。这些生境是典型的非光合作用自养生产的位点，和另一些与光合作用有关的地热生境[包括温度低于 73℃的中性和碱性热泉中发现嗜热自养甲烷杆菌存在于蓝细菌和其他细菌形成的光合层（菌苔）之下]一样，热泉中很少发现乙酸营养型的产甲烷菌。

在温度如此高的这一特殊生境中生存着这样一个发育良好的化能合成自养型微生物群体，这些微生物的呈现改变了人类对生命活动温度上限认知的传统观点。热水涌出裂缝后即向四周扩散，形成了若干温度梯度带，成为研究超高温微生物的理想区域。有趣的是，目前分离到的大多超高温产甲烷菌都是氢营养型的，利用其他基质（包括甲酸）的超高温产甲烷菌较少。

3.2.1.6　天然湿地

湿地被誉为"地球之肾"，是陆地上生物多样性最丰富且生产力最高的生态系统。虽然全球湿地面积仅占陆地面积的 4%～6%，但湿地生态系统碳储藏量占全球的 20%～30%，其储量约为 $770×10^8$ t，占陆地生物圈碳素的 35%，是全球最大的碳库。湿地也一直被认为是大气 CO_2 的重要碳汇，湿地植物通过光合作用固定大量的 CO_2，而呼吸作用又释放一定量的 CO_2。植物地上部分和死根残留在沉积物中形成沉积有机质，一部分有机质经微生物分解再次以 CO_2 的形式释放到大气中，而另一部分有机碳和无机碳在湿地中积累。另一方面，由于湿地水体的厌氧环境，且拥有大量微生物，因此被固定的碳在湿地环境中会通过呼吸作用或微生物的分解作用再次释放到大气中，碳释放以 CO_2 和 CH_4 为主。由于湿地有机物的高储量，湿地生境是大气 CH_4 的主要自然来源，全世界每年约有 $11×10^{13}$ g CH_4-C 是来自湿地释放，湿地每年向大气中排放的 CH_4 约占全球 CH_4 排放总量的 15%～30%，占全球自然源排放总量的 75%，因此湿地也扮演着 CH_4 源的角色。2016 年 170 多个国家共同签署《巴黎协定》，承诺将全球气温升高幅度控制在工业革命前的 2℃范围之内，因此，湿地的碳源和碳汇功能研究成为全球气候变化研究关注的焦点。

（1）湿地产甲烷途径

湿地是介于水生生态系统和陆地生态系统之间的过渡区，地表水多是湿地的重要特点，由于水淹导致土壤处于厌氧环境，这就为甲烷的产生创造了先决条件。湿地产甲烷菌分属于甲烷微菌科（Methanomicrobiaceae）、甲烷杆菌科（Methanobacteriaceae）、甲烷球菌科（Methanococcaceae）、甲烷八叠球菌科（Methanosarcinaceae）和甲烷鬃毛菌科（Methanosaetaceae）等，同时发现了一些新的产甲烷菌，如甲烷八叠球菌目下的 ZC-I Zoige cluster I类群古菌的分支等。Zoige cluster I 菌株是在中国青藏高原若尔盖泥炭沼泽中发现的，属于八叠球菌目（Methanosarcinales）中的嗜低温产甲烷菌，占到产甲烷菌总量的 30%，但是产甲烷能力相对较弱。

淡水湿地产甲烷菌主要以乙酸和 H_2/CO_2 为底物产生甲烷，并且以乙酸发酵产甲烷为主，其产生的甲烷占甲烷总量的 67%以上。研究还发现，有些湿地产甲烷菌主要利用 H_2/CO_2 还原产生甲烷，深层土壤尤其如此，即氢营养型产甲烷菌是主要的产甲烷功能菌。不同地区或相同地区不同植被下，产甲烷菌种类和甲烷产生途径存在着较大差异，这种差异主要是由于温度、底物、水位、植被类型、pH 值和硫酸盐含量等环境因子不同。

在温度较低条件下，产甲烷菌以只利用乙酸的甲烷鬃毛菌科为主，细菌的产甲烷能力较弱；在较高温度（大约 30℃）条件下，产甲烷菌以乙酸和 H_2/CO_2 都能利用的甲烷八叠球菌为主，温度超过 37℃时，Zoige cluster I 成为优势产甲烷菌。Avery 等研究了美国北卡罗来纳州 White Oak 河流沉积物中乙酸发酵途径产生的甲烷量占甲烷产生总量的（69±12）%，并且发现甲烷产生总速率、乙酸发酵产甲烷速率和 CO_2 还原产甲烷速率均随着培养温度升高呈指数增长，表明 CO_2 还原和乙酸发酵产甲烷都受控于温度，而不是受控于沉积物组成的季节性变化或者微生物群落大小。

充足的底物供应和适宜的产甲烷菌生长环境是甲烷产生的先决条件，底物丰富度直接决定了产甲烷菌功能的发挥。Amaral 和 Knowles 把沼生植物浸提液加入土壤，促进了甲烷的产生，把乙酸、葡萄糖等外源有机物加入产甲烷能力较低的泥炭土，显著提高了甲烷产生量。因此，易分解有机物质的缺乏可能限制了甲烷产生，即甲烷的产生受控于底物数量和质量。对泥炭沼泽和苔藓泥炭沼泽进行的研究还发现，泥炭沼泽中水溶性有机碳一般为几个 mmol/L，而苔藓泥炭沼泽可以高出 2 倍，但是甲烷排放量却相反，原因就在于后者的有机酸等主要由木质素分解而来，具有较强的抗分解能力，无法进一步转化为产甲烷底物，可以说泥炭湿地中有机质组成是沼泽产甲烷潜能的主要决定因素。土壤中乙酸的匮乏或非产甲烷微生物对乙酸的竞争利用，可能是此泥炭地甲烷产生量低的原因之一。尽管氢营养型产甲烷菌和乙酸发酵产甲烷菌均存在于高纬度（78°N）泥炭湿地中，其甲烷排放仍受到泥炭温度和解冻深度而非产甲烷菌群落结构的影响，这可能由产甲烷菌可利用性底物的变化引起。可见，产甲烷底物的种类和数量在一定程度上决定着甲烷的产生，其可以通过控制产甲烷菌功能的发挥或群落结构而影响甲烷的产生。

（2）湿地甲烷排放通量

从全球范围来看，湿地主要集中在高纬度地区和热带地区，也是甲烷通量的最大来源。根据政府间气候变化专门委员会（IPCC）的估算，每年全球天然湿地甲烷通量为 110

Tg，而每年全球稻田的甲烷通量为 25～200Tg，平均值为 100Tg。不同区域甲烷通量是不一样的，这是由许多因素决定的，气候因素是影响全球甲烷通量的重要因素。

湿地甲烷通量是由甲烷产生、氧化以及传输等 3 个过程决定的，这 3 个过程受到随时间变化因素的影响，包括温度、氧化还原电位、土壤酸碱度以及湿地植物的生长状况等。

对芦苇湿地观测后发现，其排放有明显的季节变化规律，大量的甲烷排放发生在夏季淹水期内，而在淹水前，土壤含水量低，表现为吸收甲烷；秋季排水后，甲烷排放明显减少。

若尔盖高原沼泽湿地由于其独特的气候条件，夏季无明显的高温期，导致 CH_4 排放没有明显的高峰出现。因此，不同湿地类型甲烷的季节动态也是不同的。

3.2.1.7　传统发酵酿酒窖池

窖池是中国白酒尤其是浓香型大曲酒生产酿造过程中必不可少的重要固态生物反应器。

窖池发酵的典型特征表现为：一是浓香型曲酒用小麦为原料，环境微生物自然接种，经培育制成大曲作为发酵剂，酿酒原料以高粱为主；二是发酵的主要多聚体成分是淀粉以及少量的蛋白质和脂肪；三是酿造工艺特点是固态酒醅发酵，装料后即用泥密封，属于半开放型封闭式发酵；四是发酵周期一般为 30～60 天不等；五是发酵过程中，由于各种微生物的相继作用，酒窖内迅速变成嫌气环境，温度也逐渐上升，一般最高达 30～32℃，在此温度维持几天后缓慢下降。

酿酒窖池内有丰富的有机营养物质，温度变化也不激烈，是厌氧中温菌良好的生态环境。发酵结束后，酒醅中乙醇浓度可达 5%以上，伴有大量有机酸和酯类物质生成。据测定，窖泥 pH 值在 3.8～4.0 之间，滴窖黄水的 pH 值测定在 3 左右，窖内基本为一酸性环境。发酵过程中除生成乙酸外，也有大量 CO_2 和 H_2 生成，为乙酸营养和氢营养的甲烷菌提供了生长基质。

混蒸续糟、不间断的泥窖发酵使泥窖中的微生物长期处于高酸度、高乙醇和微氧的环境中，赋予了微生物群落结构的复杂性和特殊性，特殊的菌群结构对产品风味和品质的影响已经成为众多学者关注的焦点。

对浓香型白酒窖泥微生物进行的研究表明，窖泥微生物以嫌气细菌（比如嫌气芽孢杆菌）为优势菌群，参与产香的细菌类主要包括厌氧异养菌、甲烷菌、己酸菌、乳酸菌、硫酸盐还原菌、硝酸盐还原菌等，它们在特殊的环境中生长、繁殖、代谢，各种代谢物在酶的作用下发生酯化反应而产生白酒的香气物质。

窖池生态系统中微生物种群间相互依存、相互作用，使窖池形成一个有机整体，保证了微生物代谢活动的正常进行。产甲烷菌、甲烷氧化菌等菌群因窖龄不同而差异显著，在新老两类窖池中，产甲烷菌和乙酸菌数量以老窖居多，新窖中未测出产甲烷菌；同一窖池中，产甲烷菌与乙酸菌的数量有同步增长的趋势，乙酸菌和甲烷菌存在共生关系；丁酸菌在代谢过程中产生的 H_2，被甲烷菌及硝酸盐还原菌利用，缓解了代谢产物的 H_2 抑制现象；丁酸的积累又有利于乙酸菌将丁酸转化为乙酸；产甲烷菌、硝酸盐还原菌与产氢产酸菌相互偶联，实现"种间氢转移"，且产甲烷菌代谢的甲烷有刺激产酸效应，黄水中若含有大量的乳酸，被硫酸盐还原菌利用，就消除了黄水中营养物质的不平衡。

窖泥中存在多种形状的产甲烷细菌，如杆状、球状、不规则状等，具体见表 3-7。酒窖中的厌氧环境和各种基质（如 CO_2、H_2、甲酸、乙酸等）为产甲烷菌的生长与发酵提供了有利条件。

表 3-7　浓香型白酒窖泥富集液中的产甲烷细菌

样品	A			B			C		
基质	CH_4/（μmol/mL）	荧光菌形态	荧光菌数	CH_4/（μmol/mL）	荧光菌形态	荧光菌数	CH_4/（μmol/mL）	荧光菌形态	荧光菌数
H_2/CO_2	421	长杆小球	＋＋＋	421	长杆小球	＋＋＋	71	长杆小球	＋＋
甲酸	408	长杆小球梨形	＋＋＋	38	小球长杆	＋	148	长杆小球	＋＋
甲醇	97	小球长杆	＋＋	924	八叠小球	＋＋＋	8	小球长杆	＋－
乙酸	33	长杆小球	＋	38	小球长杆八叠	＋	35	长杆	＋
乙醇	365	小球长杆	＋＋＋	126	小球长杆	＋＋	175	小球长杆	＋＋

注：A 表示取自泸州大曲酒厂；B 表示取自绵竹剑南春酒厂；C 表示取自宜宾五粮液酒厂。

浓香型曲酒发酵窖池为一酸性生态环境，但窖泥富集培养中未观察到嗜酸或耐酸的产甲烷菌。从泸州酒厂老窖泥中分离纯化出一株产甲烷杆菌，它只能利用 H_2/CO_2 作为生长基质，其形态、生理特征与布氏甲烷杆菌（*Methanobacterium bryantii*）相似，故取名为布氏甲烷杆菌 CS 菌株。布氏甲烷杆菌 CS 菌株的最适生长 pH 为 7.0，pH 值低于 6 时不能生长，这种情况和酸性泥炭沼泽类似（泥炭 pH 值一般在 3.5～5.0 之间）。随后发现该菌和从老窖泥中分离的泸型己酸梭菌菌株存在"种间氢转移"互营共生关系，混合培养时可较大程度提高己酸产量，以后可将 CS 菌株应用于酿酒工业，与己酸菌共同促进新窖老熟，有效提升酒质。

因此，窖泥中栖息的产甲烷古菌既是生香功能菌，又是标志老窖生产性能的指示菌。

3.2.2　厌氧微生物生态类型

3.2.2.1　厌氧生态的微生物特征

产甲烷菌广泛分布于各种厌氧生境中，是厌氧食物链最末端的一个成员。从极复杂的大分子生物多聚体到简单的甲烷分子形成了一条完整的厌氧食物链。一般来说，有机质含量丰富、氧化还原电位低于–200mV 的厌氧生境中都有大量的产甲烷细菌活动。

产甲烷菌可以自由生活，也可以和动植物以及其他的微生物结成不同程度的共生关系。自由生活的产甲烷细菌的分布与生境基质碳的类型和浓度、氧浓度和氧化还原电位、温度、pH、盐浓度以及硫酸盐菌和其他厌氧菌的活性有密切的关系。在一些生境中，由于原始底物和生态条件的差异，这条食物链是不完整的，甲烷发酵只经历其中的 1~2 个阶段。据此可以粗略地把甲烷细菌的生态环境分为三类。

第一类生态：传统沼气池和厌氧污水处理系统，经历甲烷发酵的全部四个阶段，即：复杂有机物的水解发酵，产氢产乙酸，产甲烷和同型产乙酸阶段，如图 3.2 所示。

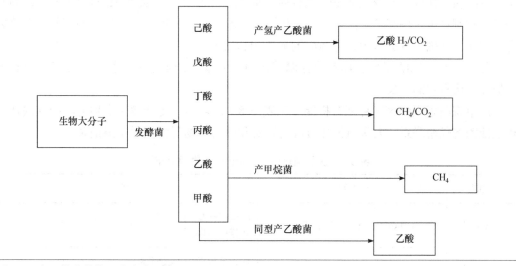

图 3.2　产甲烷菌的第一类生态环境

第二类生态：代表为反刍动物瘤胃，只经历水解发酵和产甲烷两个阶段。瘤胃中发酵生产的各种脂肪酸迅速为肠道内壁吸收。因此，缺乏产氢产乙酸阶段，如图 3.3 所示。

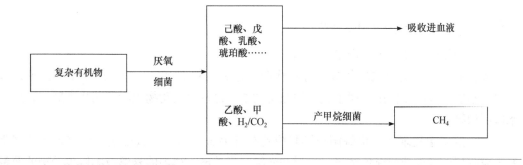

图 3.3　产甲烷菌的第二类生态环境

第三类生态：代表为温泉和海底火山热水口，这里主要通过地质化学过程产生 H_2 和 CO_2。甲烷的生成只包括同型产乙酸阶段和产甲烷阶段，如图 3.4 所示。

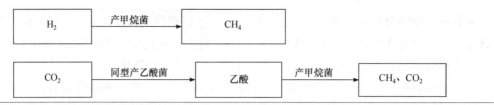

图 3.4　产甲烷菌的第三类生态环境

产甲烷菌是唯一能够有效地利用氧化氢（H_2O）形成的电子，并能在没有光和游离氧、NO_3^- 和 SO_4^{2-} 等外源电子受体的条件下厌氧分解乙酸的微生物。

产甲烷菌在代谢一碳化合物和乙酸时，要有对 H_2 进行氧化的氧化还原酶参与，并要求一定的质子梯度，而较低的 pH 值有利于质子还原成 H_2，不会使 H_2 氧化成质子，高质子浓度抑制产甲烷菌和产乙酸菌的 H_2 代谢。乙酸营养型产甲烷菌的质子调节作用可除去有毒的质子并确保各类型菌优势菌群的最适 pH 范围。

此外，产甲烷菌还可能具有营养调节作用，合成和分泌某些有机生长因子，有利于其他类型厌氧菌的生长。

产甲烷菌表现的这三种调节机能（见表 3-8），可维持复杂微生物种群间相互联合和相互依赖的代谢联系，为厌氧消化过程的稳定和保持生物活性提供了最适条件。

表 3-8　厌氧消化中产甲烷菌的生物调节作用

功能	代谢反应	意义
质子调节	$CH_3COO^- + H^+ — CH_4 + CO_2$	① 除去有毒代谢产物 ② 维持 pH 稳定
电子调节	$4H_2 + CO_2 — CH_4 + 2H_2O$	① 为某些底物代谢创造条件 ② 防止某些有毒代谢物积累
营养调节	分泌生长因子	① 增加代谢速率 ② 刺激异养菌生长

3.2.2.2　其他生境中的产甲烷细菌

（1）和原生动物共生的产甲烷细菌

大多数原生动物有线粒体参与好氧代谢。但有几种鞭毛虫、纤毛虫和变形虫缺乏线粒体，不能完成呼吸作用，属于厌氧的原生动物。这些原生动物生活在动物胃肠道和厌氧水体沉积物中。

在牛瘤胃中发现有产甲烷菌成链状附着在纤毛虫表面，显微镜下可观察到菌体细胞发出较强烈而持久的蓝绿色荧光。瘤胃滤液经沉降处理，得到的悬浮液中原生动物的数量比瘤胃滤液大 3 倍，而产甲烷速率比瘤胃滤液快 6 倍。显然这种外共生关系有利于产甲烷细菌生长及活性的保持。

在缺氧、腐殖质丰富的淤泥中，观察到阿米巴（Pelomyxa）和一些纤毛虫（Ciliate）细胞内有大量分散存在的产甲烷菌，在大阿米巴中是革兰染色阳性和革兰染色阴性的两种细杆菌，都发出特征性的蓝绿色荧光，并检测到有甲烷释放。在条纹扭头纤虫中约为

2000 个/只，在大阿米巴培养液中仅有极少数的自由生活的产甲烷菌。在阿米巴鞭毛虫（*Psalteriomonas lanterna*）的细胞内有杆状甲烷菌共生。阿米巴鞭毛虫生活史分为变形虫和鞭毛虫阶段。厌氧培养时为活泼的鞭毛虫，当培养液氧含量为 2%体积分数时，鞭毛虫细胞内共生的甲烷杆菌消失，继续培养于 1%的氧浓度条件下，则鞭毛消失，虫体呈变形虫形态。

　　失去内共生甲烷菌的原生动物可以被甲酸甲烷杆菌再度"感染"，电镜观察表明感染途径是原生动物吞咽甲烷杆菌进入食物泡中，可能由于甲烷细菌的假胞壁质对溶菌酶具有抗性，进入食物泡的甲烷杆菌不会被消化，最终进入细胞质中，大多数聚集到氢化酶体（hydrogenosomes）周围。氢化酶体是由单层膜构成的细胞器，已经知道丙酮酸在氢化酶体中可转化成乙酸和 H_2，很明显内共生的生理背景是种间氢转移。

　　（2）湿木中的产甲烷细菌

　　在一些比较坚硬的树木如杨树、榆树、栎树、木棉树和柳树的树心中，由于自身生长以及环境变化等原因而含有大量的水分，这种病理状态的湿木不同于正常的树木组织。湿木的 pH 偏碱性、缺氧、湿度大并有难闻的臭味。在湿木产生的气体中检测到了甲烷。对湿木组织的计数结果表明，产甲烷菌数量为 $10^3 \sim 10^4$ 个/g，固氮菌数量为 $10^5 \sim 10^6$ 个/g，厌氧异养菌的数量为 $10^6 \sim 10^7$ 个/g，并观察到湿木中的厌氧菌数量比边材中多 10^4 倍。

　　根据分析的结果，湿木中的细菌是从根毛侵入的，可能在树木根部受伤时，土壤里的细菌趁机侵入，并随树木导管中的水流而上升，在心材的适当部位定植而建立起细菌群落。从湿木组织中仅分离到一种产甲烷细菌，即嗜树甲烷短杆菌（*Methanobrevibacter arboriphilus*）。湿木是纤维素异常丰富的环境，但并未出现纤维素的降解作用。厌氧异养菌群的主要功能是固氮，降解果胶和发酵糖类，发酵产物主要有乙酸、丙酸、丁酸、乙醇、异丁醇、甲烷和二氧化碳等。

　　湿木中产甲烷数量虽然不多，但却是产甲烷菌相当独特的一类生态环境。

3.3　碳循环中的微生物作用

3.3.1　碳素循环

　　碳素循环是指自然界中的有机和无机含碳化合物，在生物和非生物的作用下一系列相互转化的过程。它保证了二氧化碳资源的重复利用，使植物生产能不断进行，并且清除了环境中的有机质废物，保持碳素在自然界中的平衡。

　　碳循环以二氧化碳为中心，二氧化碳被植物利用进行光合作用，合成植物性碳；动物摄食植物就是将植物性碳转化为动物性碳；动物和人呼吸放出二氧化碳。这些有机碳化合物被厌氧微生物和好氧微生物分解所产生的二氧化碳均返回大气。而后，二氧化碳再一次被植物利用进入循环。碳循环如图 3.5 所示。

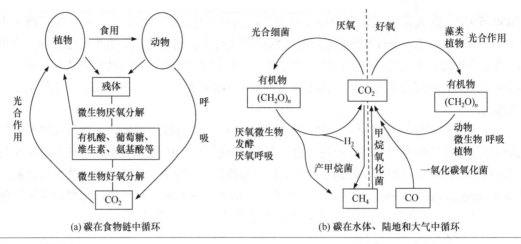

图 3.5　碳循环

光合作用固定的 CO_2 中大部分以聚糖形式积累于木本和草本植物躯干中，木材占 60%，其中 75%是纤维素，约 20%是木质素和木聚糖，蛋白质仅占 1%左右。在草本植物中多糖含量更高，分解木质纤维素的任务就落在土壤中的特殊微生物来完成。

3.3.2　几种天然含碳化合物的分解

3.3.2.1　纤维素的分解

纤维素是葡萄糖的高分子聚合物，每个纤维素分子含 1400～10000 个葡萄糖基，分子式为（$C_6H_{10}O_5$）$_{(1400\sim10000)}$。树木、农作物秸秆和以这些为原料的工业产生的废水，如棉纺印染废水、造纸废水、人造纤维废水及有机垃圾等，均含有大量纤维素。

纤维素在微生物酶的催化下沿如图 3.6 所示的途径分解。

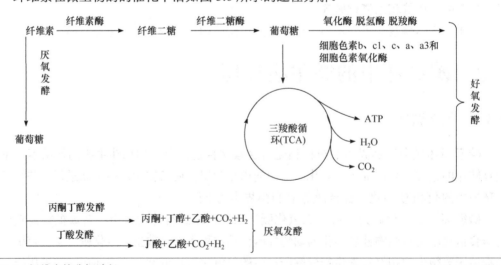

图 3.6　纤维素的分解途径

分解纤维素的微生物有细菌、放线菌和真菌。对细菌开展的相关研究较多，尤其是好氧菌群，大多能同化无机氮（主要是 NO_3^--N），而对氨基酸、蛋白质及其他有机氮利用能力较低，有的能还原硝酸盐为亚硝酸盐。

厌氧的纤维素分解菌主要有产纤维二糖梭菌（*Clostridium cellobioparum*）、无芽孢厌氧分解菌及热解纤维梭菌（*Clostridium thermocellum*）等。好热性厌氧分解菌最适温度为 55～65℃，最高耐受温度为 80℃，大多是专性厌氧菌。

此外，分解纤维素的还有青霉菌、曲霉、镰刀霉、木霉及毛霉等，包括嗜热真菌属（*Thermomyces*）和放线菌中的链霉菌属（*Streptomyces*）。它们在 23～65℃生长，最适温度为 50℃。

研究表明，细菌的纤维素酶结合在细胞质膜上，是一种表面酶。真菌和放线菌的纤维素酶是胞外酶，可分泌到培养基中，通过过滤和离心很容易分离得到。厌氧纤维素分解菌在纯培养时，发酵纤维素不产甲烷，在混合培养时产生甲烷，是伴生菌作用的结果。

3.3.2.2　半纤维素的分解

半纤维素存在于植物细胞壁中。半纤维素的组成中含聚戊糖（木糖和阿拉伯糖）、聚己糖（半乳糖、甘露糖）及聚糖醛酸（葡萄糖醛酸和半乳糖醛酸）。土壤微生物分解半纤维素的速率比分解纤维素快。

分解纤维素的微生物大多数能分解半纤维素。许多芽孢杆菌、假单胞菌、节细菌及放线菌，以及一些霉菌，包括根霉、曲霉、小克银汉霉、青霉及镰刀霉等能分解半纤维素。

半纤维素在微生物酶的催化下沿如图 3.7 所示途径分解。

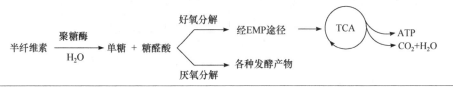

图 3.7　半纤维素的分解途径

3.3.2.3　果胶质的分解

果胶质是由 D-半乳糖醛酸以 α-1,4-糖苷键构成的直链高分子化合物，其羧基与甲基酯化形成甲基酯。果胶质存在于植物的细胞壁和细胞间质中。造纸、制麻废水含有果胶质，天然的果胶质不溶于水，称原果胶。

果胶质的水解过程如下式所示：

原果胶+H_2O $\xrightarrow{\text{原果胶酶}}$ 可溶性果胶+聚戊糖

可溶性果胶+H_2O $\xrightarrow{\text{果胶甲酯酶}}$ 果胶酸+甲醇

果胶酸+H_2O $\xrightarrow{\text{聚半乳糖酶}}$ 半乳糖醛酸

果胶酸、聚戊糖、半乳糖醛酸、甲醇等在好氧条件下被分解为二氧化碳和水。在厌氧条件下进行丁酸发酵，产物有丁酸、乙酸、醇类、二氧化碳和氢气，厌氧菌有蚀果胶梭菌和费新尼亚浸麻梭菌。此外，分解果胶质的真菌有青霉、曲霉、木霉、小克银汉霉、芽枝孢霉、根霉和毛霉等。放线菌也可分解果胶质。

3.3.2.4　淀粉的降解

淀粉广泛存在于植物（稻、麦、玉米）的种子和果实等中。以上述物质作原料应用于工业生产中所产生的工业废水，例如淀粉厂废水、酒厂废水、印染废水、抗生素发酵废水及生活污水等中均含有淀粉。

淀粉是多糖，含有 α-D-1,4-葡萄糖苷键（简称 α-1,4 结合）组成不分支的链状结构，以及 α-1,6 结合组成分支的链状结构，分子式为（$C_6H_{10}O_5$）$_n$。在微生物作用下的分解过程如图 3.8 所示，在好氧条件下，淀粉沿着①途径水解成葡萄糖，进而醇解成丙酮酸，经三羧酸循环完全氧化为二氧化碳和水。在厌氧条件下，淀粉沿着②途径转化，产生乙醇和二氧化碳。在专性厌氧菌作用下，沿③和④途径进行。

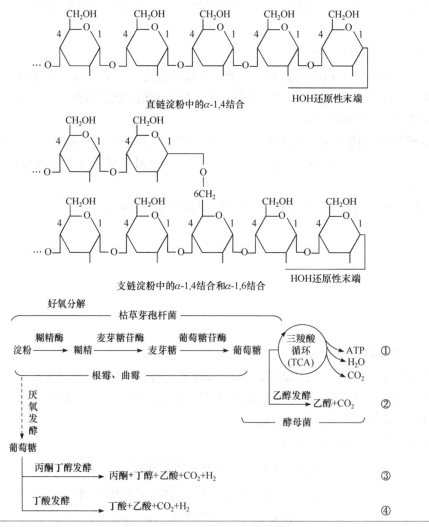

图 3.8　淀粉的分解途径

在途径①中，好氧菌有枯草芽孢杆菌和根霉、曲霉。枯草芽孢杆菌可将淀粉一直分解为二氧化碳和水。途径②中，根霉和曲霉是糖化菌，它们将淀粉先转化为葡萄糖，接着由酵母菌将葡萄糖发酵为乙醇和二氧化碳。在途径③中，由丙酮丁醇梭状芽孢杆菌

（*Clostridium acetobutylicum*）和丁酸梭状芽孢杆菌（*Clostridium butyricum*）参与发酵。途径④中由丁酸梭状芽孢杆菌参与发酵。

　　参与催化淀粉降解的酶：途径①中有淀粉-1,4-糊精酶（即α-淀粉酶、液化型淀粉酶）；途径②中有淀粉-1,6-糊精酶（脱支酶）；途径③中有淀粉-1,4-麦芽糖苷酶（β-淀粉酶）；途径④中有淀粉-1,4-葡萄糖苷酶（葡萄糖淀粉酶，即γ-淀粉酶）。

3.3.2.5　脂肪的降解

　　脂肪是由甘油和高级脂肪酸形成的酯，不溶于水，可溶于有机溶剂。由饱和脂肪酸和甘油组成的，在常温下呈固态的称为脂。由不饱和脂肪酸和甘油组成的，在常温下呈液态的称为油。工业废水中，毛纺厂废水、毛条厂废水、油脂厂废水、制革废水等中含有大量油脂。

　　脂肪被微生物分解的反应式如下：

$$脂肪 + 脂肪酶 + 3H_2O \rightarrow 甘油 + 高级脂肪酸$$

　　甘油脱氢后生成磷酸二羟丙酮，磷酸二羟丙酮可酵解成丙酮酸，再氧化脱羧成乙酰辅酶 A，进入三羧酸循环（TCA）后完全氧化为二氧化碳和水（图 3.9 和图 3.10）。

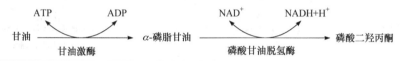

图 3.9　甘油的转化

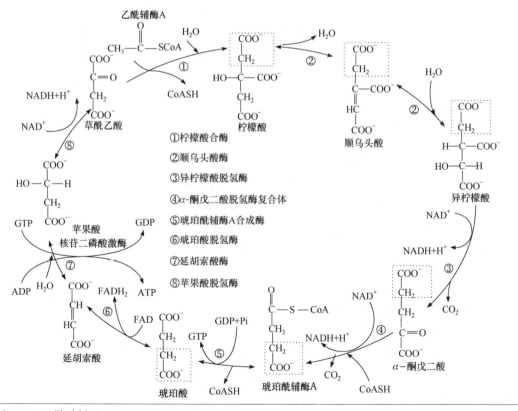

图 3.10　三羧酸循环

脂肪酸通常通过 β-氧化途径氧化。脂肪酸先是被脂酰硫激酶激活，然后在 α、β 碳原子上反复进行脱氢加水的反应过程，最后在 α、β 碳位之间的碳链断裂，生成 1mol 乙酰辅酶 A 和碳链较原来少两个的脂肪酸。以硬脂酸为例，1mol 硬脂酸含 18 个碳原子，需要经过 8 次 β-氧化作用，全部降解为 9mol 乙酰辅酶 A，其总反应式如下，具体如图 3.11 和图 3.12 所示。

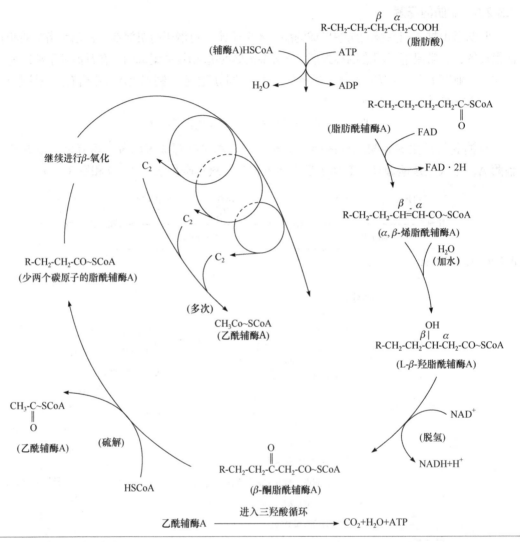

图 3.11　脂肪酸的 β 氧化

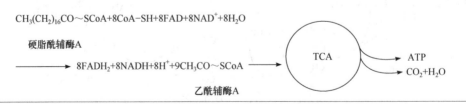

图 3.12　硬脂酸的降解途径

3.3.2.6　木质素的转化

木质素是植物组织的重要组成成分。稻草秆、麦秆、芦苇和木材含有木质素，它们是造纸工业的原料，木材也是人造纤维的原料。因此造纸和人造纤维废水中均含大量木质素。

木质素是以苯环为核心带有丙烷支链的一种或多种芳香族化合物（例如苯丙烷、松柏醇等）经氧化缩合而成。分解木质素的微生物主要是担子菌纲中的干朽菌属（*Merulius*）、多孔菌属（*Polyporus*）、伞菌属（*Agaricus*）等的一些种，有厚孢毛霉（*Mucor chlamydosporus*）和松栓菌（*Trametes pini*）。假单胞菌的个别物种也能分解木质素。

木质素被微生物分解的速率十分缓慢，在好氧条件下分解木质素比在厌氧条件下快，真菌分解木质素比细菌快。

3.3.2.7　甲烷的氧化

在生态系统中，有机物厌氧消化过程产生甲烷和二氧化碳，产甲烷菌将二氧化碳转化为甲烷。大气中的甲烷含量以大约 1%的速度逐年递增，在过去的 300 年中，空气中的甲烷含量上升了 135.7%（体积分数）。而甲烷主要来自水稻田、反刍动物、煤矿、污水处理厂、垃圾废物填埋场、沼泽地等。因此，甲烷的氧化对于平衡二氧化碳和甲烷之间的温室气体效应具有重要的意义。

甲烷的氧化如下式所示：

$$CH_4+2O_2 \rightarrow CO_2+2H_2O+887kJ$$

按理论计算，氧化 1mol CH_4 需要 2mol O_2，形成 1mol CO_2。但由于有一部分 CH_4 要参与组成细胞物质，所以，实际数据与理论计算存在差异。

可以氧化烷烃的微生物有：甲烷假单胞菌（*Pseudomonas methanica*）、分枝杆菌属（*Mycobacterium*）、头孢霉和青霉等（能氧化甲烷、乙烷和丙烷）。

3.3.3　厌氧生境对碳素循环的影响

3.3.3.1　产甲烷作用

生物产甲烷对自然界的碳循环起着重要作用。

在许多厌氧生境中，产甲烷作用是碳素流程的最后一个步骤。这些厌氧生境包括海洋及淡水沉积物、沼泽泥塘、淹没土壤、地热环境、动物胃肠道，以及表层至 2000m 左右的陆相地质沉积环境等。从厌氧生境释放出的甲烷气，可以作为甲烷氧化菌的能源和碳源，也会释放到大气中参与大气中的各种化学反应，同时也是导致地球温室效应的主要气体之一。

3.3.3.2　二氧化碳效应

二氧化碳是植物（包括藻类植物）和光合细菌的唯一碳源，若以大气中二氧化碳的含量为 0.032%计算，其储藏量约有 6×10^{11}t，全球（陆地、海洋、河流、湖泊）植物每年消耗大气中 CO_2 约 $6 \times 10^{10} \sim 7 \times 10^{10}$t，10 年就可将大气中的 CO_2 用尽。但由于人、动物呼吸以及微生物分解有机物会产生大量 CO_2，会源源不断补充至大气中。海洋、陆地、大气和生物圈之间碳的长期自然交换，使大气中的 CO_2 保持相对平衡和稳定。因此，在过去的万年岁月里，CO_2 含量变化极小，持续维持在 2.8×10^{-4} mg/L 左右。

自 18 世纪工业革命以来，由于石油和煤燃烧量日益增加，排放的 CO_2 等温室气体含量正在大幅度增加。因而使大气圈中 CO_2 含量逐年增加，如图 3.13 所示。

测定显示，1750 年大气中的 CO_2 含量仅为 280mg/L，1996 年测定 CO_2 含量增加到 360mg/L；2020 年测定 CO_2 含量已经超过 410mg/L。据 IPCC（美国政府间气候变化专门委员会）估计，到 2050 年，大气 CO_2 含量将上升到 560mg/L。

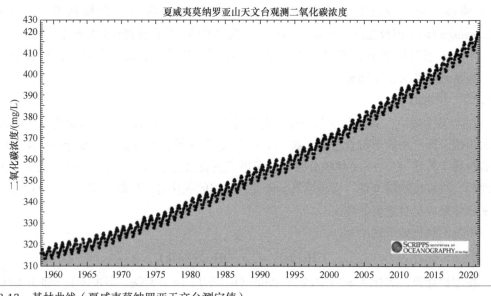

图 3.13　基林曲线（夏威夷莫纳罗亚天文台测定值）
观测记录数据截止到 2022 年 4 月

由于 CO_2 含量的持续增高，20 世纪地球表面温度上升了 0.3～0.6℃，海平面上升 10～25cm。到 21 世纪中叶，全球温度将增加 1.5～4℃。以 CO_2 为代表的温室气体的大量排放，导致了全球性的"温室效应"，并由此引发了一系列环境问题，直接影响了人们的生产和生活。

3.4　氮循环中的微生物作用

3.4.1　氮素循环

自然界的氮元素蕴藏量丰富，氮以 3 种形态存在：分子氮（N_2），占大气体积分数的 78%；有机氮化合物（蛋白质、氨基酸、尿素和有机胺等）；无机氮化合物（氨氮、亚硝酸盐氮和硝酸盐氮）。尽管分子氮和有机氮数量多，但植物不能直接利用，只能利用无机氮。在微生物、植物和动物三者的协同作用下，3 种形态的氮互相转化，构成生态系统中的氮循环，这其中微生物发挥着重要作用。

氮循环包括固氮作用、氨化作用、硝化作用、反硝化作用，大气中的分子氮被根瘤菌固定后可供给豆科植物利用，还可被固氮菌和固氮蓝细菌固定成氨，氨溶于水生成

NH_4^+，被硝化细菌氧化成硝酸盐后，才能被植物吸收，无机氮转化成植物体中的有机氮。植物被动物食用后转化为动物体中的有机氮，动物和植物的尸体及人和动物的排泄物被氨化微生物转化成氨，氨被硝化细菌氧化成硝酸盐。部分硝酸盐在反硝化微生物的作用下形成氮气，部分硝酸盐被植物吸收，无机氮和有机氮就这样循环往复地相互转化。具体如图 3.14 所示。

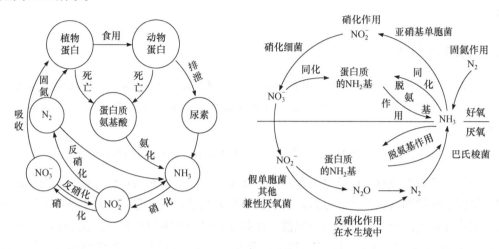

图 3.14 氮循环

3.4.2 固氮作用

大气中的氮气蕴藏量大，约占空气体积分数的 78%。植物和大多数微生物不能直接利用，只有少数微生物利用分子态氮。通过固氮微生物的固氮酶催化作用，把分子 N_2 转化为 NH_3，进而合成有机氮化合物。这称为固氮作用。

各类固氮微生物进行固氮的基本反应式相同：

$$N_2+6e^-+6H^++n ATP \rightarrow 2NH_3+n ADP+n Pi$$

由氮气转化为氨是在固氮酶催化下进行的：

$$酶-N \equiv N+2e^-+2H^+ \rightarrow 酶-N=N+2e^-+2H^+ \rightarrow 酶-N-N+2e^-+2H^+ \rightarrow 2NH_3+酶$$

分子氮具有高能量三键（$N \equiv N$），需要很大的能量才能打开它，固氮酶催化固氮反应所需要的能量和电子，以多种固氮微生物的平均值计：还原 1mol N_2 为 2mol 的 NH_3 需要 24mol ATP，其中 9mol ATP 提供 6 个电子用于还原作用，15mol ATP 用于催化反应。ATP 只有与二价镁离子结合成 Mg^{2+}-ATP 复合物时才起作用。

好氧固氮微生物有根瘤菌属、褐球固氮菌、黄色固氮菌、雀稗固氮菌、拜叶林克菌和万氏固氮菌等，可利用各种糖、醇、有机酸为碳源，以分子 N_2 为氮源。当供给 NH_3、尿素和硝酸盐时，固氮作用停止。好氧固氮菌则是通过好氧呼吸由三羧酸循环产生 $FADH_2$、NADH 等经电子传递链产生 ATP。

光合细菌例如红螺菌属（*Rhodospirillum*）、小着色菌（*Chromatium minus*）及绿菌属（*Chlorobium*）等在光照和厌氧条件下也能固氮。

厌氧固氮菌是通过发酵糖类生成丙酮酸, 由丙酮酸磷酸化过程中合成的 ATP 提供固氮所需能量。

固氮酶对 O_2 敏感, 从好氧固氮菌体内分离的固氮酶, 一遇到氧就会发生不可逆性失活。好氧固氮菌生长需要氧, 但固氮却不需氧。好氧固氮菌为了在生长过程中同时固氮, 它们在长期的进化中形成了保护固氮酶的防氧化的机制, 使固氮作用正常进行。

3.4.3　尿素的氨化

人、畜尿中含有尿素, 印染工业的印花浆用尿素作膨化剂和溶剂, 故印染废水也含尿素。在废水生物处理过程中, 当缺氮时可加尿素补充氮源。尿素含氮 47%, 能被许多细菌水解产生氨。

$$CO（NH_2）_2+2H_2O \xrightarrow{\text{（脲酶）}} （NH_4）_2CO_3 \rightarrow 2NH_3+CO_2+H_2O$$

用酚红可检验此反应, 酚红变色范围在 pH6.4～8.0, 酸性时为黄色, 碱性时为红色。当酚红呈红色时说明有氨产生。分解尿素的细菌有尿八叠球菌, 它是球菌中唯一能形成芽孢的。尿小球菌及尿素芽孢杆菌是好氧菌, 在强碱性培养基中生长良好, 在 pH<7 时不生长。尿素分解时不放出能量, 因而不能作为碳源, 只能作氮源。尿素细菌利用单糖、双糖、淀粉及有机酸盐作碳源。

3.4.4　硝化作用

固氮产生的氨, 在有氧的条件下, 经亚硝化细菌和硝化细菌的作用转化为硝酸, 这称为硝化作用。由氨转化为硝酸分两步进行:

$$2NH_3+3O_2 \rightarrow 2HNO_2+2H_2O+619kJ$$

$$2HNO_2+O_2 \rightarrow 2HNO_3+201kJ$$

有些工业废水如味精废水和赖氨酸废水等含有相当高浓度的 NH_3-N。而有些废水如印染废水和合成制药废水的 NH_3-N 浓度不高, 但有机氮（总氮）高, 经过微生物的降解作用提高 NH_3-N 的浓度, 因此在去除有机物的同时要去除 NH_3-N。先通过硝化作用将 NH_3-N 氧化为 NO_2^--N 和 NO_3^--N, 再通过反硝化作用或厌氧氨氧化作用将 NO_2^--N 和 NO_3^--N 还原为 N_2 逸出水面得以去除。

3.4.5　反硝化作用

自然界中包括土壤、水体、污水及工业废水都含有硝酸盐。兼性厌氧的硝酸盐还原细菌将硝酸盐还原为氮气, 此过程被称为反硝化作用。土壤、水体和污（废）水生物处理构筑物中的硝酸盐在缺氧的情况下, 会发生反硝化作用。若土壤发生反硝化作用会使土壤肥力降低。若在污（废）水生物处理系统中的二沉池发生反硝化作用, 产生的氮气由池底上升逸到水面时会把池底的沉淀污泥带上浮起, 使出水含有大量的泥花, 影响出水的水质。有些污（废）水经生物处理后出水硝酸盐含量高, 在排入水体后, 若水体缺氧发生反硝化作用，会产生致癌物质亚硝胺，造成二次污染，危害人体健康。因此，必须采用脱氮工艺去除污（废）水中的硝酸盐后再排入水体才安全。可见，反硝化作用在污（废）水生物处理中起到了积极作用。

反硝化细菌（兼性厌氧菌）在缺氧和厌氧条件下，将硝酸还原为氮气。

$$2HNO_3+4[H]\rightarrow 2HNO_2+4[H]\rightarrow 2NO\rightarrow N_2O+2[H]\rightarrow N_2$$

反硝化细菌有施氏假单胞菌（*Pseudomonas stutzeri*）、脱氮假单胞菌（*Ps. denitrificans*）、荧光假单胞菌（*Ps. fluorescens*）、色杆菌属中的紫色色杆菌（*Chromobacterium violaceum*）、脱氮色杆菌（*Chrom. denitrificans*）等。

第 **4** 章
厌氧消化微生物生理学基础

4.1　产甲烷菌的基质适应范围

4.2　厌氧消化微生物的相互作用

生物产甲烷作用对自然界的碳循环起重要作用，是碳素流的最后一个步骤。产甲烷菌是有机物厌氧降解的末端功能类群，能够将有机碳转化为甲烷。因此研究产甲烷菌的生理生化过程，不仅能够增加我们对古菌特殊代谢途径的了解，而且能够为解决全球能源紧缺以及气候变暖等问题提供理论依据。

不同类型产甲烷细菌在系统发育上有很大的差异，然而作为一个类群，它们只能够利用几种简单的化合物，大部分是只含一个碳元素的化合物（表 4-1）。许多产甲烷细菌只利用一种或两种基质，但甲烷八叠球菌的某些菌株则能利用七种基质。产甲烷细菌的这种特殊生理功能，必将导致大多数厌氧生境中的产甲烷细菌都要依赖其他微生物为它们提供基质。因此，大多数的有机物，需要不同类群厌氧微生物相互作用的食物链，才能最终转化成甲烷；相比于一个好氧生态系统，一种单一的微生物通常就能将一种复杂的有机化合物完全氧化成 CO_2。

表 4-1　部分产甲烷菌的生理学特性

反应	产物	$\Delta G^{0'}/(\text{kJ/molCH}_4)$	细菌
$4H_2+HCO_3^-+H^+$	CH_4+3H_2O	−135	大多数产甲烷细菌
$4HCOO^-+H^++H_2O$	$CH_4+3HCO_3^-$	−145	许多氢营养型产甲烷细菌
$4CO+5H_2O$	$CH_4+3HCO_3^-+3H^+$	−196	甲烷杆菌和甲烷八叠球菌
$2CH_3CH_2OH+HCO_3^{-①}$	$2CH_3COO^-+H^++CH_4+H_2O$	−116	一些氢营养型产甲烷细菌
$CH_3COO^-+H_2O$	$CH_4+HCO_3^-$	−31	甲烷八叠球菌和甲烷丝菌
$4CH_3OH$	$3CH_4+HCO_3^-+H_2O+H^+$	−105	甲烷八叠球菌/甲基营养型
$4(CH_3)_3\text{-}NH^++9H_2O^②$	$9CH_4+3HCO_3^-+4NH_4^++3H^+$	−76	甲烷八叠球菌/甲基营养型
$2(CH_3)_2\text{-}S+3H_2O^③$	$3CH_4+HCO_3^-+2H_2S+H^+$	−49	一些甲基营养型产甲烷细菌
CH_3OH+H_2	CH_4+H_2O	−113	斯氏甲烷球形菌/甲基营养型

①利用包括异丙醇的其他短链醇；②利用包括二甲胺和甲胺的甲基化胺；③也利用甲硫醇。

为什么产甲烷细菌不能将一些稍为复杂一点的有机物分子（如葡萄糖）直接转化成 CH_4 和 CO_2？目前可以给出的解释是：产甲烷作用需要复杂而特殊的代谢机制，而产甲烷细菌不能与对利用复杂有机物更具专一性的发酵性细菌竞争。发酵性反应中每个电子的自由能比与产甲烷作用或硫酸盐还原作用相偶联的完全代谢反应中的电子自由能要负得多，反应更容易进行。

葡萄糖发酵转化成乙酸和 H_2 的 $\Delta G^{0'}$ 为−27kJ/电子（在厌氧生物反应器条件下每个电子的 $\Delta G^{0'}$ 为−39kJ/电子），而葡萄糖彻底降解为 CH_4 的仅为−16kJ/电子。因此，一种假定的利用葡萄糖的产甲烷细菌，不得不与更有效的发酵性细菌竞争。然而，一种利用葡萄糖的产甲烷细菌，如果将葡萄糖转化成乙酸和 CH_4，反应中每个电子可以贮存−42.7kJ 的自由能，而至今仍令人困惑的是，尚未发现这样一种产甲烷细菌的存在。

产甲烷细菌最普遍而常见的分解代谢反应是以 H_2 作为还原剂还原 CO_2 生成 CH_4（表 4-1）。H_2 是厌氧生境的主要发酵产物，大多数能够利用 H_2/CO_2 生成 CH_4 的产甲烷细菌（氢营养型），也能够利用甲酸脱氢酶以甲酸作为电子供体还原 CO_2。

4.1 产甲烷菌的基质适应范围

4.1.1 盐度

从淡水到高盐环境，几乎都能发现产甲烷细菌的存在。尽管有多种多样的淡水产甲烷细菌和海洋产甲烷细菌，但极端嗜盐产甲烷细菌却不多，这类极端嗜盐产甲烷细菌都是甲基营养型产甲烷细菌，属于甲烷八叠球菌科（Methanosarcinaceae）。高盐环境中的甲基营养型产甲烷细菌，能够在高盐环境中进行厌氧分解作用，也许是因为嗜盐微生物中含有极其丰富的渗透防护剂（如甜菜碱、硫代甜菜碱等）。

16S rRNA 和 23S rRNA 序列的比较研究发现，好氧的极端嗜盐古细菌（如盐杆菌属）和甲烷微菌目之间具有特别的相关关系，说明嗜盐细菌和甲基营养型产甲烷细菌来自同一祖先。此外，甲烷八叠球菌具有细胞色素，而嗜盐细菌中也存在有细胞色素。

嗜热甲烷八叠球菌（M. thermophila）被认为是淡水产甲烷细菌，但在海洋性培养基中经过一定时间的适应后也能够生长。适应了盐的细胞，其周围不再具有一层厚的甲烷软骨素囊状物，这种细胞对清洁剂引起的细胞溶解作用非常敏感，几乎都以单个细胞而不是成团的形式生长。适应了海洋性培养基的细胞的最高生长温度从 55℃ 降到 45℃，与对细胞稳定性起作用的囊状物是一致的。适应了高盐环境的细胞会缓慢地适应淡水条件而生长。几株嗜温甲烷八叠球菌培养物的研究也获得了类似的结果，尽管并不是所有这类产甲烷细菌都失去了囊状物。这些发现表明，甲烷八叠球菌的"甲烷软骨素"囊状物是适应低盐环境的结构，像紧身衣一样起着抵抗内部膨胀压力的作用。

4.1.2 温度

产甲烷细菌广泛分布于各种不同温度的生境中，从长期处于 2℃ 的海洋沉积物到温度高达 100℃ 以上的地热区，存在多种多样的嗜温产甲烷细菌和嗜热产甲烷细菌。一般来讲，嗜热产甲烷细菌比相应的嗜温产甲烷细菌的生长更快。

研究表明，温度低于 15℃ 会大大限制淡水生境中的产甲烷作用，如湖泊沉积物和稻田等，而在这些沉积物中产甲烷作用的最适生长温度接近 35℃。

典型极端嗜热菌株，如热自养甲烷热杆菌（Methanobacterium thermoautotrophicum）是一种氢营养型产甲烷细菌，最适生长温度 65℃，地球上分布广泛，在各地温泉中也有发现，也存在于嗜热厌氧消化器中；嗜热甲酸甲烷杆菌（Methanobacterium thermoformicicum），最适生长温度 56℃，利用基质为 H_2/CO_2 和甲酸；嗜热甲烷八叠球菌（Methanosarcina thermophila），最适生长温度 50℃，利用甲醇、甲胺和醋酸生长并产生甲烷；詹氏甲烷球菌，属甲烷球菌目，分离自海底扩散中心，最适生长温度 85℃；炽热甲烷嗜热菌（Methanothermus fervidus），属甲烷杆菌目，分离自冰岛的温泉，最适生长温度接近 83℃；坎氏甲烷火菌（Methanopyrus kandleri），从浅海热液系统中分离到，最适生长温度接近 100℃，它已不属于常规所描述的产甲烷菌目。

在一些嗜热产甲烷细菌中，含有高浓度的代谢产物环 2,3-二磷酸甘油酸盐（2,3-DPG）。比如，中等嗜热热自养甲烷热杆菌细胞质中 2,3-DPG 浓度约为 65mmol/L，炽热甲烷嗜热菌细胞内的 2,3-DPG 浓度约为 0.3mol/L，而在坎氏甲烷嗜热菌细胞内的 2,3-DPG 浓度为 1.1mol/L。炽热甲烷嗜热菌中含有 0.3mol/L 2,3-DPG 时，就会使甘油醛-3-磷酸脱氢酶和苹果酸脱氢酶在 90℃ 高温下变得稳定而不变性；此外，产甲烷细菌能产生一种"热休克蛋白"（heat shock proteins）来适应增高的温度；有些超高温古细菌，包括超高温产甲烷细菌，则可产生 Chaperonin-like（伴侣蛋白），以维持蛋白质的稳定性。

产甲烷古菌的类异戊二烯酯以醚键相连接，它们在 90℃ 以上温度下可以生长，因为只有这些酯才可能在如此高温下保持细胞膜的完整性。许多嗜热产甲烷细菌都具有末端基团以尾-尾共价键相连接的酯，从而形成横跨细胞膜的单个跨膜四醚键分子，或许这种酯会使细胞膜更加稳定。

4.1.3　pH

大多数产甲烷细菌生长的最适 pH 在中性范围，但是有的产甲烷细菌生存于极端 pH 环境，如泥炭沼泽的 pH 值为 4.0 或 4.0 以下，却仍然能够产生 CH_4。从泥炭沼泽中分离到的一株氢营养型产甲烷细菌（很可能是甲烷杆菌），能够在 pH=5 的条件下生长，甚至 pH 降至 3.0 时还能产生甲烷。

根据放射性示踪元素研究，证明沼泽沉积物（pH=4.9）的碳原子流向，这些沉积物 pH 低至 4.0 时，CO_2 还原成 CH_4 和利用乙酸的产甲烷作用都会发生，加入 H_2/CO_2 会促进产甲烷作用，而添加乙酸盐却使产甲烷作用受到抑制，很可能是细胞内累积了乙酸或乙酸盐的缘故。

4.1.4　氧

产甲烷细菌是严格厌氧细菌，一般认为产甲烷细菌生长介质中的氧化还原电位应低于 $-0.3V$，据 Hungate（1967）计算，在此氧化还原电位下 O_2 的浓度理论上为 $10^{-56}mol/L$，因此可以这样说，在良好的还原生境中 O_2 是不存在的。

尽管产甲烷细菌在有氧气存在下不能生长或不能产生 CH_4，但是它们暴露于氧时也有着相当的耐受能力，由于在无还原剂的缓冲液中会生成过氧化物和其他副产物，因而在研究中发现，沃氏甲烷球菌、万氏甲烷球菌（*Methanococcus vannielii*）暴露于空气 10h，其存活率下降 100 倍左右；嗜树甲烷短杆菌（*Methanobrevibacter arboriphilus*）和热自养甲烷杆菌在死亡前维持活力几小时；巴氏甲烷八叠球菌（*Methanosarcina barkeri*）维持活力 24h 以上，它能维持较长时间活力是因为它们形成多细胞团的缘故。可见不同产甲烷细菌对 O_2 的敏感性有着相当大的差异。因此可以认为，产甲烷细菌能够存在于一些厌氧微环境或过渡性厌氧条件的生境中。

产甲烷细菌对 O_2 的适应性变化，以热自养甲烷杆菌对 O_2 的适应现象为例，当热自养甲烷杆菌暴露于 O_2 时，它的 AMP 或 GMP 的磷酸基和电子载体辅酶 F_{420} 经过修饰，在 390nm 波长附近有最大的吸光率，因而称为 F_{390} 衍生物，它们不再与依赖于 F_{420} 的氢酶起反应。在 H_2 饥饿的细胞中未检测出 F_{390} 衍生物。当环境恢复到厌氧条件后，F_{390} 又明显恢复转化成 F_{420}。因此，O_2 存在时产甲烷细菌辅因子的这种修饰作用是通过切断还原代谢来实现的。

4.1.5 代谢调节

以利用乙酸产甲烷的甲烷八叠球菌的调节作用为例，当甲烷八叠球菌生长于含有甲醇+乙酸两种基质的培养基时，甲烷八叠球菌出现二次生长现象，这是甲醇被优先利用所致。当甲烷八叠球菌生长于 H_2/CO_2+乙酸，或三甲胺+乙酸的培养基中时，也获得类似的结果。这是因为利用甲醇或 H_2/CO_2 生成 1mol CH_4 的 $\Delta G^{0'}$ 值比利用乙酸要负得多（表4-1），而且利用甲醇或 H_2/CO_2 的菌体生成量也要多一些，因此甲醇和 H_2/CO_2 被优先利用。

对嗜热甲烷八叠球菌的研究表明，即使培养基中含有乙酸，甲醇培养的细胞利用乙酸的速率只有乙酸培养细胞利用乙酸速率的 3%；同样，乙酸培养的细胞利用甲醇的速率只有甲醇培养细胞利用甲醇速率的 1%。在甲醇+乙酸培养基中处于利用乙酸阶段的细胞，可以快速利用这两种基质中的一种或同时利用这两种基质。这一结果与甲醇阻遏乙酸的利用，而甲醇自身的代谢机制与可诱导的调节模型是一致的。

4.1.6 储存物质

生物需要内源性能源和营养物质，以便在缺乏外源性能源和营养物质时能够生存，产甲烷细菌也不例外。例如，可运动的氢营养型产甲烷细菌，在培养基中少量 H_2 被耗尽后的较长时间内，仍能从显微镜的湿载玻片上观察到菌体的运动。这些储存物质通常是多聚物糖原和聚磷酸盐，它们是在营养物质过剩时作为能源和营养物储存起来的。

甲烷八叠球菌属、甲烷丝菌属、甲烷叶菌属和甲烷球菌属等，在限制氮源和碳/能量过量的条件下，刺激生物储存糖原，以便在能量饥饿条件下降解备用。其中，甲烷八叠球菌在缺能 24h 内仍具有完整的游动性；丁达尔甲烷叶菌降解 1mol 糖原检测出 1mol CH_4 的试验研究证明，含有糖原的嗜热甲烷八叠球菌的饥饿细胞比缺乏糖原的细胞维持着更高的 ATP 水平，因此更容易从乙酸转换到甲醇作为产甲烷基质。糖原作为内源性碳水化合物可以被产甲烷细菌利用，却很少发现产甲烷细菌利用外源性碳水化合物，反映出产甲烷细菌缺乏与发酵性细菌竞争外源性碳水化合物的能力。

甲烷八叠球菌中也存在聚磷酸盐，所含聚磷酸盐的量，取决于生长培养基中磷酸盐的浓度，磷酸盐浓度为 1mmol/L 的培养基中生长的细胞，1g 细胞蛋白储存 0.26g 聚磷酸盐。聚磷酸盐能够使糖和 AMP 磷酸化，并可作为磷酸盐储存物。

4.2 厌氧消化微生物的相互作用

4.2.1 产甲烷细菌基质的竞争

在天然生境中，产甲烷细菌厌氧代谢存在着三个主要竞争基质的对象：硫酸盐还原细菌、产乙酸细菌和三价铁（Fe^{3+}）还原细菌（表4-2）。

表 4-2　Fe^{3+}还原细菌、硫酸盐还原细菌、产甲烷细菌以及产乙酸细菌对 H_2 和乙酸的利用

反应	产物	$\Delta G^{0\prime}$ / （kJ/mol）
$4H_2+8Fe^{3+}$	$8H^++8Fe^{2+}$	−914
$4H_2+SO_4^{2-}+H^+$	HS^-+4H_2O	−152
$4H_2+HCO_3^-+H^+$	CH_4+3H_2O	−135
$4H_2+2HCO_3^-+H^+$	$CH_3COO^-+4H_2O$	−105
$CH_3COO^-+8Fe^{3+}+4H_2O$	$2HCO_3^-+8Fe^{2+}+9H^+$	−809
$CH_3COO^-+SO_4^{2-}$	$2HCO_3^-+HS^-$	−47
$CH_3COO^-+H_2O$	$CH_4+HCO_3^-$	−31

大多数硫酸盐还原细菌为革兰阴性蛋白细菌（proteobacteria），是变形菌门的一个分支，作为一个细菌类群，它们能够利用的电子供体比产甲烷细菌要宽得多，包括有机酸、醇类、氨基酸和芳香族化合物。产乙酸细菌（有时叫做耗 H_2 产乙酸细菌或同型产乙酸细菌）属于真细菌的革兰阳性分枝，作为一个类群，它们能够利用基质的种类更多，包括糖类、嘌呤和甲氧基化芳香族化合物的甲氧基。Fe^{3+}还原细菌能够利用乙酸或芳香族化合物作为电子供体，而腐败希瓦菌（*Shewanella putrefaciens*）能够利用 H_2、甲酸或有机化合物作为电子供体还原三价铁离子。

有机基质（电子供体）有限的生境中，微生物对电子供体的竞争是分等级的，Fe^{3+}还原细菌在其电子受体存在的情况下具有最强的竞争能力，其次依次是硫酸盐还原细菌、产甲烷细菌和产乙酸细菌。例如，在淡水沉积物中加入硫酸盐（淡水沉积物中硫酸盐含量通常很有限），常常会大大抑制产甲烷作用，这一现象与这些反应的 $\Delta G^{0\prime}$ 值是一致的（表 4-2）。

如以 H_2 作为电子供体时，硫酸盐还原作用比产甲烷作用的 $\Delta G^{0\prime}$ 值更有利 12.5%（即硫酸盐还原反应的 $\Delta G^{0\prime}$ 比产甲烷反应的 $\Delta G^{0\prime}$ 更负−17kJ/mol）。硫酸盐含量高的生境中（如海洋沉积物），产甲烷作用通常被完全抑制。虽然，这些 $\Delta G^{0\prime}$ 值都是以溶解状态的基质和产物（以摩尔浓度计）以及一个大气压下的值，然而在各种天然生境中，反应热力学的差异就会变得很有意义了。

4.2.2　H_2 的竞争

产甲烷生境中，H_2 是不断产生而又同时被消耗，因而在有机物含量有限的生境中（如湖泊沉积物），能检测到的 H_2 的浓度通常是极低的（表 4-3）。例如，产甲烷湖泊沉积物在试验容器中处于平衡状态时，顶部空间的分压只有几个帕，这就相当于溶解 H_2 浓度在毫微摩尔范围内。较高有机负荷率或滞留期较短的系统中，如厌氧消化器和动物瘤胃中会有更高的 H_2 分压（表 4-3）。

表 4-3　一些典型产甲烷生境的 H₂ 浓度

生境	H$_2$/Pa[①]	H$_2$/（nmol/L）
Lake 沉积物	4.8	36
水稻田	2.7	28
污水污泥	27	203
瘤胃液（基础水平）	187	1400
瘤胃液（摄食后）	2000	15000

① 　1atm=101325Pa。

为了了解耗氢厌氧细菌之间的竞争作用，文献报道的方法是测定细菌利用 H$_2$ 的表观 K_m 值，表 4-4 所列为一些纯培养物和天然系统的检测结果。厌氧环境中，嗜氢产甲烷菌（表 4-4 中的亨氏甲烷螺菌、巴氏甲烷八叠球菌、热自养甲烷杆菌和甲酸甲烷杆菌）利用 H$_2$ 的表观值为 5～13μmol/L H$_2$（550～1700Pa），而嗜氢硫酸盐还原细菌（表 4-4 中的普通脱硫弧菌、脱硫脱硫弧菌）的 K_m 值要低一些（约为 2μmol/L），而嗜氢产乙酸细菌（表 4-4 中的白蚁鼠孢菌）的 K_m 值为 6μmol/L。从表中可以看出，嗜氢嗜乙酸的巴氏甲烷八叠球菌的表观 K_m 值最高。

表 4-4　厌氧嗜氢环境利用 H₂ 的表观 K_m 值

厌氧生境	优势嗜氢菌群	表观 K_m 值	
		μmol/L	Pa
产甲烷作用	亨氏甲烷螺菌（*Methanospirillum hungatei*）	5	670
	巴氏甲烷八叠球菌（*Methanosarcina barkeri*）	13	1700
	热自养甲烷热杆菌（*Methanobacterium thermoautotrophicum*）	8	1100
	甲酸甲烷杆菌（*Methanobacterium formicicum*）	6	800
硫酸盐还原作用	普通脱硫弧菌（*Desulfovibrio vulgaris*）	2	250
	脱硫脱硫弧菌（*Desulfovibrio desulfuricans*）	2	270
产乙酸作用	白蚁鼠孢菌（*Sporomusa termitida*）	6	800
自然生境	瘤胃液	4～9	约 860
	污水污泥	4～7	约 740

通过对多种氢营养型厌氧细菌的 H$_2$ 临界值的测定，发现反应的有效自由能和临界值之间呈正相关性（表 4-5）。

表 4-5　氢营养型厌氧细菌的临界值

细菌	电子接受反应	$\Delta G^{0\prime}/$（kJ/molH$_2$）	H$_2$临界值	
			Pa	nmol/L
伍氏醋酸杆菌	CO$_2$→乙酸	−26.1	52	390
亨氏甲烷螺菌	CO$_2$→CH$_4$	−33.9	3.0	23
史氏甲烷短杆菌	CO$_2$→CH$_4$	−33.9	10	75
脱硫脱硫弧菌	SO$_4^{2-}$→H$_2$S	−38.9	0.9	6.8
伍氏醋酸杆菌	咖啡酸→氢化咖啡酸	−85.0	0.3	2.3
产琥珀酸沃林菌	延胡索酸→琥珀酸	−86.0	0.002	0.015
产琥珀酸沃林菌	NO$_3^-$→NH$_4^+$	−149.0	0.002	0.015

产甲烷细菌的临界值比产乙酸细菌的临界值要低得多，而硫酸盐还原细菌更低。因此，硫酸盐还原细菌可以使分压变得很低，使得产甲烷细菌不能够利用 H$_2$。伍氏醋酸杆菌（*Acetobacterium woodii*）利用咖啡酸盐作为电子受体时，可在更低的 H$_2$ 分压下利用 H$_2$，说明临界值是反应特异性大于有机体特异性。

H$_2$ 的临界值能够通过 H$_2$ 分压对于耗 H$_2$ 反应的热力学效应得到解释，也可以用 Nernst 方程的自由能形式进行估算。在 25℃发生的化学反应：aA+bB→cC+dD，我们能够以 kJ 作单位按下列公式计算$\Delta G^\prime$值（pH=7）：

$$\Delta G^\prime = \Delta G^{0\prime} + RT\ln\frac{[\text{C}]^c[\text{D}]^d}{[\text{A}]^a[\text{B}]^b} = \Delta G^{0\prime} + 5.7\lg\frac{[\text{C}]^c[\text{D}]^d}{[\text{A}]^a[\text{B}]^b}$$

式中，[A]表示 A 的摩尔浓度（如果 A 是溶质），或者以大气压为单位的分压（如果 A 是气体），其余 B、C、D 同义；R 为理想气体常数；T 为热力学温度，K。公式中未包括 H$_2$O 或 H$^+$，因为它们的浓度在标准状态下是常数，分别为 55mol/L 和 10^{-7}mol/L（即 pH=7）。对于利用 H$_2$/CO$_2$ 的产甲烷作用来讲，当 HCO$_3^-$为 10mmol/L，CH$_4$ 为 0.5atm，$\Delta G^\prime$对 H$_2$ 分压的依赖性可用如下公式计算：

$$\Delta G^\prime = -131 + 5.7\lg\frac{[\text{CH}_4]}{[\text{HCO}_3^-]} - 5.7\lg[\text{H}_2]^4 = -123 - 22.8\lg[\text{H}_2]$$

因此，以 H$_2$ 分压的对数值对$\Delta G^\prime$作图，产生的一条直线的斜率为 22.8kJ/10 倍 H$_2$ 分压（图 4.1）。从图中可以看出，利用 H$_2$ 的产乙酸作用和硫酸盐还原作用形成两条具有相同斜率的直线，因为这两种作用的每一个反应都需要 4mol H$_2$。然而，这两条线与 $\Delta G^\prime$=0 相交的 H$_2$ 分压则不相同。

从图 4.1 还可以观察到表 4-5 中所述的三类厌氧细菌的最小临界值。产甲烷细菌和产乙酸细菌在它们的临界值时，可获得的能量约为 25kJ/反应，很明显还不足以形成一个 ATP（30～34kJ/mol）的储存能量，而硫酸盐还原细菌在特定条件下储存的能量约为 45kJ/反应。

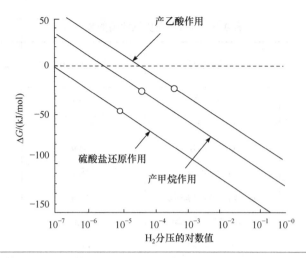

图 4.1　H₂ 分压对产甲烷作用、硫酸盐还原作用、产乙酸作用利用 H₂ 的自由能的影响

圆点代表几种微生物菌群的典型 H₂ 临界值，见表 4-5。除 H₂ 以外的产物和反应物浓度是：HCO_3^- 和 SO_4^{2-}，20mmol/L；CH_4，0.5atm；HS^-，1mmol/L；乙酸，10mmol/L

H₂ 分压为 10^{-4} 大气压（10Pa）时，产甲烷细菌还有活性，而产乙酸细菌就不能利用 H₂ 了，而硫酸盐还原细菌在 10^{-5} 的氢分压下仍然能利用 H₂。在 10^{-4} H₂ 分压时，H_2/H^+ 电偶的 $E^{0'}$ 值只有 −290mV，而不是在一个大气压 H₂、pH=7 时的标准 $E^{0'}$ 值 −414mV。

4.2.3　乙酸的竞争

人们在探究氢营养型产甲烷细菌的生理学特性时，发现高乙酸浓度有利于甲烷八叠球菌的快速生长，而低乙酸浓度通常有利于生长缓慢的甲烷丝菌，当乙酸浓度降至 1mmol/L 以下时，优势的乙酸营养型产甲烷细菌由原来的甲烷八叠球菌变成了甲烷丝菌。如表 4-6 所列，甲烷八叠球菌利用乙酸的典型的表观 K_m 值为 3～5mmol/L，而甲烷丝菌培养物的表观 K_m 值则低于 1mmol/L。同时还发现了乙酸营养型产甲烷细菌利用乙酸的最低临界值，甲烷八叠球菌一般为 0.5mmol/L 或更高，而甲烷丝菌则在微摩范围内。

表 4-6　乙酸营养型厌氧培养物进行乙酸代谢的表观 K_m 值和最低临界值

细菌	表观 K_m 值/（mmol/L）	临界值/（mmol/L）
巴氏甲烷八叠球菌（Fusaro 菌株）	3.0	0.62
巴氏甲烷八叠球菌（227 菌株）	4.5	1.2
甲烷丝菌	—	0.069
索氏甲烷丝菌（Opfikon 菌株）	0.8	0.005
索氏甲烷丝菌（CALS-1 菌株）	>0.1	0.012
索氏甲烷丝菌（GP1 菌株）	0.86	—
索氏甲烷丝菌（MT-1 菌株）	0.49	—
TAM 有机体	0.8	0.075
乙酸氧化互营培养物	—	>0.2
波氏脱硫菌	0.23	—

如图 4.2 所示，甲烷八叠球菌在接近 1mmol/L 乙酸临界值时可以获得的自由能，差不多是甲烷丝菌在 5μmol/L 乙酸临界值时可以获得的自由能的 2 倍。实际上，利用乙酸生长的细胞产率，甲烷丝菌低于甲烷八叠球菌，说明甲烷丝菌利用乙酸产甲烷作用储存的能量比甲烷八叠球菌少，而甲烷丝菌这种较低的能量储存效率使之能够利用较低浓度的乙酸。

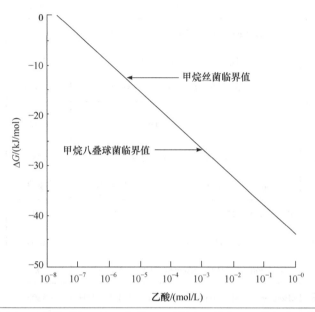

图 4.2　乙酸浓度对嗜温乙酸营养型产甲烷细菌利用乙酸的产甲烷作用可获得自由能的影响

据推测，甲烷八叠球菌利用乙酸的临界值为 1mmol/L，而甲烷丝菌为 5μmol/L，而且 HCO_3^- 浓度为 10mmol/L 和 CH_4 分压为 0.5atm

甲烷丝菌被认为只能够利用乙酸，且利用乙酸缓慢，细胞产量低，而且能够在非常低的浓度下利用乙酸。另一方面，甲烷八叠球菌利用基质的范围要宽得多，能够利用几种基质生长，且利用这些基质的速度快，并有较高的细胞产量，但是甲烷八叠球菌只能在较高浓度下利用乙酸。所有其他厌氧生境也存在同样的情况，当输入的底物基质中含有大量的有机成分并迅速累积乙酸的条件下，如厌氧生物器的启动阶段或粪便物质的分解阶段，就有利于八叠球菌的生长；在极稳定的生境中，如长期稳定条件下有效运行的生物反应器或湖泊沉积物，则有利于甲烷丝菌的生长。

其他乙酸营养型厌氧细菌，包括硫酸盐还原细菌和 Fe^{3+} 还原细菌，正如利用 H_2 产甲烷作用一样，高浓度的硫酸盐和 Fe^{3+} 都会明显抑制沉积物中利用乙酸的产甲烷作用。据测定，河流沉积物中产甲烷的乙酸浓度为 5μmol/L，与索氏甲烷丝菌的最低临界值一样。如果往这些沉积物中加入硫酸盐，乙酸浓度会降至约 2μmol/L，而加入 Fe^{3+} 则使乙酸浓度降至 0.5μmol/L。

4.2.4　专性种间 H_2/甲酸转移

1967 年，M. P. Bryant 教授发现了互营的典型实例，即奥氏甲烷芽孢杆菌由两种细菌组成：一个产 H_2，一个耗 H_2，偶联在一起能够降解单一的基质。描述奥氏甲烷芽孢杆菌培养物两个共生体所进行的反应式见表 4-7。

表 4-7　专性产甲烷互营培养物的特性

基质	细菌	反应	$\Delta G^{0'}/$（kJ/反应）	$\Delta G^{0'}/$（kJ/molCH$_4$）	$T_{\mathrm{d}}^{①}$/h
乙醇	"S 有机体"	2Ethanol+2H$_2$O→2Acetate$^-$+2H$^+$+4H$_2$	+19.3		
	产甲烷细菌	4H$_2$+HCO$_3^-$+H$^+$→CH$_4$+3H$_2$O	−135.6		
	总反应	2Ethanol+HCO$_3^-$→2Acetate$^-$+H$^+$+CH$_4$+H$_2$O	−116.3	−116.3	<24
丁酸	沃氏共养单胞菌	2Butyrate$^-$+4H$_2$O→4Acetate$^-$+H$^+$+4H$_2$	+96.2		
	产甲烷细菌	4H$_2$+HCO$_3^-$+H$^+$→CH$_4$+3H$_2$O	−135.6		
	总反应	2Butyrate$^-$+HCO$_3^-$+H$_2$O→4Acetate$^-$+H$^+$+CH$_4$	−39.4	−39.4	84
丙酸	沃氏互营杆菌	4Propionate$^-$+12H$_2$O→4Acetate$^-$+4HCO$_3^-$+4H$^+$+12H$_2$	+304.6		
	产甲烷细菌	12H$_2$+3HCO$_3^-$+3H$^+$→3CH$_4$+9H$_2$O	−406.6		
	总反应	4Propionate$^-$+3H$_2$O→4Acetate$^-$+HCO$_3^-$+H$^+$+3CH$_4$	−102.0	−34	168
苯甲酸	布氏互营菌	4Benzoate$^-$+28H$_2$O→12Acetate$^-$+4HCO$_3^-$+12H$^+$+12H$_2$	+359.0		
	产甲烷细菌	12H$_2$+3HCO$_3^-$+3H$^+$→3CH$_4$+9H$_2$O	−406.6		
	总反应	4Benzoate$^-$+19H$_2$O→12Acetate$^-$+HCO$_3^-$+9H$^+$+3CH$_4$	−47.6	−15.8	168
乙酸	AOR^②	Acetate$^-$+4H$_2$O→2HCO$_3^-$+H$^+$+4H$_2$	+104.6		
	产甲烷细菌	4H$_2$+HCO$_3^-$+H$^+$→CH$_4$+3H$_2$O	−135.6		
	总反应	Acetate$^-$+H$_2$O→HCO$_3^-$+CH$_4$	−31.0	−31.0	36

①倍增时间，以小时（h）计；

②AOR=嗜热乙酸氧化杆菌，这种菌生长较快，很可能是嗜热菌的缘故。

注：Ethanol 是乙醇；Acetate$^-$是醋酸根；Butyrate$^-$是丁酸根；Propionate$^-$是丙酸根；Benzoate$^-$是苯甲酸根。

耗 H_2 细菌通过去除 H_2 而推动产 H_2 细菌的反应，使之保持低的 H_2 分压。H_2 分压对乙醇氧化和产甲烷作用的热力学影响见图 4.3。从中可以看出，较低的 H_2 分压使乙醇的氧化更有利，而对产甲烷作用不太有利。H_2 分压必须维持在一定的水平上，使乙醇氧化细菌和产甲烷细菌都能够储存能量。如果 H_2 分压产生的自由能比 $\Delta G^{0'}=-16$kJ/mol 乙醇变得更为不利时，则乙醇的氧化不能发生，因为 $\Delta G^{0'}=-16$kJ/mol 乙醇的相应 H_2 分压接近 10^{-2}atm。因此，要使两种细菌都能储存能量，H_2 分压必须保持在 $6\times10^{-5}\sim10^{-2}$atm 的范围内。

从图 4.3 还可以看出，伴随种间 H_2 转移，脂肪酸氧化互营，与产甲烷偶联，而且丁酸和丙酸的氧化窗比乙醇的氧化窗要窄得多，尤其是丙酸的氧化更为明显，因此丙酸被认为是厌氧反应器中酸化的关键因子。

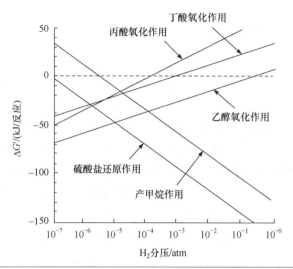

图 4.3　H₂ 分压对于乙醇、丙酸或丁酸氧化与产甲烷作用或硫酸盐还原作用偶联的种间 H₂ 转移反应的影响
氧化作用的方程式见表 4-7。乙醇、丙酸、丁酸和乙酸浓度都是 10mmol/L，而其他产物和反应物的浓度见图 4.1

　　耗 H₂ 菌和产 H₂ 菌处于同一个系统中会促进 H₂ 的转移，免疫电子显微镜鉴别的含有互营杆菌的厌氧生物反应器的菌团中，互营杆菌的细胞之间散布着产甲烷菌，说明丙酸氧化需要严格的低 H₂ 分压；而共养单胞菌的菌团中，共养单胞菌常常团簇在一起，产甲烷菌则成群位于菌团之外，说明丁酸降解培养物中对 H₂ 消耗的要求要宽松一些。

　　种间电子转移的电子载体除 H₂ 外，还可以是甲酸，许多甲酸和 H₂ 可以通过甲酸-H₂ 裂合酶酶系互相转化。甲酸-H₂ 裂合酶酶系在厌氧细菌中普遍存在，甲酸和 H₂ 相互以平衡状态存在，其反应方程如下：

$$HCOO^- + H_2O \longrightarrow HCO_3^- + H_2, \quad \Delta G^{0'} = 1.3 kJ / 反应$$

　　以产甲烷的丁酸氧化共培养物为例，代谢活跃期的溶解 H₂ 浓度约为 63nmol，热力学上 63nmol 的 H₂ 相当于 16.4μmol 的甲酸，这样的浓度用扩散模型计算发现，甲酸的扩散系数比 H₂ 低 5 倍，而甲酸的电子转移速度预测比 H₂ 快 98 倍。甲酸的优势在于，它的排放和吸收都可能是致电的，因此能在两个互营共生体内提供质子动力。

　　评价甲酸/H₂ 在种间电子转移的相互关联，受诸多因素（如碳酸盐浓度、pH 值等）的影响。测定甲酸/H₂ 之间的平衡时，由于甲酸/H₂ 对同位素的交换都非常敏感，而且转化较快，给测定带来一定的难度。在高温条件下，互营环境中的 H₂ 分压较高，H₂ 的扩散也更强，而甲酸在嗜热条件下的种间电子转移作用就不那么重要了。因此，温度对互营共培养物中的 H₂ 分压有着明显的影响。这个可以通过自由能的 Nernst 方程 $\Delta G = \Delta H - T\Delta S$ 反映出来，式中 ΔG 是温度 T 的函数，ΔH 是焓的变化，ΔS 是熵的变化。

　　试验表明，纯培养物中产 CH₄ 作用和产乙酸作用的最低 H₂ 临界值，随温度的升高而增加，而且嗜热互营共培养物的 H₂ 分压比嗜温共培养物的预计值要高得多。嗜热系统中，较高的 H₂ 分压以及较强的 H₂ 扩散，使嗜热培养物中互营反应的进行受到的扩散限制

4.2.5　兼性种间 H_2/甲酸转移

在严格厌氧消化反应中，需要专性耗 H_2 细菌作为合作伙伴，然而也有一些与产甲烷细菌偶联的微生物反应，它们之间的相互作用又不是完全必需的。例如，许多利用碳水化合物的发酵性细菌的产物之一为 H_2，从丙酮酸氧化生成乙酰辅酶而产生 H_2 是非常有利的反应，进行这一反应的培养物生成的 H_2 可以超过一个大气压。相反，从 NADH（$E^{0\prime}=-320mV$）产生 H_2 则非常不利，除非 H_2 分压小于 10^{-3} atm，因此，纯培养生长的发酵性细菌必须使 NADH 脱氢氧化而形成还原性产物，如乙醇、乳酸或脂肪酸等，但是在自然生境中，发酵性厌氧细菌通常生长在有氢营养型细菌（如产甲烷细菌）存在的环境，这样可以维持足够低的 H_2 分压，H_2 得以从 NADH 产生。

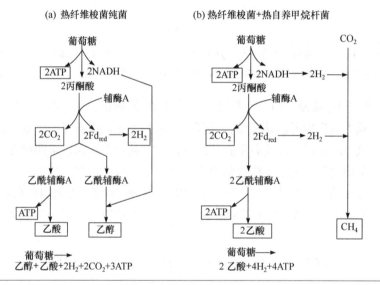

图 4.4　热纤维梭菌（*Clostridium thermocellum*）利用纤维素纯培养的发酵产物（a），或与热自养甲烷杆菌共培养利用纤维素生长的发酵产物（b）
热纤维梭菌的纯培养物还生成一些乳酸

图 4.4 是发酵性细菌和产甲烷细菌之间偶联的一个实例，热纤维梭菌将来自纤维素的葡萄糖发酵，主要生成乙醇和乙酸，也生成一些乳酸，并通过基质水平磷酸化作用储存三个 ATP，然而有热自养甲烷杆菌存在时，由于种间 H_2 的转移，使热纤维梭菌生成更多的乙酸，则会储存更多的 ATP。当热纤维梭菌的生长是利用纤维二糖而不是纤维素时，其生长要快得多，使热自养甲烷杆菌难以与之同步生长；然而高浓度糖类批量培养的条件与天然环境的情况是不一致的。

一种利用碳水化合物生长的产乙酸细菌和一种氢营养型产甲烷细菌之间的偶联作用特别有趣。在产甲烷细菌存在时，同型产乙酸细菌产生 2mol 乙酸而不是 3mol 乙酸，说明产甲烷细菌能够与产乙酸细菌竞争，为自身的代谢活动获得电子。这些结果与产甲烷生境中的代谢作用是一致的，碳水化合物中的碳主要流向乙酸和其他脂肪酸。而乳糖可能是一个例外，乳糖通常是被乳酸菌代谢，而乳酸菌缺乏氢酶，因此不能与产甲烷细菌偶联。

如前所述，硫酸盐还原细菌通常认为是产甲烷细菌的竞争者，有些脱硫弧菌菌株在无硫酸盐存在下与产甲烷细菌互营偶联时，能够利用乳酸或乙醇生长。在互营生长过程中加入硫酸盐，就会大大降低产甲烷作用，当硫酸盐耗尽时，竞争者又变成了互营伙伴。

4.2.6　与原生动物的共生现象

大多数已知的原生动物是好氧生物，并含有线粒体，然而有几种具鞭毛、纤毛和阿米巴样的原生动物缺乏线粒体，不能进行真正的呼吸作用。这些不含线粒体的原生动物的膜，结合着称之为氢化酶体（hydrogenosomes）的细胞类脂质（organelles），起着转化丙酮酸为乙酸和 H_2 的功能。这样的原生动物，一般发现于厌氧沉积物和动物胃肠道。根据含有 F_{420} 的产甲烷细菌细胞显示荧光的特点，发现在瘤胃纤毛原生动物的表面寄生着产甲烷细菌。此后，关于产甲烷细菌寄生在原生动物表面或内部的研究发现，这些菌群分别来自厌氧沉积物、白蚁肠道和蟑螂肠道等。

产甲烷细菌的代谢活动通常与氢化酶体有关，许多情况下，氢营养型产甲烷细菌[如甲酸甲烷杆菌和内共生甲烷盘菌（Methanoplanus endosymbiosus）]可从原生动物细胞中分离到。从这种内共生产甲烷细菌的共生现象中，可以推断 H_2 的去除有可能使原生动物产生更多的乙酸。

当这种原生动物快速生长时，其生长速度会超过被寄生的产甲烷细菌；然而，这种原生动物还能被甲酸甲烷杆菌寄生，甲酸甲烷杆菌不会因吞食作用使细胞溶解而成为食物泡，这可能是假细胞壁质（pseudomurein）对溶菌酶有抗性的缘故。当寄生了产甲烷细菌的原生动物利用类杆菌（Bacteroides）作为食物生长时，基本上不影响从这种食物的碳源生成乙酸，或者与未寄生产甲烷细菌的原生动物相比较，寄主细胞的产量也不会受到影响。因此，产甲烷细菌和厌氧原生动物之间的共生现象可能是共生体，因为寄生了产甲烷细菌的原生动物，比未寄生产甲烷细菌的原生动物没有产生更多的 H_2，说明原生动物中可能不存在转化 NADH 为 H_2 的生化机制（即 NADH/铁氧还蛋白氧化还原酶）。

更多的研究还表明，从一种原生动物中分离的甲酸甲烷杆菌培养物，能够固定氮，即产甲烷细菌将固定的氮供给原生动物。

4.2.7　种间乙酸转移

与氢营养型产甲烷作用一样，乙酸营养型产甲烷对于防止厌氧环境乙酸的累积、维持 pH 的稳定性起着重要的作用。由于乙酸是大多数互营反应的产物，其浓度影响着反应的热力学，它的转移在热力学上更有利于相邻反应的进行。

例如，互营培养物降解 1mol 丁酸生成 2mol 乙酸和 2mol H_2（表 4-7），因此就反应热力学而言，乙酸浓度 10 倍的变化具有像 H_2 一样的影响，巴氏甲烷八叠球菌加入沃氏共养单胞菌-亨氏甲烷螺菌共培养物中，会增加丁酸的降解程度，同时降解 1mol 丁酸会增加沃氏共养单胞菌的细胞数量。由于厌氧环境的乙酸浓度通常比溶解 H_2 的浓度高若干个数量级，因此乙酸的转移也许不如 H_2 转移那样容易引起紊乱，乙酸的转移完全是动态过程。

　　专性种间乙酸转移的实例，可通过降解丙酮的产甲烷富集物来描述。这种培养物以丙酮作为唯一的碳源和能源，优势菌为一株短杆菌（推测为丙酮降解细菌）和一株类似于甲烷丝菌的长丝状杆菌。同位素示踪试验结果表明，丙酮被羧基化成乙酰乙酸，乙酰乙酸分解生成 2mol 乙酸，然后乙酸转化成 CH_4。这种培养物中加入乙酸会抑制丙酮的利用，直到乙酸被消耗为止；而产甲烷作用的抑制剂（溴乙烷磺酸盐或乙炔）会大大抑制丙酮的降解，并导致低乙酸量的累积。这一结果表明，虽然丙酮转化成乙酸的 $\Delta G^{0\prime}$ 为 $-34.2kJ$/反应，然而丙酮降解细菌的作用仍依赖于乙酸的降解，其原因可能是，丙酮的降解需要通过基质水平磷酸化作用获得足够能量，以 ATP 形式储存起来。

第5章

厌氧消化生物化学基础

5.1 厌氧产甲烷阶段

5.2 厌氧产甲烷的生化代谢

5.3 新型产甲烷作用的研究进展

5.1 厌氧产甲烷阶段

厌氧消化，也称甲烷发酵，是有机物在隔绝空气和保持一定水分、温度、酸碱度等条件下，经过多种微生物的分解代谢而产生甲烷（沼气）的过程。因此，沼气发酵过程是微生物作用于有机质分解的一个过程，这一分解代谢过程称作厌氧消化。沼气是一种可燃性的混合气体，主要成分是甲烷、二氧化碳、氢气和硫化氢等。甲烷为沼气的有效成分，通常其含量约占 50%～70%，当甲烷含量高于 50%，沼气就能在空气中点燃后保持连续燃烧。

5.1.1 厌氧消化的两阶段理论

两阶段理论是由 Thumm 和 Imhoff 两位学者，分别在 1914 年和 1916 年提出，又经 Buswell 完善，最后至 1962 年 R. E. Mckinney 提出。该理论将有机物厌氧消化过程分为水解酸化（酸性发酵）阶段和产甲烷（碱性发酵）两个阶段，相应起作用的微生物分别为产酸菌群和产甲烷菌群。如图 5.1 所示。

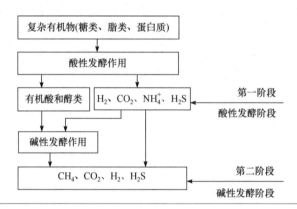

图 5.1　厌氧消化两阶段理论示意

在第一阶段，复杂的有机物（如糖类、脂类和蛋白质等）在产酸菌群（厌氧和兼性厌氧菌）的作用下被分解成为低分子的中间产物并伴随能量的释放，这些中间产物主要是一些低分子有机酸（如乙酸、丙酸、丁酸等）和醇类（如乙醇），并伴随有 H_2、CO_2、H_2S 等气体生成。在这一阶段，由于有机酸的大量积累，会使发酵液的 pH 值降低，pH 值可下降至低于 6，甚至可达 5 以下。因此此阶段被称为酸性发酵阶段，又称为产酸阶段。

在第二阶段，产甲烷菌群（专性厌氧菌）将第一阶段产生的中间产物继续分解成 CH_4、CO_2 等气体。由于有机酸在第二阶段不断被转化为 CH_4、CO_2 等气体，同时系统中有 NH_4^+ 存在，使发酵料液的 pH 值迅速升高至 7 左右，所以此阶段被称为碱性发酵阶段，又称为产甲烷阶段。

此后，在对厌氧消化的探索研究中，厌氧消化的两阶段理论占主导地位，并在国内外厌氧消化的专著和教科书中一直被广泛应用。

5.1.2　厌氧消化的三阶段理论

在 1967 年，由 O. W. Lawrence 和 P. L. McCarty 提出的厌氧消化三阶段理论，即水解发酵过程、产酸及产甲烷过程（如图 5.2 所示），被厌氧消化界广泛接受。沼气发酵和产氢发酵可形成一套完整的厌氧消化流程。

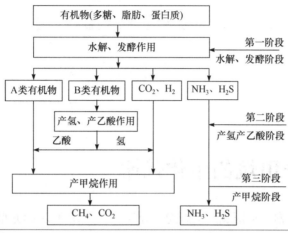

图 5.2　厌氧消化三阶段理论示意

第一阶段（水解发酵阶段）：发酵性细菌产生胞外水解酶水解大分子有机聚合物，即纤维素、半纤维素、果胶、淀粉、脂类以及蛋白质等非水溶性含碳化合物，经水解性细菌产生的一系列水解酶将其水解成较小分子的水溶性化合物，如糖、醇、酸等。

第二阶段（产酸阶段）：水解得到的各种水溶性产物进一步经产氢产乙酸菌和耗氢产乙酸菌等细菌降解形成产甲烷细菌的底物，其产物主要是乙酸、氢和二氧化碳。

第三阶段（产甲烷阶段）：嗜酸产甲烷菌和嗜氢产甲烷菌利用甲酸、甲醇、甲胺、乙酸、乙醇、氢气及二氧化碳等小分子物质主要转化生成甲烷和二氧化碳。

5.1.3　厌氧消化的四阶段理论

1979 年，J. G. Zeikus 在第一届国际厌氧消化会议上提出了四种群说理论（四阶段理论），认为参与厌氧消化的微生物，除水解发酵菌、产氢产乙酸菌和产甲烷菌外，还有一个同型产乙酸菌种群。这类菌可将中间代谢物的 H_2 和 CO_2（甲烷菌能直接利用的一组基质）转化成乙酸（甲烷菌能直接利用的另一组基质）。因此，厌氧发酵过程被分为四个阶段，各类群菌的有效代谢均相互密切连贯，达到一定的平衡，不能单独分开，是相互制约和促进的过程。四阶段理论示意如图 5.3 所示。

复杂有机物在第 I 类菌（水解发酵菌）作用下被转化为有机酸和醇类，有机酸和醇类在第 II 类菌（产氢产乙酸菌）作用下转化为乙酸、H_2/CO_2、甲醇、甲酸等。第 III 类菌（同型产乙酸菌）将少部分 H_2 和 CO_2 转化为乙酸。最后，第 IV 类菌（产甲烷菌）把乙酸、H_2/CO_2、甲醇、甲酸等分解为最终的产物 CH_4 和 CO_2。在有硫酸盐存在的条件下，硫酸盐还原菌也将参与厌氧消化过程。

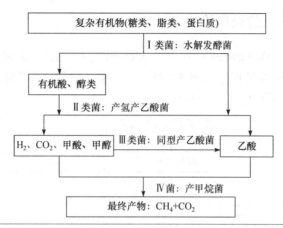

图 5.3　厌氧消化四阶段理论示意

5.2　厌氧产甲烷的生化代谢

根据可利用的底物，将厌氧产甲烷途径分为 5 类：①还原 CO_2 型，主要利用 H_2、甲酸作为电子供体还原 CO_2 产甲烷；②乙酸型，通过裂解乙酸，将乙酸的羧基氧化为 CO_2，甲基还原为甲烷；③甲基营养型，通过 H_2 还原甲基化合物中的甲基产甲烷，或通过甲基化合物自身的歧化作用产甲烷；④甲氧基型，先后通过脱甲基、乙酰化作用，使甲氧基中的甲基产生乙酰辅酶 A，乙酰辅酶 A 歧化生成甲烷和二氧化碳；⑤烷基型，通过氧化长链烷基烃，将 β-氧化和 Wood-Ljungdahl 途径直接带入产甲烷，不需要互营代谢来完成。

5.2.1　利用二氧化碳和氢产甲烷

除部分产甲烷菌，如甲烷丝菌属（*Methanothrix*）只能代谢乙酸，多数产甲烷菌能利用氢和二氧化碳作能源生长，如下式所示。

$$4H_2 + CO_2 \rightarrow CH_4 + 2H_2O \quad G^{0'} = -131kJ/mol$$

在产甲烷生态体系中，氢分压很低，通常介于 1～10Pa 之间。在此低浓度氢状态下，利用氢和二氧化碳产甲烷过程中自由能的变量（$\Delta G^{0'}$）为 -40～-20kJ/mol。在细胞内，从 ADP 和无机磷酸盐合成 ATP 最少需要 50kJ/mol 自由能。因此在生理生长条件下，产生每摩尔甲烷可以合成不到 1molATP。可以说明产能的甲烷形成与吸能的 ADP 磷酸化通过化学渗透机制偶联。

5.2.1.1　代谢过程中间体

从二氧化碳形成甲烷是通过辅酶结合的 C_1 中间体进行的。已知的三种 C_1 单元载体包括：2-甲基呋喃（methanofuran，MFR）、四氢甲基蝶呤（tetrahydromethanopterin，

H_4MPT）和辅酶 M（HS-CoM），其结构如图 5.4 所示。

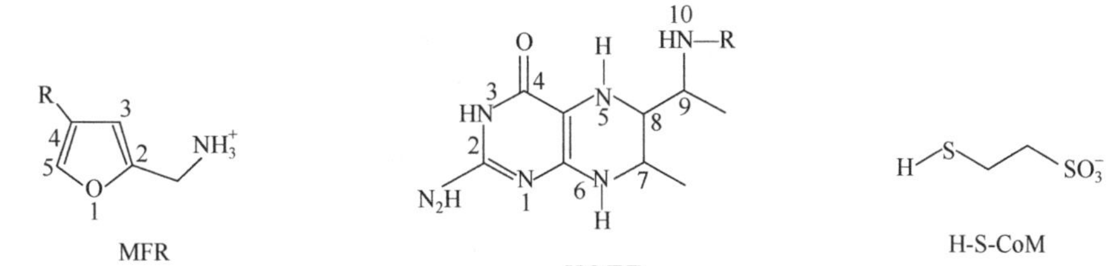

图 5.4　产甲烷菌的甲基载体

此外，氢还原二氧化碳过程还包括一些已具备明确功能的辅酶载体，比如辅酶 F_{420} 和 N-7-巯基庚基-O-磷脂-L-苏氨酸（HS-HTP），如图 5-5 所示。在辅酶 F_{420} 中，R 取代基可能包含两个谷酰氨基（F_{420}-2）、三个谷酰氨基（F_{420}-3）、四个谷酰氨基（F_{420}-4）、五个谷酰氨基（F420-5）。

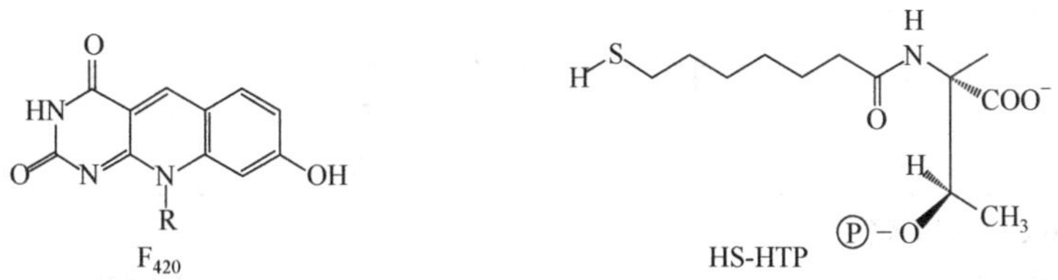

图 5.5　产甲烷菌的电子载体

与辅酶键合的 C_1 中间体包括：N-甲酰甲基呋喃（CHO-MFR）、N^5-甲酰基四氢甲基蝶呤（CHO-H_4MPT）、N^5,N^{10}-次甲基四氢甲基蝶呤（CH≡H_4MPT）、N^5，N^{10}-亚甲基四氢甲基蝶呤（CH_2=H_4MPT）、N^5-甲基四氢甲基蝶呤（CH_3-H_4MPT）和甲基辅酶 M（CH_3-S-CoM）。这些中间体在代谢途径中参与的几种分反应可表示为：

$$CO_2+MFR+H_2 \rightarrow CHO\text{-}MFR+H_2O+H^+ \qquad \Delta G^{0'}=+16kJ/mol$$

$$CHO\text{-}MFR+H_4MPT \rightarrow CHO\text{-}H_4\ MPT+MFR \qquad \Delta G^{0'}=-4.4kJ/mol$$

$$CHO\text{-}H_4MPT+H_2 \rightarrow CH\equiv H_4MPT+H_2O \qquad \Delta G^{0'}=-4.6kJ/mol$$

$$CH\equiv H_4MPT+H_2 \rightarrow CH_2=H_4MPT+H^+ \qquad \Delta G^{0'}=-5.5kJ/mol$$

$$CH_2= H_4MPT+H_2 \rightarrow CH_3\text{-}H_4MPT \qquad \Delta G^{0'}=-17.216kJ/mol$$

$$CH_3\text{-}H_4MPT+HS\text{-}CoM \rightarrow CH_3\text{-}S\text{-}CoM+H_4MPT \qquad \Delta G^{0'}=-29.7kJ/mol$$

$$CH_3\text{-}S\text{-}CoM+H_2 \rightarrow CH_4+H\text{-}S\text{-}CoM \qquad \Delta G^{0'}=-85kJ/mol$$

早期提出的二氧化碳还原成甲烷的模型图，初步勾画出氢化酶、电子载体、甲基载体之间的关系以及甲烷形成的框架模式（图 5.6）。

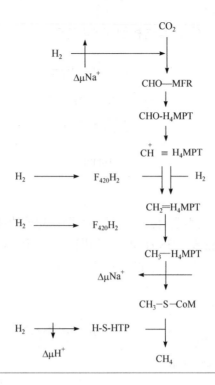

图 5.6　利用氢和 CO_2 产甲烷

CHO-MFR—N-甲酰基甲基呋喃；CHO-H_4MPT—N^5-甲酰基四氢甲基蝶呤；CH_3-S-CoM—甲基辅酶 M；CH≡H_4MPT—N^5,N^{10}-次甲基四氢甲基蝶呤；CH_2=H_4MPT—N^5,N^{10}-亚甲基四氢甲基蝶呤；CH_3-H_4MPT—N^5-甲基四氢甲基蝶呤；H-S-HTP：N-7-巯基庚基-O-磷脂-L-苏氨酸；$F_{420}H_2$—还原态辅酶 F_{420}；1μNa^+表示一个当量 Na^+；1μH^+表示一个当量 H^+

5.2.1.2　氢化酶

　　利用氢还原二氧化碳，除甲基载体/电子载体外，氢化酶也是不可或缺的重要中间体，起激活分子氢的目的。目前已知的两种氢化酶，一种是还原辅酶 F_{420}（NiFe）氢化酶，另外一种是非还原辅酶 F_{420}（NiFe）氢化酶。

　　还原辅酶 F_{420}（NiFe）氢化酶是一种双电子氢化物受体，含有多种氧化还原中心复合酶，不但含有镍，也有铁-硫中心。其标准电极电势 $E^{0'}$ 为−360mv，辅酶 F_{420} 的还原具有立体专一性：

$$H_2 \quad + \quad \rightleftharpoons$$

　　非还原辅酶 F_{420}（NiFe）氢化酶，含有镍/铁-硫簇蛋白、缺乏黄素、接受电子反应：

$$H_2 + 2X \longrightarrow 2X^- + 2H^+$$

　　H^+/H_2 电对的标准电极电位 $E^{0'}$ 是−414mV。在甲烷菌生长的天然环境中，氢分压较高，H^+/H_2 电对的氧化还原电位 E' 介于−270～300mV 之间。因而电子受体 X 的标准电极电位 $E^{0'}$ 大约为−300mV。

5.2.1.3　二氧化碳还原和甲基转移

（1）二氧化碳还原成 N-甲酰基甲基呋喃

在 CO_2 还原成 CH_4 过程中，游离的甲酸不是一种中间体，利用甲酸生长的产甲烷菌首先将其氧化成 CO_2，再还原成 CH_4，CO_2 还原的直接产物是 N-甲酰基甲基呋喃，它是一种 N-取代甲酰胺：

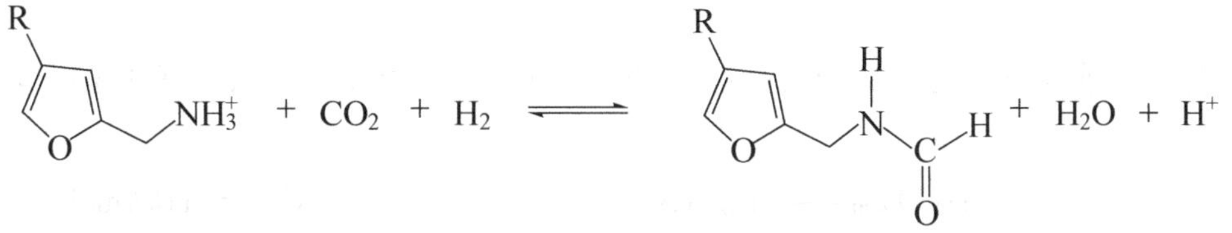

二氧化碳还原成甲酰基甲基呋喃最有可能是通过氨基甲酸酯进行的。二氧化碳和甲基呋喃通过很快的自发反应形成这种化合物：

$$H_2 + 2X \longrightarrow X^- + 2H^+$$

$$CO_2 + MFR + 2Y^- + H^+ \longrightarrow CHO\text{-}MFR + H_2 + 2Y$$

$$2X^- + 2Y \longrightarrow X + 2Y^-$$

（2）甲酰基从甲酰基甲基呋喃转移到四氢甲基蝶呤

甲酰基甲基呋喃/四氢甲基蝶呤甲酰基转移酶催化从甲酰基甲基呋喃和四氢甲基蝶呤形成 N^5-甲酰基四氢甲基蝶呤的反应。这种甲酰基转移酶可以利用 N-甲酰基甲基呋喃为基质，但其催化效率很低：

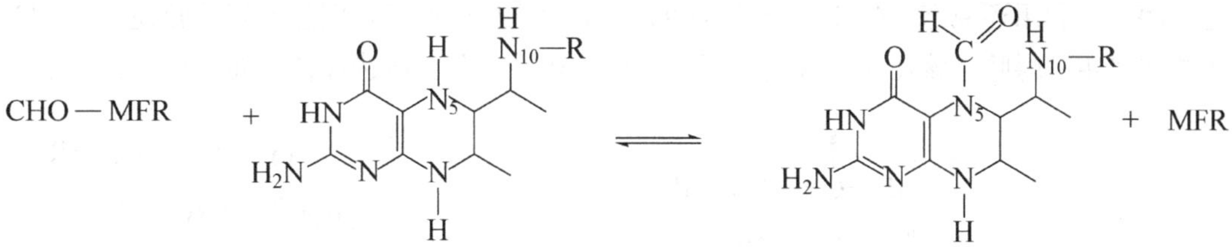

（3）N^5-甲酰基四氢甲基蝶呤转化为 N^5, N^{10}-次甲基四氢甲基蝶呤

在 N^5，N^{10}-亚甲基四氢甲基蝶呤环化水解酶催化作用下，N^5-甲酰基四氢甲基蝶呤可逆水解成 N^5, N^{10}-次甲基四氢甲基蝶呤。在碱性条件下，N^5，N^{10}-次甲基四氢甲基蝶呤自动地水解成 N^{10}-甲酰基四氢甲基蝶呤。有阴离子存在时，反应的速率得以强化：

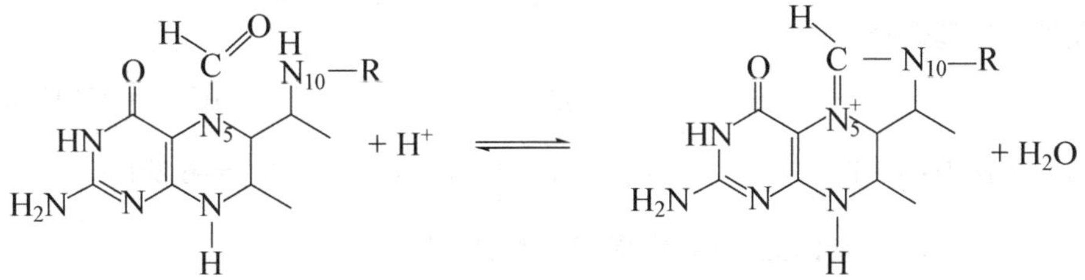

（4）N^5，N^{10}-次甲基四氢甲基蝶呤还原为 N^5，N^{10}-亚甲基四氢甲基蝶呤

所有利用氢和二氧化碳生长的产甲烷细菌都包含一种依赖辅酶 F_{420} 的亚甲基四氢甲基蝶呤脱氢酶，它利用还原态辅酶 F_{420} 催化 N^5，N^{10}-次甲基四氢甲基蝶呤可逆地还原成 N^5，N^{10}-亚甲基四氢甲基蝶呤。还原反应经历氢化物转移过程，也许具有立体专一性：

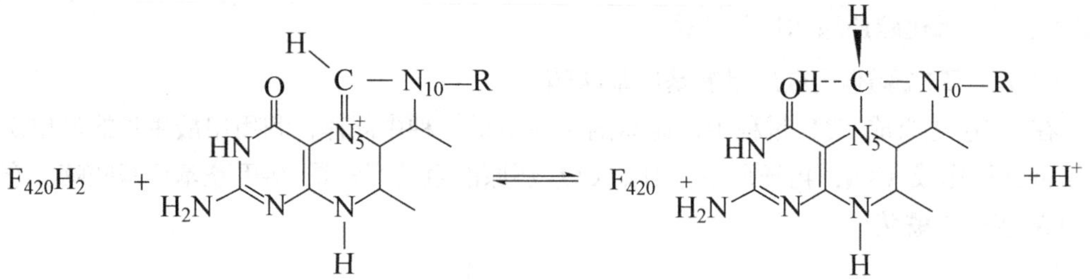

与还原辅酶 F_{420} 氢化酶一道，这两种酶利用氢催化 N^5, N^{10}-次甲基四氢甲基蝶呤还原：

$$H_2 + F_{420} \longrightarrow F_{420}H_2 \qquad\qquad \Delta G^{0'} = -11kJ/mol$$

$$CH \equiv H_4 MPT + F_{420}H_2 \longrightarrow CH_2 = H_4 MPT + F_{420} \qquad \Delta G^{0'} = -5.5kJ/mol$$

这两种反应也被形成氢的亚甲基四氢甲基蝶呤脱氢酶一步催化。这类酶存在于除甲烷微菌目（Methanomicrobiales）以外的大多数甲烷菌中。

产甲烷菌中存在两种利用氢将次甲基四氢甲基蝶呤还原成亚甲基四氢甲基蝶呤的酶体系，与还原 F_{420} 氢化酶相比，在细胞提取物中产氢的亚甲基四氢甲基蝶呤脱氢酶一般对氢的亲和力较低，但比活性较高。因而可以认为，当氢分压较高时，形成氢的脱氢酶起作用；而氢分压较低时，依赖辅酶 F_{420} 氢化酶系统起作用。

（5）N^5, N^{10}-亚甲基四氢甲基蝶呤还原成甲基四氢甲基蝶呤

在利用氢和二氧化碳生长的产甲烷菌中发现了一种依赖辅酶 F_{420} 亚甲基四氢甲基蝶呤还原酶。它利用还原态辅酶 F_{420} 作电子供体，将 N^5, N^{10}-亚甲基四氢甲基蝶呤还原成 N^5-甲基四氢甲基蝶呤。该还原反应借助于氢化物的转移，有立体选择性，如下反应式所示：

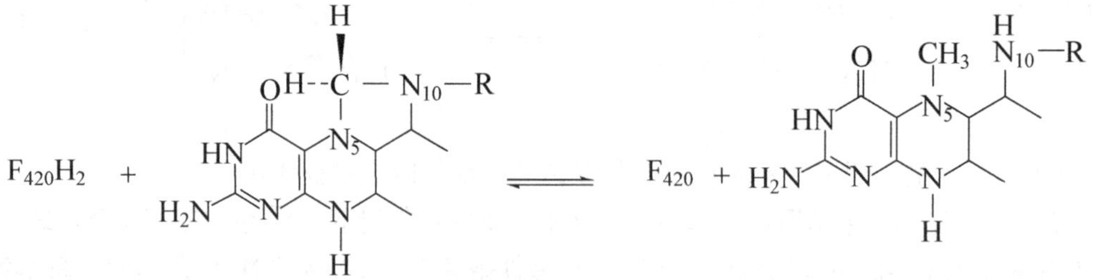

结合还原辅酶 F_{420}（NiFe）氢化酶，这种酶催化利用氢还原亚甲基四氢甲基蝶呤为 N^5-甲基四氢甲基蝶呤：

$$H_2 + F_{420} \longrightarrow F_{420}H_2 \qquad\qquad \Delta G^{0'} = -11kJ/mol$$

$$CH = H_4 MPT + F_{420}H_2 \longrightarrow CH_3 - H_4 MPT + F_{420} \qquad \Delta G^{0'} = -6.2kJ/mol$$

（6）甲基从 N^5-甲基四氢甲基蝶呤转移到辅酶 M

从细胞提取液中获得 N^5-甲基四氢甲基蝶呤和辅酶 M 形成甲基辅酶 M，研究发现这个反应依赖 ATP 和强还原条件。在缺少辅酶 M 时，一种甲基化类可啉物质出现积累；当加入辅酶 M 时，甲基化类可啉被脱甲基，研究发现该类可啉物质为 5-羟基苯并咪唑基钴胺酰胺（如图 5.7 所示）。

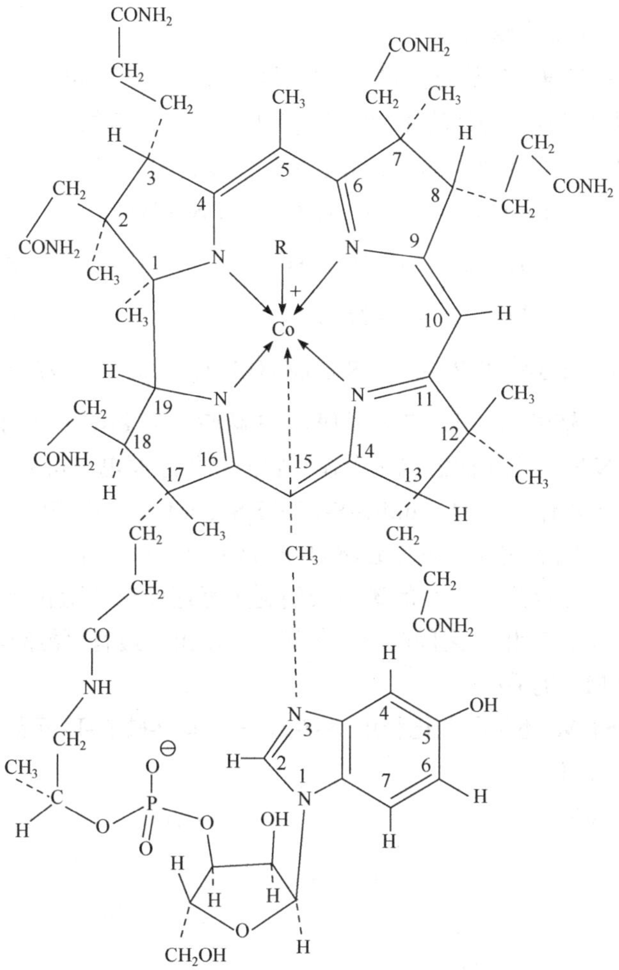

图 5.7　产甲烷菌的 5-羟基苯并咪唑基钴胺酰胺的结构

　　甲基从甲基四氢甲基蝶呤转移到辅酶 M 的反应分两步进行：在第一步反应中，甲基首先从甲基四氢甲基蝶呤转移到还原态的类可啉蛋白[Co（Ⅰ）]；在第二步反应中，甲基再转移到辅酶 M：

$$CH_3\text{-}H_4MPT+[Co（Ⅰ）] \longrightarrow CH_3—[Co（Ⅲ）]+H_4MPT$$

$$CH_3\text{-}[Co（Ⅲ）]+H\text{-}S\text{-}CoM \longrightarrow CH_3\text{-}S\text{-}CoM+[Co（Ⅰ）]$$

　　为了维持活性的 ATP，此时痕量的氧把类可啉蛋白氧化成 Co（Ⅱ）形式，而它可以在依赖 ATP 的反应中还原回 Co（Ⅰ）形式

$$[Co（Ⅰ）]+O_2 \longrightarrow [Co（Ⅱ）]+O_2^-$$

$$[Co（Ⅱ）]+e^- \longrightarrow [Co（Ⅰ）]$$

　　伴随着甲基转移，其自由能变化为−29.7kJ/mol，假定从甲基四氢甲基蝶呤形成甲基辅酶 M 产生的自由能变量通过化学渗透机制储存，从巴氏甲烷八叠球菌的 Gol 菌株获得的被转化的膜泡囊能够催化从甲基四氢甲基蝶呤和辅酶 M 形成甲基辅酶 M，研究发现这个反应与钠离子带电传递相关联。因此，可以认为甲基转移酶表现为能量聚集地。

5.2.1.4　甲基辅酶 M 被还原成甲烷

将甲基辅酶 M 还原成甲烷是产甲烷菌的独特功能。产甲烷酶反应过程包括三个新的辅酶（辅酶 M、四氢甲基八叠蝶呤和辅酶 F_{430}）和四种酶复合物。产甲烷的最后一步利用氢还原甲基辅酶 M 为甲烷包含了这四种酶或它们的复合物，它们催化下列反应：

$$CH_3\text{-}S\text{-}CoM + H\text{-}S\text{-}HTP \longrightarrow CH_4 + CoM\text{-}S\text{-}S\text{-}HTP \qquad \Delta G^{0'} = -45kJ/mol$$

$$H_2 + 2X \longrightarrow 2X^- + 2H^+ \qquad \Delta G^{0'} = -40kJ/mol$$

$$2X^- + 2Z \longrightarrow 2X + 2Z^- \qquad \Delta G^{0'} = -40kJ/mol$$

$$2Z^- + 2H^+ + CoM\text{-}S\text{-}S\text{-}HTP \longrightarrow HS\text{-}CoM + HS\text{-}HTP + 2Z \qquad \Delta G^{0'} = -40kJ/mol$$

CoM-S-S-HTP 是辅酶 M 和 *N*-7-巯基庚基-*O*-磷脂-L-苏氨酸形成的杂二硫化物；X 是非还原辅酶 F_{420}（NiFe）氢化酶的电子受体，它的氧化还原电位可能为–300mV；Z 是二硫化物还原酶的电子供体，因为 CoM-S-S-HTP/HS-CoM +HS-HTP 电对的氧化还原电位 $E^{0'}$ 为–210mV，故 Z 的氧化还原电位必然为–200mV 左右。因而 X^-（–300mV）还原 Z（–200mV）是一个放热反应。已有的迹象表明利用氢还原杂二硫化物通过化学渗透机制与 ADP 的磷酸化偶联，X 和 Z 之间的电子传递链表现出是最有可能的能量储存点。

（1）甲基辅酶 M 还原酶

提纯的甲基辅酶 M 还原酶催化利用 *N*-7-巯基庚基-*O*-磷脂-L-苏氨酸还原甲基辅酶 M 为甲烷，其比例为 11:1:1：

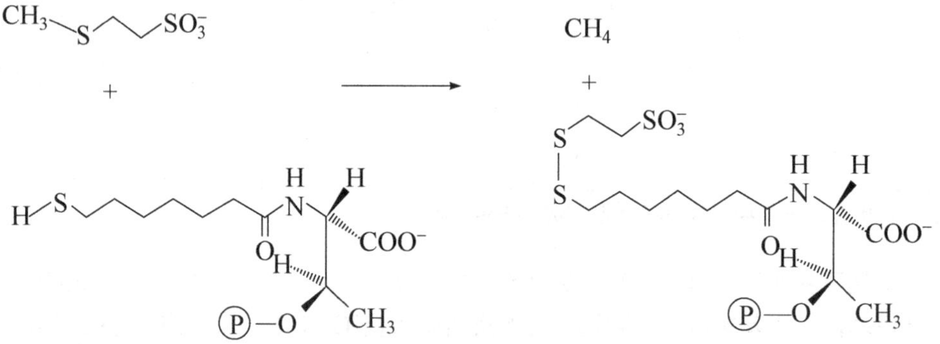

研究表明甲基辅酶 M 的生理电子供体可能是一种大分子物质，它包含通过混合酐连接一个糖基共价结合 *N*-7-巯基庚基-*O*-磷脂-L-苏氨酸，辅酶 M 还原酶显示含有 2mol 辅酶 M 和 2mol *N*-7-巯基庚基-*O*-磷脂-L-苏氨酸，该化合物的结构在图 5.8 中给出。

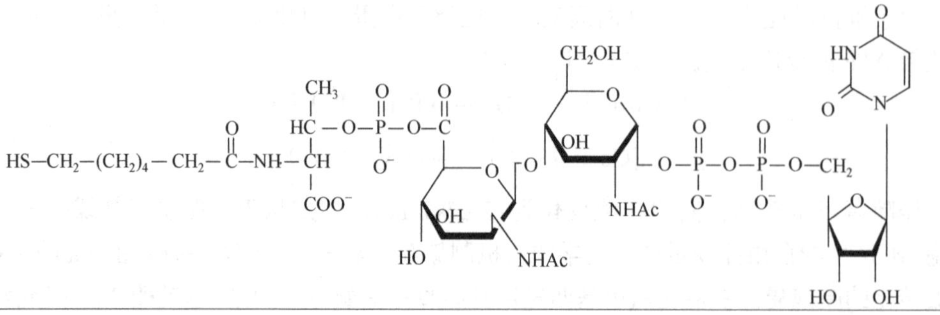

图 5.8　甲基辅酶 M 还原酶生理电子供体的结构

每摩尔甲基辅酶 M 还原酶中含有非共价键形式但结合紧密的辅酶 F_{430}。辅酶 F_{430} 是一种含镍化合物，其结构在图 5.9 中示出。

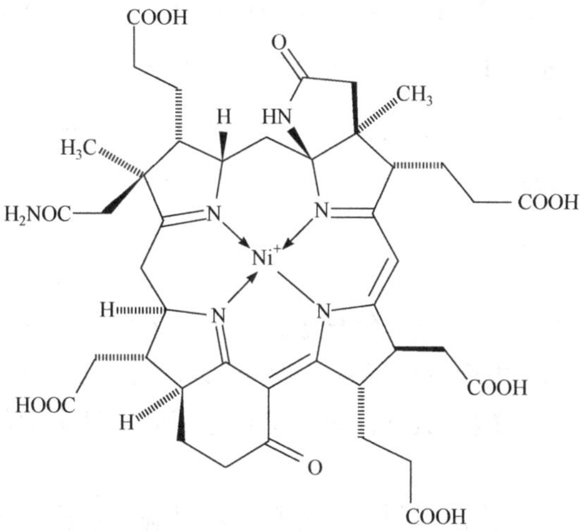

图 5.9　辅酶 F_{430} 的分子结构

（2）二硫化物还原酶

二硫化物还原酶催化利用紫精染料作电子供体还原二硫化物，催化利用亚甲基蓝作电子受体氧化 *N*-7-巯基庚基-*O*-磷脂-L-苏氨酸和辅酶 M 为二硫化物：

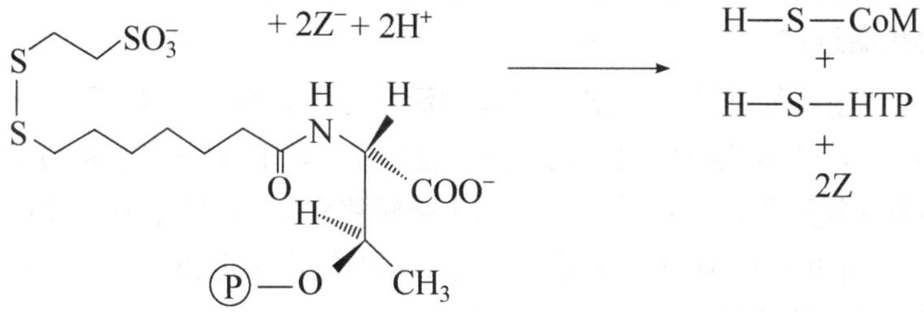

从氢到二硫化物的电子传递链从理论上讲包括三个分反应：①利用氢还原 X；②利用还原态 X 还原 Z；③利用还原态 Z 还原二硫化物（图 5.10）。

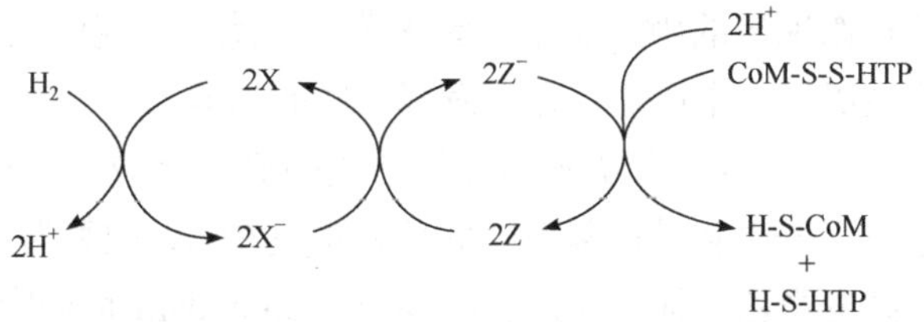

图 5.10　从氢到二硫化物的产甲烷电子传递链

5.2.1.5　利用氢还原二氧化碳与氢还原二硫化物的耦合

研究发现，热自养甲烷杆菌的细胞提取物只有存在二硫化物时才可催化利用氢将二氧化碳还原成甲酰基甲基呋喃，它同时被还原为辅酶 M 和 *N*-7-巯基庚基-*O*-磷脂-L-苏氨酸。尽管此时利用 H_2/CO_2 还原成甲酰基甲基呋喃是吸热反应，但几乎加入细胞提取液中

117

的全部甲基呋喃都被转化成甲酰基甲基呋喃。这表明利用 H_2/CO_2 还原成甲酰基甲基呋喃的吸热反应，与利用氢还原二硫化物的放热反应之间产生能量耦合：

$$H_2+CO_2+MFR \longrightarrow CHO\text{-}MFR+H_2O \qquad \Delta G^{0'}=+16kJ/mol$$

$$H_2+CoM\text{-}S\text{-}S\text{-}HTP \longrightarrow H\text{-}S\text{-}CoM+H\text{-}S\text{-}HTP \qquad \Delta G^{0'}=-40kJ/mol$$

R. P. Gunsalus 等研究发现，只有在加入催化量的甲基辅酶 M 和二硫化物后，热自养甲烷杆菌的细胞提取液才能够催化还原二氧化碳为甲烷。

5.2.2　乙酸发酵产甲烷

自然界中的甲烷产生，来源于二氧化碳还原还是乙酸甲基还原，受厌氧微生物代谢群体的参与和环境条件的影响而变化。采用 ^{14}C-标记乙酸的研究发现，多数甲烷来自于乙酸中的甲基，少数产生于乙酸的羧基，研究结果还证明甲基上的氢（氘）原子原封不动地转移到了甲烷上。

进一步的研究获得的结论是：利用所有基质产甲烷（还原二氧化碳或转化其他基质的甲基）的最终步骤是一种共同的前体（X-CH$_3$）的还原脱甲基。乙酸转化成甲烷和二氧化碳是一个发酵过程，该转化过程因微生物代谢菌群的变化而有所不同。发酵产甲烷的优势菌群为"细菌"时，利用乙酸的厌氧微生物裂解乙酰辅酶 A，将甲基和羧基氧化为二氧化碳，并还原别的电子受体；发酵产甲烷的优势菌群为"古菌"时，嗜乙酸产甲烷古细菌（Archaea）也裂解乙酸，此时甲基被从羧基氧化获得的电子还原成甲烷。

5.2.2.1　生化代谢过程

图 5.11 的代谢途径描述了乙酸首先被激活成乙酰辅酶 A，随后在一氧化碳脱氢酶（CODH）复合物的镍/铁-硫组分的催化作用下发生 C—C 和 C—S 键断裂（脱羧基），它氧化羧基并还原铁氧还蛋白。甲基在复合物中被转移到镍/铁-硫组分，并最终转移到辅酶 M。甲基辅酶 M 利用辅酶 M 和四氢甲基蝶呤中获得的电子还原脱甲基形成甲烷，并产生二硫化物。利用从还原态铁氧还蛋白获得的电子可将二硫化物还原成相应的甲基辅酶 M 和四氢八叠蝶呤的巯基形式。

5.2.2.2　乙酰辅酶 A 的 C—C 和 C—S 键开裂

利用乙酸产甲烷代谢途径的中心酶是一氧化碳脱氢酶，它能够催化乙酰辅酶 A 的裂解。一氧化碳脱氢酶在厌氧菌中广泛存在，发挥不同的功能。

属"细菌"（Bacteria）的几种厌氧菌能将乙酸彻底氧化成二氧化碳，并还原各种电子载体，其中多数包含了一氧化碳脱氢酶，它将乙酰辅酶 A 裂解为甲基和羧基，然后彻底氧化成二氧化碳。同型产乙酸细菌在产能的 Wood-Ljungdahl 途径中利用 CODH 酶（乙酰辅酶 A 合成酶）催化合成乙酰辅酶 A。一氧化碳脱氢酶也被产甲烷"古细菌"（archaea）用于从二氧化碳合成细胞碳。

（1）一氧化碳脱氢酶

以嗜热甲烷八叠球菌为例，氧化一氧化碳活性存在于一种复合酶中，它催化乙酰辅酶 A 的合成，并催化乙酰辅酶 A 的 C—C 和 C—S 键开裂。由于它将一氧化碳（羧基）氧

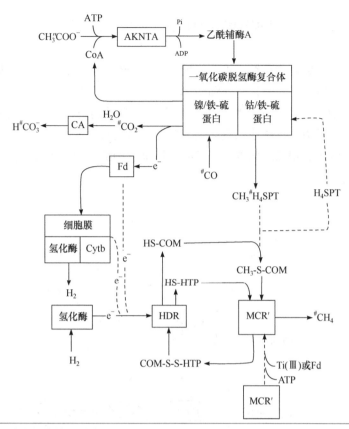

图 5.11　利用乙酸产甲烷的代谢途径

化成二氧化碳，所以通常被称为一氧化碳脱氢酶复合物。而利用乙酸生长时，它的基本功能是催化乙酰辅酶 A 的裂解。

一氧化碳被还原的酶复合物具有一种组合自旋 Ni-Fe-C 中心，钴原子是被直接由 Ni/Fe-S 组分提供的电子还原成 Co^+ 态。在此氧化还原态，Co^+ 是一种超级亲核体（supernucleophile），能够接受一个甲基。

（2）乙酸裂解的机理

以嗜热甲烷八叠球菌为例，其一氧化碳脱氢酶复合物中的酶成分通常具有热醋杆菌中的一氧化碳脱氢酶（乙酰辅酶 A 合成酶）和 Co/Fe-S 蛋白的性质。这两类有机体（嗜热甲烷八叠球菌与热醋杆菌）的一氧化碳脱氢酶是两个亚基，含镍成分和能够氧化一氧化碳及还原铁氧还蛋白活力的铁-硫蛋白。每一种一氧化碳脱氢酶与唯一的双亚基 Co/Fe-S 蛋白结合。在无其他电子载体时，两种一氧化碳脱氢酶将电子转移到各自的 Co/Fe-S 蛋白。热醋梭菌的乙酰辅酶 A 合成酶催化碘甲烷（CH_3I）、一氧化碳和辅酶 A 合成乙酰辅酶 A。该过程唯一需要 Co/Fe-S 蛋白，它先被碘甲烷或一氧化碳甲基化，再将甲基转移给乙酰辅酶 A 合成酶。与此相同，嗜热甲烷八叠球菌的这种五亚基酶复合物也能够催化从碘甲烷、一氧化碳（或二氧化碳+2e）和辅酶 A 合成乙酰辅酶 A。

嗜热甲烷八叠球菌的这种酶成分的组成和性质与乙酰辅酶 A 裂解的机制一致，类似于热醋梭菌中乙酰辅酶 A 合成的逆过程，如图 5.12 所示。Ni/Fe-S 组分在 Ni-Fe 位置裂解乙酰辅酶 A 的 C—C 和 C—S 键。乙酰辅酶 A 裂解后，甲基被转移到 Co/Fe-S 组分。如图 5.12 所示。

对于 C—C 和 C—S 键的断裂，可能的机制是 Ni-Fe 中心键合羰基，并把它氧化成二氧化碳；而对于从碘甲烷、一氧化碳与辅酶 A 合成乙酰辅酶 A 而言，这种酶复合物能够利用从柠檬酸铁（Ⅲ）获得的电子将二氧化碳还原成羰基的前体。而一氧化碳更易于结合形成乙酰辅酶 A，无须先氧化成二氧化碳。在巴氏甲烷八叠球菌的全细胞或细胞提取物中，从碘甲烷、一氧化碳和二氧化碳合成乙酸时不是直接结合的，更有可能是将二氧化碳还原成羰基前体的电子源。

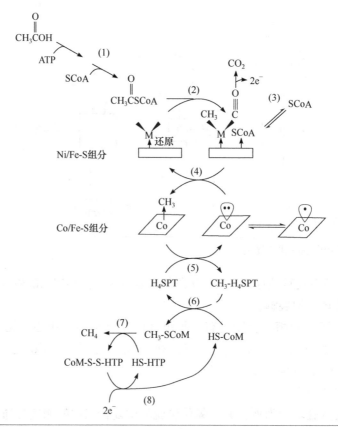

图 5.12　嗜热甲烷八叠球菌中一氧化碳脱氢酶催化乙酰辅酶 A 裂解机理

M：Ni/Fe-S 的活性中心；电子轨道中的圆点 Co^{2+} 和 Co^{+}；反应步骤：（1）乙酸激活；（2）Ni/Fe-S 成分催化乙酸裂解；（3）羰基氧化；（4）甲基转移到 Co/Fe-S 成分；（5）甲基转移到四氢八叠蝶呤；（6）甲基转移到辅酶 M；（7）还原脱甲基生成甲烷；（8）辅因子还原再生为羟基形态

5.2.2.3　甲基转移和脱甲基产甲烷

乙酰辅酶 A 裂解后，甲基最终被转移到辅酶 M。利用氘代乙酸（CD_3COOH）生长的嗜热甲烷八叠球菌含有 CD_3-S-CoM（83%）和 CD_2H-S-CoM（17%），其比例类似于氘代甲烷衍生物（CD_3H 和 CD_2H_2）。这表明在这种代谢中甲基辅酶 M 是一个中间体。其中甲基四氢八叠蝶呤是甲基转移到辅酶 M 上的一个中间体。因此，可以断定甲基从一氧化碳脱氢酶复合物的 Co/Fe-S 组分转移到辅酶 M 时需要其他酶体系的催化。

利用各类基质产甲烷的最终步骤是甲基辅酶 M 在其甲基还原酶的催化作用下还原脱甲基（表 5-1 中反应式 6）。该还原反应需要从甲基辅酶 M 和四氢八叠蝶呤的硫原子获得两个电子，并生成二硫化物。在利用乙酸产甲烷的途径中，这种混合二硫化物利用乙酰辅酶 A 的羰基氧化生成的电子还原成相应化合物的硫基形式。二硫化物产生和还原的热力学证实了电子转移和与 ATP 合成偶合的潜力。

表 5-1　利用乙酸合成甲烷的各步反应

反应
1. $CH_3COO^- + ATP \rightarrow CH_3COPO_3^- + ADP$
2. $CH_3COPO_3^- + CoA \rightarrow CH_3COSCoA + Pi$
3. $CH_3COO^- + CoA + ATP \rightarrow CH_3COSCoA + AMP + PPi$
4. $CH_3COSCoA + H_4SPT \rightarrow CO + CH_3-H_4SPT + CoA$
5. $CH_3-H_4SPT + HS-CoM \rightarrow CH_3-S-CoM + H_4SPT$
6. $CH_3-S-CoM + HS-HTP \rightarrow CH_4 + CoM-S-S-HTP$
7. $CO + H_2O \rightarrow CO_2 + H_2$
8. $CoM-S-S-HTP + H_2 \rightarrow HS-CoM + HS-HTP$
9. $ADP + Pi \rightarrow ATP$
10. $AMP + ATP \rightarrow ADP$
11. $PPi \rightarrow 2Pi$
12. $2ADP + 2Pi \rightarrow 2ATP$
13. $CH_3COO^- + H^+ \rightarrow CH_4 + CO_2$

从嗜热甲烷八叠球菌中获得的甲基还原酶含有辅酶 F_{430}，并利用四氢八叠蝶呤作电子供体，通过铁氧还蛋白来完成还原复活。

5.2.2.4　电子转移和生物力能学

在乙酸转化成甲烷和二氧化碳的过程中（表 5-1 中反应式 13）可以获得相对少的能量，乙酸激活时已有等量的 ATP 被消耗。因而这些有机体在转化过程中，可能伴随着 ATP 合成的化学渗透过程，实施高效的能量转化机制。

降解乙酸的巴氏甲烷八叠球菌全细胞产生 –120mV 的质子迁移力，电子从乙酰辅酶 A 的羰基到二硫化物的转移可能是依赖包含在上述质子迁移力产生过程中的膜结合载体。对利用乙酸生长的甲烷八叠球菌，有三种 b 型细胞色素，其氧化还原电位范围从 –330mV 至 –182mV。

另外在巴氏甲烷八叠球菌中，50% 以上的二硫化物还原酶活力是与膜组分结合的。通过在溶液中加入细胞膜可以刺激依赖一氧化碳的甲基还原酶活性。这些结果进一步证实二硫化物的还原体系中包括一种膜结构的电子传递链。

虽然辅酶 F_{420} 在二氧化碳还原途径中是一种重要的电子载体，但当巴氏甲烷八叠球菌的细胞提取液将乙酰辅酶 A 转化为甲烷时却不需要这种辅因子。辅酶 F_{420} 不是一氧化碳脱氢酶的电子受体，但它可能包含在对生物合成提供电子的乙酸甲基氧化成二氧化碳的过程。与还原二氧化碳的产甲烷菌一样，利用乙酸生长的巴氏甲烷八叠球菌在一种依赖ATP 的反应中能将辅酶 F_{420} 转化为辅酶 F_{390}。

在巴氏甲烷八叠球菌的细胞提取液中证实从乙酰辅酶 A 依赖铁氧还蛋白释放二氧化碳和氢，并利用一氧化碳脱氢酶复合物、铁氧还蛋白和连接细胞色素的含有氢化酶活性的纯化细胞膜重建了嗜热甲烷八叠球菌的氧化一氧化碳/释放氢的体系。虽然利用乙酸生长的嗜热甲烷八叠球菌不能利用氢和二氧化碳还原甲烷，但其细胞内却包含了一种依赖氢的二硫化物还原酶的活力。催化速率类似于其他利用氢和二氧化碳生长的产甲烷菌。因此可以认为：乙酸羧基的氧化可以与膜结合电子载体作用下释放氢相结合。这个氢随后被氧化，为二硫化物的还原提供电子。

对甲烷丝菌而言，从生物力能学角度，需要考虑的是乙酸的激活过程产生了焦磷酸。与甲烷八叠球菌相比，它在热力学上是不利的。从甲烷丝菌中分离到一种焦磷酸酶，这种酶能从可溶组分中分离到，但有迹象显示它可能是一种外周膜蛋白。因此可以假设这种焦磷酸酶可能具有某种质子传递功能。甲烷丝菌的最大能量改变比其他甲烷菌的细胞低。由于此时 ADP 的磷酸化所需的自由能很低，所以这个条件为甲烷丝菌提供了一种优势。

5.2.2.5 酶的参与

在利用乙酸产甲烷的代谢途径中，乙酸的甲基主要被转化成甲烷，仅有少量的甲基被氧化成二氧化碳，为生物合成提供电子。

利用乙酸生长的甲烷八叠球菌含有少量通过二氧化碳还原途径产甲烷的酶，比如：利用乙酸生长的巴氏甲烷八叠球菌含有甲酰基甲基呋喃脱氢酶和 N^5-亚甲基四氢甲基蝶呤脱氢酶；利用乙酸生长的嗜热甲烷八叠球菌含有甲酰基甲基呋喃/四氢甲基蝶呤甲酰基转移酶、N^5,N^{10}-次甲基-H4MPT+环化脱水酶和依赖辅酶 F_{420} 的 N^5,N^{10}-亚甲基四氢甲基蝶呤脱氢酶。这些酶在细胞体内的含量较低，表明它们没有参与乙酸的甲基转化成甲烷的反应，而是参与了一种甲基氧化成二氧化碳的活动。

5.2.3 甲基营养型产甲烷

甲基营养型甲烷菌，可利用甲醇、甲胺作基质产甲烷。已发现的甲烷叶菌属、拟甲烷球菌属、甲烷嗜盐菌属的产甲烷菌大多能在甲基化合物上生长，一些甲烷嗜盐菌属的产甲烷菌还可以利用二甲基硫化物为产甲烷基质，大部分甲烷八叠球菌属既可以利用甲基化合物，也可以利用 $H_2/$ CO_2，因此甲烷八叠球菌科成为学者们研究最多的甲基营养型甲烷菌。

甲基营养型甲烷菌利用甲基化合物的反应见表 5-2，其代谢途径如图 5.13 所示。

表 5-2　甲基营养型产甲烷菌的产能反应

反应	$\Delta G^{0'}$ / (kJ/mol CH_4)
1. $4CH_3OH \longrightarrow 3CH_4+CO_2+2H_2O$	−105
2. $CH_3OH+H_2 \longrightarrow CH_4+H_2O$	−113
3. $4CH_3NH_2+2H_2O \longrightarrow 3CH_4+CO_2+4NH_3$	−75
4. $2（CH_3）_2NH+2H_2O \longrightarrow 3CH_4+CO_2+2NH_3$	−73
5. $4（CH_3）_3N+6H_2O \longrightarrow 9CH_4+3CO_2+4NH_3$	−74
6. $2（CH_3）_2S+2H_2O \longrightarrow 3CH_4+CO_2+2H_2S$	−49
7. $4CH_3SH+2H_2O \longrightarrow 3CH_4+CO_2+4H_2S$	−51
8. $CH_3SH+H_2 \longrightarrow CH_4+H_2S$	−69.3
9. $4H_2+CO_2 \longrightarrow CH_4+2H_2O$	−135
10. $CH_3COO^-+H^+ \longrightarrow CH_4+CO_2$	−33
11. $4CO+2H_2O \longrightarrow CH_4+3CO_2$	−196

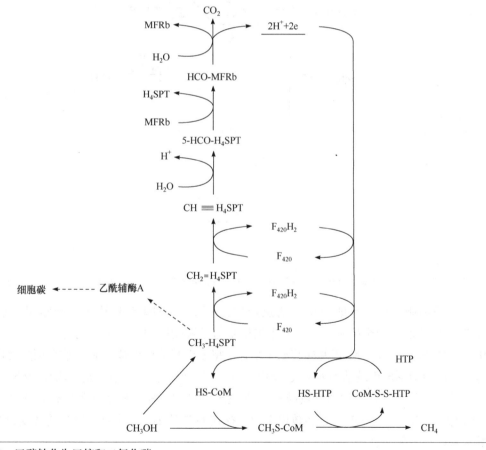

图 5.13　甲醇转化为甲烷和二氧化碳

HCO-MFRb 为甲酰基甲基呋喃 b；HCO-H₄SPT 为甲酰基八叠蝶呤；CH≡H₄SPT 应为次甲基八叠蝶呤；CH₂=H₄SPT 为亚甲基八叠蝶呤；CH₃-H₄SPT 为甲基八叠蝶呤

$$3CH_3OH+6[H] \longrightarrow 3CH_4+3H_2O \qquad （反应 a）$$

$$CH_3OH+H_2O \longrightarrow CO_2+6[H] \qquad （反应 b）$$

$$4CH_3OH \longrightarrow 3CH_4+CO_2+2H_2O \qquad （总反应）$$

5.2.3.1 利用甲醇产甲烷

（1）甲醇还原成甲烷路线

相比于甲醇-辅酶 M 在产甲烷中的甲基载体作用，甲醇-甲酰钴胺素的类可咻化合物裂解产甲烷作用也越来越被认可。甲醇能够甲基化游离钴胺素，这种复合反应除 ATP 和氢外，还需要大分子类可咻蛋白、铁氧还蛋白和对酸和热稳定并可透析的辅因子组成。甲基辅酶 M 和甲基钴胺素反应结果如图 5.14 所示。

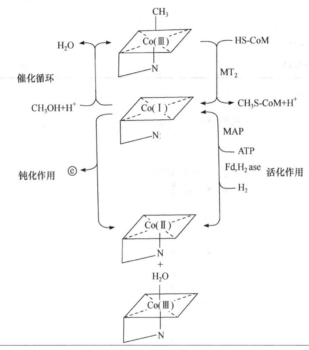

图 5.14　甲醇的甲基转移途径

N: 5-羟基苯并咪唑; MT₂: 甲基钴胺素/辅酶 M 甲基转移酶; MAP: 甲基转移酶激活蛋白; Fd: 铁氧还蛋白; H₂ase: 氢化酶; e: 电子

甲基辅酶 M 的合成在两步酶反应中进行。由甲醇/5-羟基苯并咪唑甲基转移酶（MT₁）催化的第一个反应中，甲醇中的甲基与这种酶的类可咻辅基结合。在第二步反应中，甲基钴胺素/辅酶 M 甲基转移酶（MT₂）将该甲基转移到辅酶 M。这个两步反应意味着在利用甲醇形成甲基辅酶 M 的过程中甲基的构型得以保留，没有发生明显的外消旋。

类可咻化合物是一种由含氮碱基 5-羟基苯并咪唑（B₁₂HBI）作为配位体的钴胺酰胺（结构见图 5.7）。B₁₂HBI 是多数甲烷菌中存在的典型 B₁₂ 衍生物，这个辅基以非共价形式紧密地与全酶结合。

研究发现，在 MT₁ 酶的还原活化过程中需要 ATP 和甲基转移酶激活蛋白，通常有两种作用方式：①在 ATP 水解的消耗中，从氢中获得的电子的还原电势低到可以让 Co（Ⅱ）还原成 Co（Ⅰ）。这种机制可以看成 ATP 在双固氮酶（dinitrogenase）反应中的作用。由于该酶系统由可溶性蛋白构成，其 ATP 驱动可逆电子流向表现出差异。②ATP 在代谢过程中改变了 MT_1 酶或它的 B_{12}HBI 辅基的结构，使 Co（Ⅱ）还原为 Co（Ⅰ）成为可能。

甲基辅酶 M 还原酶的辅基 F_{430}，其化学性质和结构特征使辅酶 F_{430} 成为催化中心的理想选择。这种辅酶通过中心镍原子的束缚作用可以从甲基辅酶 M 上接受甲基，然后甲基与质子反应形成甲烷。

（2）甲醇氧化成二氧化碳的产甲烷代谢途径

为了获得还原二硫化物所需的还原当量，1/4 的甲醇被氧化成二氧化碳。甲醇氧化主要通过二氧化碳还原的逆途径进行。

① 甲醇氧化步骤　甲醇氧化的初始步骤由钠离子迁移力驱动。甲醇转化成甲烷和二氧化碳的差异依赖于钠离子的存在，而甲醛存在时则不需要这种阳离子，此时甲醛被氧化成二氧化碳，甲醇被还原成甲烷，这意味着甲醇、甲醛氧化水平和 N^5,N^{10}-亚甲基四氢甲基蝶呤碳载体之间的某些反应中包含了钠离子；钠离子梯度（$Na^+_进 > Na^+_出$）削弱利用甲醇产甲烷，甚至质子迁移力大时，钠离子迁移力的扩散也会引起产甲烷抑制；有氢存在时，甲醇还原成甲烷生成一种质子迁移力抑制甲醇产甲烷。

$$CH_3OH+H_2O \rightarrow HCHO+2H^++2e^- \qquad \Delta G^{0\prime}=+44.8kJ/mol \qquad E^{0\prime}=-185mV \qquad （1）$$

甲醇氧化为甲醛的过程中，钠离子迁移力的必要性也能从反应热力学中得到答案。在标准状况下利用质子作电子受体，以上反应式（1）是强吸热的。甲醛的氧化利用了甲醇脱氢酶和一种未知的碳载体 X（图 5.15），所产生的电子（$E^{0\prime}=-185mV$）需要由钠离子驱动逆向转移，使电子还原产甲烷氧化还原载体，如辅酶 F_{420}（$E^{0\prime}=-350mV$）。此时甲醇以 N^5,N^{10}-亚甲基四氢甲基八叠蝶呤的形式进入该氧化途径。另外，甲醇的氧化不成比例地被巴氏甲烷八叠球菌的细胞提取物（细胞酶液）催化，但催化速率很低。

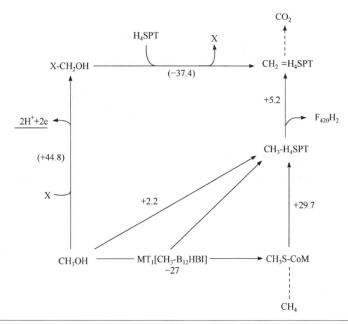

图 5.15　甲醇中甲基氧化的途径

图中数值单位为 kJ/mol CH_4

因此，甲醇氧化归纳如下（图 5.15）：①甲醇首先被 MT_1/MT_2 酶系统转化成甲基辅酶 M，而后甲基转移到四氢甲基八叠蝶呤上，这步反应是放热的（$G^{0'}=-29.7kJ/mol$），并依赖于离子梯度；②甲醇的甲基首先与类可啉辅基结合，然后转移到四氢甲基八叠蝶呤上；③按照以下反应式（2），从甲醇直接形成甲基四氢甲基八叠蝶呤。该反应在标准状况下是微吸热反应，而在生理条件下其 $G^{0'}$ 实质上更正。

$$CH_3OH+H_4SPT \longrightarrow 5\text{-甲基-}H_4SPT+H_2 \qquad \Delta G^{0'}=2.2kJ/mol \qquad （2）$$

② 甲基被氧化成二氧化碳　5-甲基四氢甲基八叠蝶呤是甲醇氧化初始阶段的一种产物，该甲基随后按表 5-3 中所列反应次序被氧化。表中涉及到的个别化合物的结构式如图 5.16 所示。

表 5-3　甲基氧化为二氧化碳中的酶反应

酶	反应	$\Delta G^{0'}/$（kJ/mol）	$E^{0'}/mV$
1.亚甲基-H_4SPT 还原酶	$5\text{-CH}_3\text{-}H_4SPT+F_{420}=N^5,N^{10}\text{-亚甲基-}H_4SPT+F_{420}H_2$	+5.2	−323
2.亚甲基-H_4SPT 脱氢酶	$N^5,N^{10}\text{-亚甲基-}H_4SPT+H^++F_{420}=N^5,N^{10}\text{-次甲基-}H_4SPT+F_{420}H_2$	−2.3	−326
3.次甲基-H_4SPT 环化脱水酶	$N^5,N^{10}\text{-次甲基-}H_4SPT+H_2O=5\text{-甲酰基-}H_4SPT+H^+$	+4.65	
4.甲酰基甲基呋喃：H_4SPT/甲酰基转移酶	$5\text{-甲酰基-}H_4SPT+MFRb+H_2O=\text{甲酰基-}MFRb+H_4SPT$	+3.68	
5.甲酰基甲基呋喃脱氢酶	甲酰基-$MFRb+H_2O=CO_2+MFRb+2H^++2e^-$	−16	−497

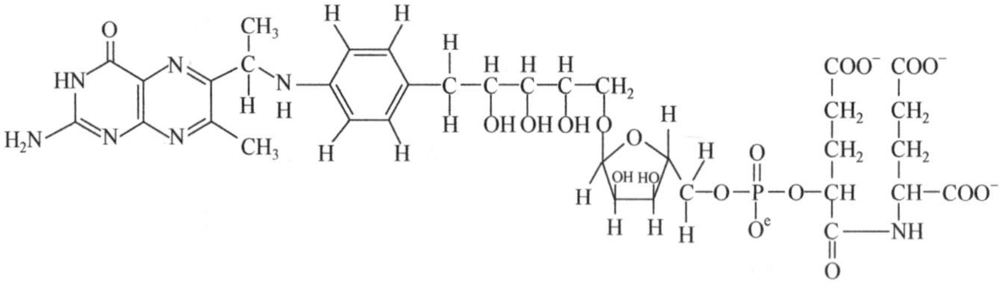

(a)

(b)

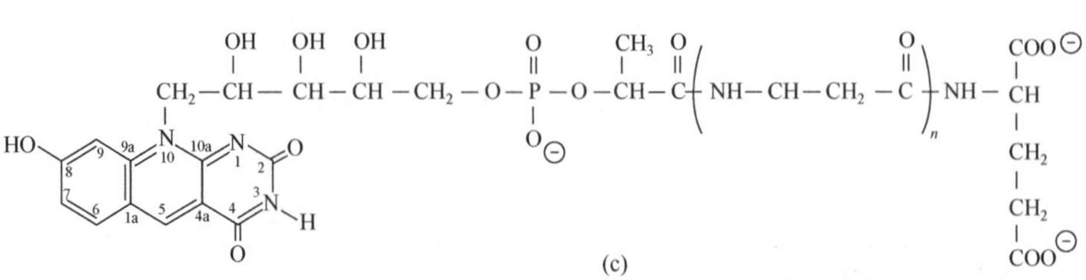

(c)

图 5.16　八叠蝶呤、甲基呋喃和辅酶 F_{420} 衍生物（a～c）的结构

表 5-4　嗜甲基产甲烷菌中甲基蝶呤和辅酶 F_{420} 衍生物含量

有机体（种）	能源	辅酶的含量/（μmol/g 蛋白）						
		MPT[①]	SPT[①]	F_{420}总量	F_{420}-2	F_{420}-3	F_{420}-4	F_{420}-5
1. 甲基营养型								
巴氏八叠球菌（MS）	甲醇	—	47.3	1.41	0.01	0.04	0.18	1.17
	甲胺	—	8.4					
	H_2/CO_2	—	40.1	0.65	0.07	0.02	0.24	0.32
	乙酸	—	186.9	3.14	0.10	0.04	1.16	1.84
巴氏甲烷八叠球菌	甲醇	—	0.65	−1.42				
	乙酸	—	204.5	1.26	0.05	0.07	0.67	0.47
马氏甲烷八叠球菌（*Methanosarcina mazei*）	甲醇	—	76.9	1.30	0.13	0.74	0.29	0.14
丁达尔甲烷叶菌（*Methanolobus tindarius*）	甲醇	—	32.4	1.55	1.20	0.33	0.01	0.01
斯塔特曼甲烷球菌（*Methanosphaera stadtmanae*）	甲醇+H_2	—	—	0.14	0.01	0.01	0.10	0.02
2. 氢营养型								
热自养甲烷杆菌（*Methanobacterium thermoautotrophicum*）	H_2/CO_2	117.2	—	2.27	2.01	0.26	—	—
布氏甲烷杆菌（*Methanobacterium bryantii*）	H_2/CO_2	28.6	—	0.67	—	—	—	—
3. 乙酸营养型								
索氏甲烷丝菌（*Methanosaeta soehngenii*）	乙酸	—	2.72	0.02	0.00	—	0.01	0.01

① 　MPT: 甲基蝶呤; SPT: 八叠蝶呤。
注: 一表示未测定。

表 5-4 中所列辅酶在嗜甲基有机体中的浓度比嗜氢有机体高。从中可以看出，在嗜甲基产甲烷菌中这些辅酶和酶的浓度随生长基质变化。在乙酸基质中生长时，多数酶的活力明显降低。因为在利用这类基质时，甲基氧化只被用于产生合成反应（如丙酮酸合成）所需还原当量。然而菌体内四氢甲基八叠蝶呤的含量激增，因为它作为甲基载体在乙酰辅酶 A 的裂解中是十分重要的。能利用多种基质的嗜甲基产甲烷菌（如巴氏甲烷八叠球菌）能够通过酶或辅酶的合成调节自身的代谢方式。

（3）二硫化物

① 二硫化物的还原和质子转移　氧化 1mol 的甲醇产生 2mol 的 $F_{420}H_2$ 外加 2mol 电子（还原态铁氧还蛋白）。这些还原当量被用于还原二硫化物。该氧化还原过程在能量代谢中非常重要。氧化 1mol $F_{420}H_2$ 时，它的氧化和二硫化物还原与 2mol H^+ 转移相偶联。Gol 菌株含有第二种储能体系，它不依赖辅酶 F_{420}，并利用氢作电子供体，还原 1mol 二硫化物转移 2mol H^+。

研究表明，电子转移的发生至少伴随着质子迁移和跨细胞膜蛋白的参与。Gol 菌株的胞囊体系和巴氏甲烷八叠球菌的细胞囊（而不是可溶性蛋白组分）催化整个反应[反应式（3）]；与此相反，利用氢还原甲基辅酶 M 时[反应式（4）]，可溶性蛋白组分催化该反应：

$$F_{420}H_2 + CoM\text{-}S\text{-}S\text{-}HTP \longrightarrow F_{420} + HS\text{-}CoM + HS\text{-}HTP \qquad \Delta G^{0\prime} = -30.3 kJ/mol \qquad （3）$$

$$H_2 + CoM\text{-}S\text{-}S\text{-}HTP \longrightarrow HS\text{-}CoM + HS\text{-}HTP \qquad \Delta G^{0\prime} = -42.5 kJ/mol \qquad （4）$$

② 嗜甲基产甲烷菌的膜结合氧化还原载体　巴氏甲烷八叠球菌细胞制备物的电子自旋共振谱测定结果显示，存在多种[4Fe-4S]型铁硫中心。从热自养甲烷杆菌中获得大量的铁和对酸不稳定的硫；从丁达尔甲烷叶菌中鉴定了两类细胞膜结合蛋白质，分别是细胞色素脱氢酶和 $F_{420}H_2$ 脱氢酶。

利用甲基化碳化合物或乙酸生长有机体的细胞膜中含有高水平的细胞色素（表 5-5），巴氏甲烷八叠球菌和热自养甲烷杆菌细胞膜中的细胞色素 b 可以被氢和一氧化碳还原，被甲基辅酶 M 氧化，这表明细胞色素起电子载体的作用。

表 5-5　嗜甲基甲烷菌中细胞色素含量

有机体（种）	生长基质	细胞色素浓度/（mol/g 细胞膜蛋白）	
		细胞色素 b	细胞色素 c
巴氏甲烷八叠球菌（*Methanosarcina barkeriz*）	甲醇	0.30	0.024
	甲胺	0.38	0.075
	二甲胺	0.27	0.019
	三甲胺	0.38	0.016
	乙酸	0.50	未测定
	H_2/CO_2	0.42	未测定
液泡甲烷八叠球菌（*Methanosarcina vacuolata*）	甲醇	+++	+
嗜热甲烷八叠球菌（*Methanosarcina thermophila*）	甲醇	+++	+
马氏甲烷八叠球菌（*Methanosarcina mazei*）	甲胺	0.27	未测定
甲基拟甲烷球菌（*Methanococcoides methylutens*）	三甲胺	0.007	0.306
丁达尔甲烷叶菌（*Methanolobus tindarius*）	甲醇	0.016	0.189

注：+++表示主要种群；+表示少数种群。

甲烷八叠球菌菌株是典型的有两类等量细胞色素 b 的有机体，其氧化还原电位分别为 -125mV 和 -183mV，它们利用乙酸基质生长时可以测到第三类细胞色素 b（其氧化还原电位 $E^{0\prime} = -250mV$），此时细胞体内细胞色素的含量高于利用其他基质的；在专一利用甲基化合物的丁达尔甲烷叶菌中可能含有不止一种细胞色素 c。

③ 嗜甲基电子转移和氢化酶　在利用甲基化碳化合物产甲烷的过程中，基质的氧化和还原主要按表 5-2 所列反应以一种平衡方式进行。兼性或专性甲基营养型甲烷菌在生长

时均产生氢，显然部分还原当量消耗在质子还原中。但该过程的产氢速率很低，大约只相当于甲烷的 1%。由于在封闭体系中氢被重新利用，氢的生成和消耗所产生的净动态氢分压范围为 8~160Pa（55~1100μmol/L）。基质氧化生成的还原当量用于合成和分解代谢反应，因而形成的中间产物氢可能是该过程的一种微调手段。另外，氢的存在也可以在代谢调控中起作用。

中间体氢的形成预示存在氢化酶，事实上所有甲基营养型产甲烷菌都表现出包含这种酶。利用氢和二氧化碳生长的有机体内氢化酶的活力很高，而专性甲基营养性甲烷菌，如丁达尔甲烷叶菌却被发现这种酶活力很有限。氢化酶的活力随生长基质变化表明这种酶的合成受代谢调控的影响。

与热自养甲烷杆菌一样，巴氏甲烷球菌的还原辅酶 F_{420} 氢化酶有三方面的功能：①所包含的镍中心激活氢和质子还原过程；②催化单电子转移到紫精染料或铁氧还蛋白的 Fe-S 簇；③黄素辅基起到辅酶 F_{420} 单/双电子开关作用。如图 5.17 所示。

在利用甲醇生长的巴氏甲烷球菌中，还原辅酶 F_{420} 氢化酶的功能可能是一种"三通阀"，在超量的辅酶 $F_{420}H_2$ 存在时，它利用铁氧还蛋白作电子受体氧化辅酶 F_{420}，并还原质子产氢。

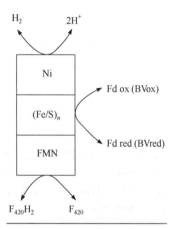

图 5.17　还原辅酶 Fe_{420} 氢化酶的功能和催化的部分反应

Fd：铁氧还蛋白；BV：（苯基/甲基）紫精；（Fe/S）：铁硫中心；ox/red：氧化/还原

（4）嗜甲基电子载体——铁氧还蛋白　甲烷八叠球菌富含铁氧还蛋白，可从巴氏甲烷八叠球菌、马氏甲烷八叠球菌和嗜热甲烷八叠球菌中提纯得到可溶性铁硫蛋白。

铁氧还蛋白在乙酰辅酶 A 开裂反应中作电子受体，并在无细胞体系中催化氢形成。这类铁硫蛋白是还原辅酶 F_{420} 氢化酶的一种电子受体，有洗脱膜组分时，偶联甲酰基甲基呋喃和辅酶 F_{420} 的氧化与二硫化物的还原需要铁氧还蛋白。另外，丙酸转化为乙酰辅酶 A 和氢、利用氢将硫酸盐还原成硫化物的过程均完全依赖铁氧还蛋白。最后这类蛋白还在甲醇/B_{12}HBI 甲基转移酶和甲基辅酶 M 还原酶的还原激活中起电子供体的作用。这种酶显然在甲基营养型电子转移过程中起了重要作用，它在细胞色素 b 的还原过程中作为电子载体的作用已被证实：利用氢和二氧化碳能够还原细胞色素，铁氧还蛋白在这个过程中充当一氧化碳脱氢酶电子受体。

在图 5.18 中，铁氧还蛋白在甲基营养型产甲烷过程中作为氧化还原载体的模型显示，从 $F_{420}H_2$（$E^{0'}=-350mV$）、甲酰基甲基呋喃（$E^{0'}=-497mV$）的氧化或乙酰辅酶 A 裂解（$E^{0'}=-400~-200mV$）形成的电子被铁氧还蛋白接收，并转移到一种膜包夹氧化还原酶。

（5）二硫化物还原中的电子转移　从 $F_{420}H_2$（$E^{0'}=-350mV$）、甲酰基甲基呋喃（$E^{0'}=-497mV$）的氧化、乙酰辅酶 A 裂解（$E^{0'}=-400~-200mV$）形成的电子被铁氧还蛋白接收，并转移到一种膜包夹氧化还原酶，作为甲醇歧化作用的附产物氢可以被重新氧化，还原紫精氢化酶可能在这里起作用，通过两类细胞色素 b，电子被转移到二硫化物还原酶。

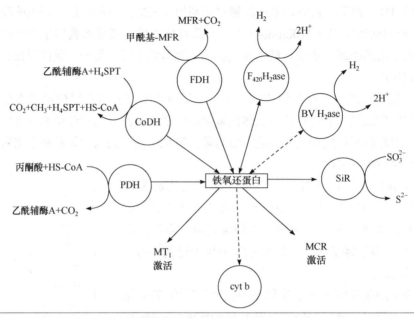

图 5.18　铁氧还蛋白在甲基营养型产甲烷过程中作为氧化还原载体

PDH: 丙酮酸脱氢酶；CODH: 乙酰辅酶 A 合成酶（一氧化碳脱氢酶）；FDH: 甲酰甲基呋喃脱氢酶；$F_{420}H_2$ase: 还原辅酶 F_{420} 氢化酶；BVH_2ase: 还原紫精氢化酶；SiR: 硫酸盐还原酶；MCR: 甲基辅酶还原酶；MT_1: 甲醇/B_{12}HB 甲基转移酶；cytb: 细胞色素 b

二硫化物还原的 -193mV 的 $E^{0'}$ 值被认为等于 HS-CoM/（S-CoM）$_2$ 电对的测定值，在上述过程中电子迁移所释放的能量通过质子转移被转换，二硫化物还原酶被认为是质子转移的发源地。有关氧化还原电对在图 5.19 的基本模型中给出。

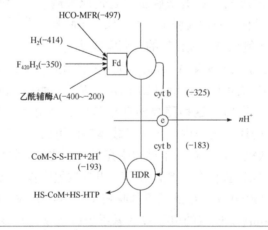

图 5.19　还原二硫化物过程中电子和质子转移模型

HCO-MFR: 甲酰基甲基呋喃；Fd: 铁氧还蛋白；cytb: 细胞色素 b；HDR: 二硫化物还原酶；e: 电子，图中的数值为氧化还原电对的标准电位，数值单位为 mV

对于图 5.19 中给出的电子和质子转移模型，不同的嗜甲基产甲烷菌有所差异，不同的生长基质也有所变化。例如在专性甲基营养型的丁达尔甲烷叶菌中还应包括膜结合的 $F_{420}H_2$ 脱氢酶，利用乙酸生长的巴氏甲烷八叠球菌还含有另一种细胞色素 b（$E^{0'}=-250\text{mV}$）。在这种基质上生长时，细胞能够偶联产能的一氧化碳氧化和质子的流出：

$$CO+H_2O \longrightarrow CO_2+H_2 \quad \Delta G^{0'}=-20\text{kJ/mol}$$

当保持图 5.19 中各部分不变时，假定一氧化碳氧化生成的还原当量通过铁氧还蛋白和细胞色素 b（$E^{0'}=-325\text{mV}$）被转移到氢化酶（它可以从 $E^{0'}=-183\text{mV}$ 的细胞色素接受电子），便可得到还原二硫化物过程中的电子和质子转移模型反应。

5.2.3.2　利用甲胺和甲硫醇产甲烷

对利用单、二或三甲胺的产甲烷过程，已获得的结果表明 N-甲基化合物类似于甲醇被甲烷菌代谢，实际反应的化学式与表 5-6 中给出的理论式相符合，也就是说甲基化合物的 3/4 被还原成甲烷，余下的被氧化成二氧化碳。在反应过程中，甲基辅酶 M 是中间体。

表 5-6　甲胺和甲基硫化物中的甲基转移反应

反应	$\Delta G^{0'}/$（kJ/mol）
1. $(CH_3)_3N+HS\text{-}CoM \longrightarrow CH_3S\text{-}CoM+(CH_3)_2NH$	−6.1
2. $(CH_3)_2NH+HS\text{-}CoM \longrightarrow CH_3S\text{-}CoM+CH_3NH_2$	−2.6
3. $CH_3NH_2+HS\text{-}CoM \longrightarrow CH_3S\text{-}CoM+NH_3$	−5.0
4. $(CH_3)_2S+HS\text{-}CoM \longrightarrow CH_3S\text{-}CoM+CH_3SH$	+12.2
5. $CH_3SH+HS\text{-}CoM \longrightarrow CH_3S\text{-}CoM+H_2S$	+14.1
6a. $(CH_3)_3N+H_4SPT \longrightarrow 5\text{-甲基-}H_4SPT+(CH_3)_2NH$	+24.0
6b. $(CH_3)_2NH+H_4SPT \longrightarrow 5\text{-甲基-}H_4SPT+CH_3NH_2$	+27.2
6c. $CH_3NH_2+H_4SPT \longrightarrow 5\text{-甲基-}H_4SPT+NH_3$	+25.1
7a. $(CH_3)_2S+H_4SPT \longrightarrow 5\text{-甲基-}H_4SPT+CH_3SH$	+42.3
7b. $CH_3SH+H_4SPT \longrightarrow 5\text{-甲基-}H_4SPT+H_2S$	+44.2

利用氢还原三甲胺时，巴氏甲烷八叠球菌含有一种三甲胺/辅酶 M 甲基转移酶，它催化表 5-6 中的反应 1。与在 MT_1/MT_2 体系中的发现一样，该反应需要依赖 ATP 还原酶激活。利用甲醇培养的有机体中缺乏这种酶活力，而在单或二甲胺培养的有机体中可测到它。用后两种化合物作基质时，按表 5-6 中的反应 2、3 生成甲基辅酶 M。在三甲胺代谢培养中和细胞提取液转化该化合物时，观察到反应 1、2 的瞬时中间体二甲胺和甲胺。

同甲醇氧化类似，初始步骤可能是甲基转移到四氢甲基蝶呤（表 5-6 中反应 6a～6c），但 N-甲基转移是比甲醇的甲基转移更吸热的反应。

少数嗜盐专性甲基营养型产甲烷菌能够利用甲硫醚生长，也能短暂利用甲醇生长。通过某些特殊的甲基转移反应（表 5-6 中的反应式 4、5 和 7a、7b），形成甲基辅酶 M 和 5-甲基四氢甲基八叠蝶呤，随后被代谢。

热力学计算结果表明：在标准状况下 S-甲基转移反应是非常吸热的。由于基质或硫化氢（反应产物）的毒性，甲基硫化物只能在低浓度（5~10mmol/L）条件下反应，它使细胞内的反应更处于热力学不利状态。利用三甲胺生长的细胞不能转化甲硫醚，而用后一种基质培养的有机体却能代谢上述几种甲胺化合物。

5.2.4 甲氧基营养型产甲烷

长期以来，科学家们已知地下煤层能够产生甲烷，它经常被用作天然气。但是煤炭如何被转化为甲烷一直是个谜。很多人猜测甲基化合物参与降解煤炭释放物——甲氧基化芳香化合物（methoxylated aromatic compounds，MACs）的混合物，而细菌能够将MACs转化为甲烷。人们也认为细菌不能够直接消化MACs，这是因为被称作产甲烷菌的细菌通常只利用小分子碳化合物才会产生甲烷。

2016年，日本国家高级产业科学技术研究院的研究人员，发现了一种能够将煤炭释放的有机化合物直接转化为甲烷的细菌，相关研究结果发表在2016年 *Science* 期刊上。他们发现一种被称作甲烷热微球菌（*Methermicoccus shengliensis*）的产甲烷菌的两种菌株能够将MACs直接转化为甲烷。

煤层气是一种巨大的、非常规的天然气资源。研究表明，深部地下产甲烷菌可以从三十多种甲氧基芳香化合物（MACs）以及含MACs的煤中产生甲烷。

与已知的一碳和二碳化合物的甲烷生成途径相比，这种甲氧基氧化模式，通过耦合作用，将去甲基化、CO_2还原以及可能的乙酰辅酶A代谢偶联在一起。由于木质素衍生的MACs广泛存在于地下沉积物中，甲氧基营养型产甲烷不仅限于煤层气，而且在全球碳循环中也发挥着重要作用。

5.2.4.1 煤层中甲氧基化合物产甲烷

煤层气（coal-bed methane，CBM）是一种分布于煤层或邻近砂岩中的天然气，是一种潜力较大、尚未开发的能源。2014年，全球煤层气储量估计为50万亿立方米，相当于常规天然气资源的11%。美国、加拿大、澳大利亚等国已经开始大规模开采煤层气。

生物产甲烷作用对煤层气的生成贡献较大；从地球化学的角度估算，美国40%的煤层气来源于微生物。活的微生物群落存在于煤层中，并与地下环境中煤的产甲烷有关。地球微生物学研究表明，煤层中煤层气的产量可以通过刺激产甲烷活性来提高。

煤是一种极其复杂和非均质的材料，其结构由单一芳香环和缩合芳香环组成。煤中的芳香族化合物来源于木质素单分子醇，常被羟基、甲氧基和羧基取代，如图5.20所示。

在未成熟的煤层中，甲氧基组分尤为常见，并且含量丰富。由于煤的产甲烷作用倾向于在未成熟煤中而不是在成熟煤中发生，因此可以认为煤层微生物通过甲氧基组分产生甲烷。

从前文中关于甲基营养型产甲烷的介绍中，可以看到甲基营养型产甲烷菌能够使用甲基化合物（甲醇、甲胺和/或二甲基硫化物等）代谢产甲烷，而煤层气中的产甲烷作用，是否是以甲基营养型产甲烷菌利用甲氧基芳香化合物（MACs）代谢产甲烷呢？

为了探究MACs作为甲基营养型产甲烷菌底物的可能性，研究人员从高温深层煤井中分离出一株古菌，经过鉴定，该菌株属于 *Methermicoccus shengliensis*，暂定为AmaM

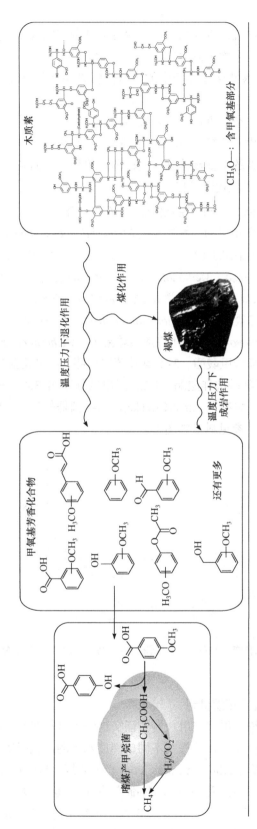

图 5.20　煤层芳香族化合物的常见反应

菌株。将该菌株与已知的甲烷八叠球菌目中甲烷热微球菌属的 ZC-1 菌株比较后发现，它们都能够利用甲氧基芳香化合物（MACs）代谢产甲烷。

研究结果表明，来自煤井通过煤床中的甲烷热微球菌属的产甲烷菌，似乎与其他产甲烷菌的代谢途径完全不一样，这种甲氧基型产甲烷作用，通过一种以前未知的代谢类型，将煤层中释放出来的复杂有机化合物直接转化为甲烷。在这种代谢过程中，甲氧基中的甲基通过脱甲基作用产生乙酰辅酶 A，乙酰辅酶 A 歧化生成甲烷和二氧化碳。这种甲氧基营养型甲烷作用涉及到的甲基转移酶，是以前产甲烷菌中尚未检测到的。

5.2.4.2　甲氧基营养型产甲烷代谢过程

5.2.4.2.1　煤井 AmaM 菌株与甲烷八叠球菌 ZC-1 菌株

将高温深层油井中分离获得的一株古菌（*Methermicoccus shengliensis*，即 AmaM 菌株），与所属甲烷八叠球菌目中的 10 个菌株做对比，这 10 个菌株分别属于甲烷八叠球菌属（*Methanosarcina*）、甲烷叶菌属（*Methanolobus*）、甲烷嗜盐菌属（*Methanohalophilus*）、甲烷鬃毛菌属（*Methanosaeta*）、甲烷微菌属（*Methanomicrococcus*）、甲烷拟杆菌属（*Methanococcoides*）、甲烷盐菌属（*Methanohalobium*）、甲烷咸菌属（*Methanosalsum*）、甲烷藻菌属（*Methanomethylovorans*）、甲烷热微球菌属（*Methermicoccus*，即 *M. shengliensis* 菌株 ZC-1），以 2-甲氧基苯甲酸酯、3-甲氧基苯甲酸酯、4-甲氧基苯甲酸酯、3,4,5-三甲氧基苯甲酸酯、3,4,5-三甲氧基肉桂酸酯、1,2,3-三甲氧基苯和 3,4,5-三甲氧基苯甲醇 7 种 MACs 为底物。结果表明，只有在 AmaM 菌株和 ZC-1 菌株作用下，MACs 底物的甲烷产量才会显著增加（图 5.21，参见封二彩图）。

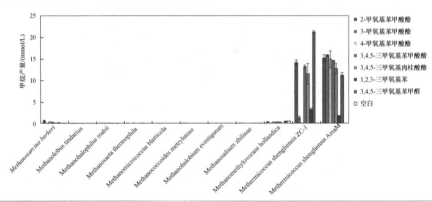

图 5.21　以不同甲氧基芳香化合物（MACs）为底物的甲氧基产甲烷作用（仅 AmaM 和 ZC-1 菌株的甲烷量才显著上升）

5.2.4.2.2　煤井甲氧基产甲烷机制

（1）煤井 AmaM 菌株产甲烷作用　为了证实这些甲氧基型产甲烷菌是否能从煤中产生甲烷，将 *M. shengliensis* AmaM 菌株与不同成熟度水平的煤进行培养：褐煤（lignites，大部分未成熟）、亚烟煤（subbituminous coal）和烟煤（bituminous coal，大部分成熟）。三种褐煤（L-A、L-B 和 L-C）中都产生了少量但数量可观的甲烷（7.5～10.8mmol/g 煤），甚至在亚烟煤 S-A 和烟煤 B-A 中也有甲烷。*M. shengliensis* AmaM 菌株利用 MACs、甲醇和甲胺产甲烷，表明煤可能提供了其中的某些基质。

实验观察到，在能够产甲烷的褐煤、亚烟煤、烟煤的不同介质中，检测到 2~3 种甲氧基苯甲酸盐。由于在介质中检测到的甲醇、甲胺以及 MACs 的总浓度太低，还不足以解释单独在煤介质中产生的甲烷的浓度，例如，在烟煤介质 B-A 中，MACs 含量仅为 0.09mmol/g 煤，而甲烷含量为 9.39mmol/g 煤。这一结果表明，*M. shengliensis* AmaM 菌株产生的甲烷，既来自于溶解在介质中无法探测到的 MACs，也来自于那些通过物理化学作用键合在煤层表面的甲烷。这也是由 *M. shengliensis* AmaM 菌株较广的基质利用范围（超过 30 种 MACs）的产甲烷作用来支撑的。

如果甲氧基型产甲烷过程与甲基型产甲烷生成过程类似，从化学计量学角度，1mol的甲氧基可以产生 3/4mol 的甲烷，式中 Ar 表示任意芳香基。

$$4Ar\text{-}OCH_3 + 2H_2O \longrightarrow 4Ar\text{-}OH + 3CH_4 + CO_2$$

将 *M. shengliensis* AmaM 菌株与 2-甲氧基苯甲酸一起培养，随着 2-甲氧基苯甲酸的减少而产生甲烷和 2-羟苯甲酸，同时 2-羟苯甲酸的产生量相当于 2-甲氧基苯甲酸的消耗量，表明 *M. shengliensis* AmaM 菌株通过邻位脱甲基作用产甲烷。

（2）甲氧基型产甲烷作用机制　稳定同位素示踪实验解释了甲氧基型产甲烷作用的代谢模式。

当 *M. shengliensis* AmaM 菌株与 2-[^{13}C]甲氧基苯甲酸一起培养时，甲烷中 ^{13}C 含量随着甲氧基 ^{13}C 含量的增加而增加，说明甲氧基碳被掺入到所产甲烷中。甲氧基掺入到甲烷中的掺入效率，以甲烷与甲氧基的 ^{13}C 含量的回归曲线的斜率来估算为 63.6%。相比较而言，当 *M. shengliensis* AmaM 菌株与[^{13}C]甲醇一起培养时，几乎所有的（96.4%）甲烷碳都来自底物甲醇。这意味着在 MACs 驱动的产甲烷过程中，更多的碳（甲氧基碳除外）被掺入到甲烷中。

为了确定这些额外的碳，需要评估掺入的甲烷是否通过还原二氧化碳产甲烷来完成。将 *M. shengliensis* AmaM 菌株与 2-甲氧基苯甲酸（或甲醇）一起，用添加[^{13}C]碳酸氢盐的介质培养。虽然甲醇存在时甲烷的 ^{13}C 含量仅略有增加，而在 2-甲氧基苯甲酸存在时甲烷的 ^{13}C 含量增加较多，这表明甲氧基型产甲烷的过程中，二氧化碳还原作用也会导致掺入甲烷中。根据回归曲线的斜率估算，由 CO_2 到甲烷的掺入效率为 29.6%，考虑到由甲氧基到甲烷的掺入效率为 63.6%，可以得出约 1/3 的甲烷碳来自 CO_2、约 2/3 的甲烷碳来自甲氧基。将 *M. shengliensis* AmaM 菌株与不同成熟度的煤一起，用添加[^{13}C]碳酸氢盐的介质培养，可以观察到富含 ^{13}C 的甲烷生成，这表明由煤掺入的甲烷主要来自于 MACs。

进一步作示踪实验，将 *M. shengliensis* AmaM 菌株与 2-甲氧基苯甲酸一起，用添加[2-^{13}C]乙酸盐的介质培养，结果表明大量的乙酸甲基碳掺入到甲烷中。介质中的乙酸盐浓度在培养过程中没有变化，这意味着通过乙酸产甲烷并没有过多摄取细胞外的乙酸盐。因此，我们推断乙酰辅酶 A（CoA）可能是甲氧基型产甲烷过程中的分解代谢中间体。由 *M. shengliensis* AmaM 基因编码乙酰辅酶 A 合成、乙酰辅酶 A 氧化和二氧化碳还原产甲烷，但其基因组缺乏已知的与乙酰辅酶 A 相关的基因来实现甲氧基的邻位去甲基化，以及常规产甲烷所必需的电子传递系统。

（3）煤层甲氧基型与传统甲基营养型不同　虽然甲氧基型产甲烷的代谢途径尚不清

楚，但研究结果表明其代谢模式与传统的甲基营养型产甲烷明显不同。

研究发现，作为产甲烷作用的直接基质，MACs 可能并不局限于煤层环境。在深层地下，在高等植物木质素衍生的沉积有机质中蕴藏着 MACs，即干酪根（kerogen），其数量变化取决于成熟度。事实上，从白垩纪（塞诺曼尼亚）黑色页岩中提取的未成熟干酪根中的热解液，已经检测到具有短 $C_1 \sim C_3$ 链的烷基甲氧基酚。干酪根在沉积物中普遍存在，在地下环境中占有机质的大部分，在世界各地的深层地下环境中，经常发现来自甲烷热微球菌属（*Methermicoccus*，即 *M. shengliensis* 菌株 ZC-1）的微生物及其相关的克隆。

因此，甲氧基型产甲烷在地球生物化学碳循环中发挥着重要作用，尤其是生物天然气的形成过程中，包括煤层气在内的天然气，20%以上都是甲氧基型产甲烷作用产生的。甲氧基型产甲烷将煤衍生的甲氧基化合物（R—OCH₃）直接转化为甲烷，与代谢形式多样的甲烷八叠球菌属（*Methanosarcina*）相比，甲烷热微球菌属（*Methermicoccus*）虽然可以利用更多不同的底物，但是不能在乙酸盐或 H_2/CO_2 上生长。

5.2.4.3 甲氧基营养型产甲烷研究意义

任何煤井都通过煤床中的微生物分解产生甲烷（如图 5.22 所示），到达自然界大气的甲烷中约有 7%来自煤层，对温室效应贡献很大。煤层中"产甲烷菌利用复杂的有机化合物产甲烷"这一发现为人们研究和应用开辟了先机，这些令人兴奋的发现，表明即使在宏基因组学时代，对于那些条件苛刻、难以培养的微生物，探究它们的生理生化属性，也是发现新的代谢类型的必要条件。

煤层甲烷可能成为页岩气的一种经济替代品，页岩气通过水力压裂进行开发。目前，煤床的甲烷生产率太低，无法实现低成本的有效开发，但通过对煤层甲烷产生的生物学机制的了解，可为甲氧基营养型甲烷作用的深入探究提供重要的线索。

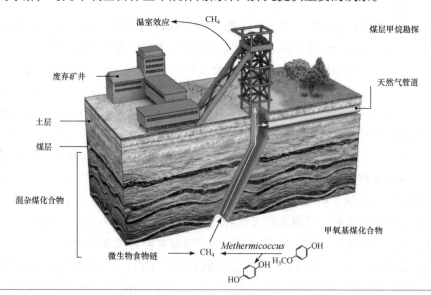

图 5.22 煤层通过微生物食物链产生天然气（甲烷）

5.2.5 烷基营养型产甲烷

传统的原油开采技术难以驱动地下油藏全部原油的运移，仍然有过半原油开采不出来。科学家相信，能在油藏环境中存活的厌氧微生物有可能成为人类的帮手。利用沼气发酵原理，将液态原油降解成气态甲烷，形成油气共采，是科学家致力于探索的一条道路。

早在 20 世纪末，德国科学家首次在《自然》杂志上报道了石油烃可以被厌氧微生物降解转化为甲烷。但是，这种生物降解过程与传统的沼气发酵类似，需要多种不同类型的细菌和古菌，并通过互营代谢来完成。2008 年，加拿大科学家在《自然》杂志上报道油藏中也存在这样的混合菌群降解原油产甲烷过程。互营代谢是指有机质分解降解产生甲烷的时候，需要细菌和产甲烷古菌（两种不同类型的微生物）通过彼此依赖、互不可分的方式共同生存。"这是一种紧密的合作，如果分开，它们就没有办法推动食物链的转化。"

2021 年 12 月 23 日，由农业农村部沼科所与深圳大学、德国马克斯普朗克海洋微生物研究所、中石化微生物采油重点实验室等单位联合署名的文章在《自然》（*Nature*）杂志上发表，文章内容是，发现了一种来自油藏的新型的产甲烷古菌，可在厌氧环境下直接氧化原油中的长链烷基烃产生甲烷，突破了产甲烷古菌只能利用简单化合物生长的传统，拓展了对产甲烷古菌碳代谢功能的认知。

这一研究完善了碳素循环的生物地球化学过程，并为枯竭油藏残余原油的生物气化开采（"地下沼气工程"）奠定了科学基础。

5.2.5.1 烷基产甲烷作用的提出

原油的主要成分是由几十个碳链形成的比较复杂的碳氢化合物。传统知识告诉我们，对于由几十个碳组成的长键烷烃和侧链烷基烃这种复杂有机物，产甲烷古菌是不可能直接'吃'掉它们的。之前虽然没有微生物直接降解石油烃生成甲烷或者二氧化碳的研究报道，但是厌氧微生物是地球上数量最多、物种最丰富的生物资源之一，鉴于技术原因，目前分离鉴定的厌氧微生物物种不足 0.1%，大部分还属于"微生物暗物质"。

2019 年，农业农村部沼气科学研究所能源微生物创新团队突然发现了一份来自于油藏的培养物"待机时间"超短——生长周期大概为两到三个月，"比以往的培养周期都要快很多"的现象。对这个现象的关注让他们获得了一个利用长链石油烃产甲烷的培养物，它可以直接降解 C_{13} 到 C_{38} 的长链烷烃，以及侧链烷烃大于 13 的环己烷和环己苯。也就是在这个时候，国外科学家提出了自然界中可能存在直接降解烷烃产生甲烷的新古菌，但是没有证据支撑。

通过稳定碳同位素标记试验、宏组学分析，发现了一种新型的古菌 Methanoliparum *Candidatus*。这一古菌具有完整的烃降解并产生甲烷的代谢途径，并且这些途径在培养烃降解产甲烷过程中都是高丰度表达的，并验证了加入的正构烷烃几乎完全转化为甲烷和二氧化碳。从胜利油田中分离出的新型古菌电镜图如图 5.23 所示。

采用高分辨率质谱技术，检出了烷烃降解产甲烷过程中的关键中间代谢产物，从而进一步证实了这种新型古菌的碳代谢途径。结果发现，Methanoliparum *Candidatus* 可以直接氧化长链烷基烃，它通过β-氧化、Wood-Ljungdahl 途径进入产甲烷代谢，不需要通过互营代谢来完成。也就是说，这一古菌仅凭"一己之力"就完成了共营代谢中需要多种细菌和古菌联手才能完成的分解"工作"。

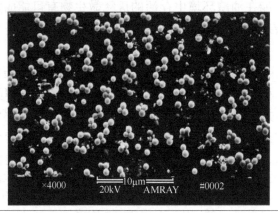

图 5.23　从胜利油田分离的一种产甲烷古菌扫描电镜

5.2.5.2　含油污泥中 Methanoliparum *Candidatus* 菌株产甲烷

为了验证古菌中甲烷生成的替代途径，研究人员对中国东营胜利油田地下 1000～2000m 的油藏中产生的缺氧含油污泥进行培养，从污泥中获得古菌样品，经过 16S rRNA 检测，得出约 49%的古菌均为 Methanoliparum *Candidatus* 菌株。将污泥培养在不含硫酸盐的缺氧矿物培养基中，分别在 35℃、45℃和 55℃的情况下，甲烷产量为 12.3μmol/g 含油污泥、35.8μmol/g 含油污泥和 30.1μmol/g 含油污泥，甲烷生成倍增时间分别为 23.3 天、11.3 天和 10.1 天。这三种活性污泥都能够利用大部分链长在 13～38 个碳原子之间的正烷烃、烷基取代环己烷以及正烷基苯（一般来讲，它们的侧烷基链中至少含有 13 个碳原子），之前的研究也发现，原油降解过程中长链烷基取代烃优先被利用。

基于古菌一般引物的 16S rRNA 测序分析表明，在三种污泥中含有大量的 Methanoliparum *Candidatus* 古菌，约占所有古菌总数的 64%～78%。与 Methanoliparum *Candidatus* 菌株特异性探针的原位杂交显示，该古菌呈单个球菌状附着在油滴上，并且不与其他微生物相结合。

油中最丰富的化合物为正构烷烃，为了探究正构烷烃的转化率，将 55℃条件下处于稳定生长期的油降解污泥均分到培养基消毒瓶中，不添加新鲜培养基。随后在污泥中添加 1,2-^{13}C 标记的正十六烷和未标记的正十六烷，经过 100 天培养，正十六烷均被定量地转化为甲烷和二氧化碳。在 ^{13}C 标记实验中，产生了约 0.46mmol 的 ^{13}CH$_4$ 和 0.15mmol 的 ^{13}CO$_2$，按照化学计量式计算，这与添加了 ^{13}C 标记十六烷的 85%～92%转化率相当：

$$4\,C_{16}H_{34} + 30\,H_2O \rightarrow 49\,CH_4 + 15\,CO_2$$

这也说明只有一部分 ^{13}C 标记十六烷被转化，可见通过碳氢烃类物质降解产甲烷的碳同化效率并不算高。

通过 Methanoliparum *Candidatus* 古菌降解 ^{13}C 标记十六烷，利用扩增子测序、宏基因组学和宏转录组学，根据古菌 16S rRNA 基因的分析，测得 Methanoliparum *Candidatus* 相对丰度占总丰度的 75%；根据宏基因组学读取估算，Methanoliparum *Candidatus* 约占总微生物群落的 34%～40%。

总的来说，根据系统发育推断和基因（基因组）水平身份认定，从 *Candidatus* Methanoliparum 的培养物中检索到 47 个质量不等的基因组片段，可归类为四个物种聚类：聚类一含有 15 个与嗜热菌株（Methanoliparum *Candidatus thermophilum*）高度相似的基因组片段，聚类二含有 13 个与温氏菌株（Methanoliparum *Candidatus widdelii*）相似的基因组片段，聚类三含有 10 个与怀氏菌株（Methanoliparum *Candidatus whitmanii*）相似的基因组片段，聚类四含有 9 个与詹氏菌株（Methanoliparum *Candidatus jensenii*）相似的基因组片段。其中 19 个基因片段同时编码甲基辅酶 M 还原酶（MCR）和烷基辅酶 M 还原酶（ACR），而只有怀氏菌株的 10 个基因片段编码甲基辅酶 M 还原酶（MCR）；47 个基因片段编码所有含中长链的乙酰辅酶 A 合成酶主导的 β-氧化途径 Wood-Ljungdahl 途径以及含有经典甲基辅酶 M 还原酶（MCR）主导的产甲烷途径。

通过分析 Methanoliparum *Candidatus* 菌株的基因表型，编码十六烷的甲烷降解的基因占转录基因的前 10%～25%，而编码甲基辅酶 M 还原酶（MCR）和烷基辅酶 M 还原酶（ACR）的基因占转录基因的前 2%，同时编码基因也呈现出较高的转录量，因此 Methanoliparum *Candidatus* 菌株既能降解十六烷，又能产生甲烷。

5.2.5.3 含油污泥产甲烷的辅酶 M（CoM）代谢

为了探究长链烷烃转变成烷基-CoM 的微生物活性，使用 Q-Exactive Plus Orbitrap 质谱仪，对十六烷转化成十六烷基-CoM 的细胞培养提取物进行分析，未标记的十六烷细胞培养中含有一个明显的质量峰 $m/z=365.21868$，正好与合成的十六烷基-CoM 标准品的质量相匹配，两者破碎后都产生十六烷基硫醇（$m/z=257.23080$，$C_{16}H_{33}S^-$）、乙烯基磺酸（$m/z=106.98074$，$C_2H_3SO_3^-$）和亚硫酸氢盐（$m/z=80.96510$，HSO_3^-），液相色谱分析显示，该峰与合成的十六烷基-CoM 标准品峰具有相同的保留时间；此外，添加了 1,2-^{13}C-十六烷的培养物在 $m/z=367.22524$ 处产生了 1,2-^{13}C-十六烷基-CoM 峰、在 $m/z=259.23721$ 处产生了十六烷基硫醇峰，与未标记基团相比，质量峰值位移了 2 个单位。以上分析证实了正十六烷转化为十六烷基-CoM 的催化活性是存在的。

在对含油污泥进行初始驯化后，将污泥均等分并分别加入正十四烷、正十五烷、正十六烷、正二十烷，或者将正二十二烷、正十六烷基环己烷和正十六烷基苯混合后培养，均快速产生甲烷，同时从这些底物中产生相应的 CoM 衍生物；相比之下，将污泥均等分并分别加入短链烷烃（乙烷到辛烷）后混合培养，底物中既不会形成相应的烷基-CoM，也不会产生更多的甲烷。这些结果表明，Methanoliparum *Candidatus* 菌株的烷基辅酶 M 还原酶（ACR）能够激活长链烷基单元上的多种烃类，对于甲基辅酶 M 还原酶（MCR）和烷基辅酶 M 还原酶（ACR）而言，能够利用如此多的底物，在以前的研究实验中是没有的，也就是说 MCR、ACR 与甲烷或乙烷等短链烷烃之间，具有较高的底物特异性。

　　基于不同底物的 CoM 活性类型，以正二十二烷、正十六烷基环己烷和正十六烷基苯的混合物为底物，接种了 Methanoliparum Candidatus 在 55℃条件下半连续培养，在每个稀释步骤中，30%～50%的培养物被转移，同时补充新鲜矿物培养基和碳氢化合物。每次稀释后，产甲烷活性的恢复期是基于甲烷倍增时间的 10～20 天内，这与初始的油降解培养物类似。随着 Methanoliparum Candidatus 的丰度增加到 $5×10^8$/mL，氢营养型产甲烷热杆菌属（Methanothermobacter）占比下降，同时含有凯氏菌门韧皮部杆菌（Caldatribacteriota Candidatus）、放线菌门（Actinobacteria）、史密斯丙酸氧化菌属（Smithella spp.）的烷基琥珀酸合成酶的相对丰度，从初始驯化时的 4%下降到第六次稀释转移时的不到 0.1%，此外，assA 与 acrA 的转录比率从初始接种的 0.05～0.2 下降到第六次稀释转移时的不到 0.005。在这些培养基质中，未检测到由 ASS 酶活化诱导的烷基琥珀酸盐。总之，在样品培养基质中，碳氢烃类的细菌降解作用是不明显的。

　　还有一种不确定的解释，就是 Methanoliparum Candidatus 菌株直接将甲基 CoM 衍生物转化为酰基辅酶 A 结合单元。之前的研究提出，Methanoliparum Candidatus 裂解甲基 CoM 形成游离醇，并作为下一步反应的中间体，醇会依次氧化成醛和脂肪酸，然后连接到 CoA。在 ^{13}C 标记的十六烷实验的细胞提取物中探测此类代谢中间体的时候，不论是标记的还是未标记的十六醇、十六醛或十六酸（棕榈酸）都无法检测到，这对十六烷基氧化成自由中间体的可能性提出了质疑。形成的酰基辅酶 A（十六烷基辅酶 A）将在 β-氧化途径中裂解成乙酰基单元。相比之下，随着烷基苯-CoM 的逐步降解，会留下不能直接进行典型脂肪酸降解的苯甲酰辅酶 A。之前描述过 Methanoliparum Candidatus 菌株（MAGs）中的苯甲酰辅酶 A 还原酶（BCR）基因簇，事实上，嗜热 Methanoliparum Candidatus 菌株（M. Ca. thermophilum）也包含 BCR 簇，BCR 簇两侧分布着与芳烃降解菌[比如芳烃索氏菌（Thauera aromatica）和沼泽红假单胞菌（Rhodopseudomonas palustris）]相类似的基因，它们编码苯甲酰辅酶 A 降解为乙酰辅酶 A 的途径。

　　已知的厌氧烷烃氧化古菌通过 Wood-Ljungdahl 途径将乙酰辅酶 A 完全氧化为 CO_2，并将还原当量转移给伴生菌进行硫酸盐还原作用。相比之下，Methanoliparum Candidatus 菌株含有并表达编码甲基-H_4MPT 的基因，即：辅酶 M 甲基转移酶和甲基辅酶 M 还原酶，这些特征在与硫酸盐还原伴生的烷烃氧化古菌中是没有的。甲基-CoM 酶将甲基从 H_4MPT 转移到 CoM，然后还原为甲烷。以正十六烷为例，降解产甲烷的模型公式如下：

$$C_{16}H_{34} + 16H_2O \rightarrow 8CH_4 + 8CO_2 + 34H^+ + 34e^-$$

　　反应中以还原电子载体（铁氧还蛋白或 F_{420}）的形式产生了过量的还原当量，可通过还原 CO_2 产甲烷的反应式来平衡：

$$3.25CO_2 + 26H^+ + 26e^- \rightarrow 3.25CH_4 + 6.5H_2O$$

　　产甲烷过程的所有基因表达如图 5.24 所示。

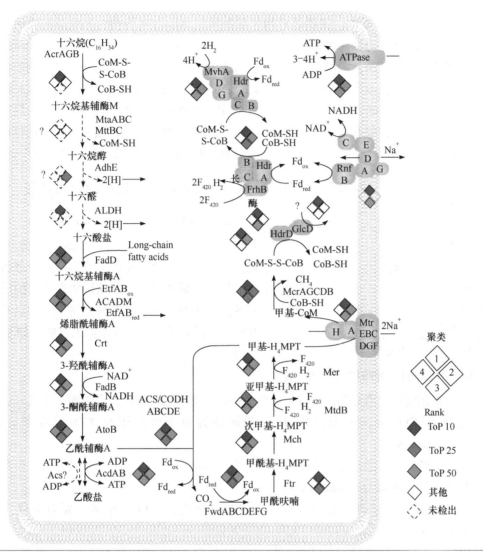

图 5.24　Methanoliparum *Candidatus* 的十六烷降解过程中的代谢步骤及相应的基因表达

橙色（底物激活）、蓝色（β-氧化）、红色（Wood-Ljungdahl 途径和产甲烷途径）；能量守恒用绿色表示；十六烷氧化成十六酸盐的未确认步骤用灰色表示；聚类方格表示不同种类的 Methanoliparum *Candidatus* 的基因表达；还原的铁氧还蛋白；Fd_{red} 还原型铁氧还蛋白，Fd_{ox} 氧化型铁氧还蛋白

5.2.5.4　烷基营养型产甲烷的研究意义

研究发现了 Methanoliparum *Candidatus* 菌株的烷基-CoM 还原酶（ACR）对不同碳氢化合物的激活作用，并且该酶对底物作用的范围扩大了许多。Methanoliparum *Candidatus* 在长链烷烃和侧链烷基烃的降解过程中耦联形成甲烷，被称为烷基营养型产甲烷，它是除了 CO_2 还原、甲基营养、乙酸发酵以及最近报道的甲氧基营养型以外的第五种代谢途径。

Methanoliparum *Candidatus* 菌株的生长温度范围较宽，至少在 35～55℃之间，正好覆盖了大多数生物降解油藏的温度范围。事实上，Methanoliparum *Candidatus* 序列存在于各种缺氧富烃环境中，该研究证实了 Methanoliparum *Candidatus* 在油气转化中的独特作用，将从根本上转变我们对地下油藏原油转化和生物地球化学过程的看法。

传统的原油开采技术，主要是应用化学物质或水压力来驱动地下深层的原油运移，这种利用物理和化学方法采油的技术，仍然导致有超过一半的原油残留在地下油藏，难以被开采利用。基于烷基营养型产甲烷的研究成果，将有可能利用地下厌氧微生物的作用，把液态的原油降解变成气态的甲烷，形成油气共采，最终达到比较高的原油开采利用率。

未来对 Methanoliparum *Candidatus* 富集培养的研究，有望了解古菌中石油烃降解产甲烷的生化机制，并将有助于从贫化油藏中进行微生物增强能量回收的应用。这也可延长油藏的开发寿命，有望让老油田"复活"。

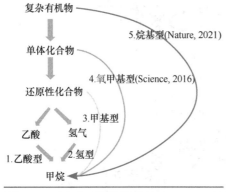

图 5.25　五条产甲烷途径示意

5.2.6　厌氧消化过程中的代谢特征

从上述分析中，得出氢型 CO_2 还原、甲基营养、乙酸发酵、甲氧基营养、烷基营养等 5 种甲烷产生的代谢途径，完善了我们探索全球碳素生物地球化学循环的认知。这说明在不同的厌氧环境下，存在着丰富的未知微生物，它们以不同的方式、不同的条件，发挥不同的功能，如图 5.25 所示。

5.2.6.1　传统的三种嗜甲基经典代谢

产甲烷菌能够利用 CO_2、乙酸和简单甲基化合物等三类物质作为碳源产甲烷。

①还原 CO_2 型，主要利用 H_2、甲酸作为电子供体还原 CO_2 产甲烷，例如 *Methanobrevibacter*。

②甲基营养型，通过 H_2 还原甲基化合物中的甲基产甲烷或通过甲基化合物自身的歧化作用产甲烷，例如 *Methanococcus*。

③乙酸型，通过裂解乙酸，将乙酸的羧基氧化为 CO_2，甲基还原为甲烷，例如 *Methanosaeta*。

以上三种代谢途径，是传统的、最为经典的代谢产甲烷方式，甲烷球菌目（Methanococcales）、甲烷杆菌目（Methanobacteriales）、甲烷微菌目（Methanomicrobiales）和甲烷火菌目（Methanopyrales）中几乎所有的甲烷菌都利用 H_2 和 CO_2 途径产甲烷，其中很多种也利用甲酸。甲烷八叠球菌目（Methanosarcinales）由甲基营养型甲烷菌构成，利用含甲基的化合物如乙醇、甲胺等，其中 *Methanosarcina* 和 *Methanosaeta* 属能够利用乙酸，有些种还可以同时利用 H_2/CO_2，是代谢多样性最高的甲烷菌群。多数甲烷菌是中温菌，但也有些为嗜热菌和耐低温菌。

以 H_2/CO_2、甲醇、乙酸为基质的产甲烷途径来看，其代谢过程涉及到能量转化、电子传递途径以及关键酶和辅酶参与等过程，最终将 C_1 化合物（或甲基）还原成 CH_4，如图 5.26 所示。

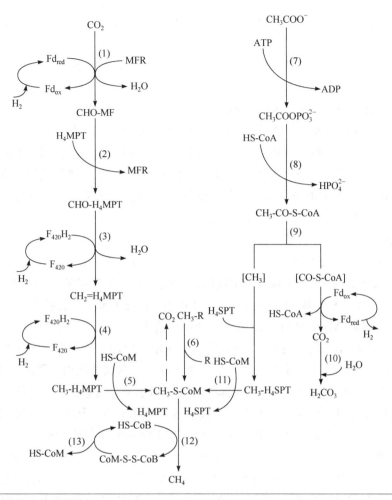

图 5.26　产甲烷的生化代谢途径

反应（1）～（5）是氢型甲烷菌 CO_2 还原途径产甲烷过程所特有的；反应（6）为甲基营养途径所特有的；反应（7）～（11）是乙酸途径所特有的生化过程；反应（12），（13）是所有生物产甲烷过程必需的生化代谢过程 Fd，铁氧还蛋白；MFR，甲基呋喃；H_4MPT，四氢甲基蝶呤；H_4SPT，四氢八叠甲基蝶呤；F_{420}，辅酶 F_{420} 氧化态；$F_{420}H_2$，辅酶 F_{420} 还原态；HS-CoM，辅酶 M；HS-CoA，辅酶 A；HS-CoB，辅酶 B；CoM-S-S-CoB，异质二硫化物

5.2.6.2　厌氧消化关键酶

（1）辅酶

生物产甲烷过程需要多种酶和辅酶共同参与，这些辅酶根据其功能的不同可以分为两类，一类是 C_1 的携带者，主要包括甲基呋喃（MF）、四氢甲基蝶呤（H_4MPT）、四氢八叠甲基蝶呤（H_4SPT）、辅酶 M（HS-CoM）；另一类是电子载体，主要包括铁氧还蛋白（Fd）、辅酶 B（HS-CoB）、辅酶 F_{430}、细胞色素、FAD、甲烷吩嗪（MP）、辅酶 F_{420}。

MF 包含一个呋喃环和一个氨基基团，其中氨基碳用于结合 CO_2；H_4MPT 和 H_4SPT 类似，均为四氢叶酸的衍生物，用于甲酰、亚甲基和甲基水平上 C_1 的转移，其转移方式与四氢叶酸类似；HS-CoM 是辅酶中分子量最小的一种，化学名称为 2-巯基乙磺酸（HS-

$CH_2CH_2SO_3^-$），在甲基转移酶的作用下巯基上的氢原子被甲基基团取代，是甲烷形成过程中的末端甲基载体。

HS-CoB 的化学名称为磷酸 -7- 巯基庚基苏氨酸（7-mercaptoheptanoylthreonine phosphate），它包含一个巯基和磷酸基团，其中巯基为其活性部位；辅酶 F_{430} 是一种位于细胞膜上的含镍的类卟吩（porphinoid）化合物，其中 Ni 为其活性中心，它具有 3 个价态（+1、+2 和+3），通过这 3 个价态的相互转变实现电子的转移；MP 是一种仅存在于甲烷八叠球菌目中的辅酶，其功能与其他细菌呼吸链中的醌类相似；辅酶 F_{420} 是一种去氮黄素衍生物，电势较低，既可作为氢化酶、甲酸脱氢酶和一氧化碳脱氢酶的电子受体，又可作为 $NADP^+$ 还原酶的电子供体，其在波长为 420 nm 的紫外光下发出蓝绿色荧光，可以利用这一特点初步鉴定是否存在产甲烷菌细胞。

（2）关键酶

图 5.26 中反应（12）和反应（13）是生物产甲烷过程中共有的步骤。

反应（12）是生物产甲烷过程的最后一步，它是由含镍的甲基辅酶 M 还原酶（MCR）催化，以 HS-CoB 为直接的电子供体还原 CH_3-S-CoM 产生甲烷和 CoB-S-S-CoM 的过程。甲基辅酶 M 还原酶（MCR）是产甲烷菌所特有的一种酶（除甲烷营养型古菌外），因此，编码 MCR 其中的一个亚基基因（*mcrA*）可用于产甲烷菌的分类学研究。

MCR 由α、β和γ三种不同的亚基组成一个（αβγ）$_2$ 六聚体结构，同时，每分子 MCR 中含有 2 分子位于酶的活性中心的含镍辅酶 F_{430}。目前通过对该酶的晶体结构分析推测该酶的催化过程分为 3 步，即 Ni（Ⅰ）亲核攻击 CH_3-S-CoM 形成中间产物 HS-CoM 和 [F_{430}]Ni（Ⅲ）-CH_3，随后，Ni（Ⅲ）氧化 HS-CoM 形成硫自由基（thiyl radical）·S-CoM 和[F_{430}]Ni（Ⅱ）-CH_3，最后，HS-CoB 作为电子供体还原·S-CoM 形成 CoB-S-S-CoM 并将多余的电子转移给 Ni（Ⅱ）产生 Ni（Ⅰ），H^+裂解[F_{430}]Ni（Ⅱ）-CH_3 产生甲烷。

MCR 具有两种系统发育不同的同工酶，分别为 MCRⅠ 和 MCRⅡ。对 *Methanobacterium thermoautotrophicum* 的研究发现，该菌中同时具有两种 MCR，在 H_2 浓度高时，该菌以 MCRⅡ为主，而在氢浓度低时，主要以 MCRⅠ为主起催化作用。后期研究表明，*M. thermoautotrophicum* 中编码这两种同工酶的操纵子在该菌的生长初期主要编码合成 MCRⅡ，而在该菌的生长后期则主要编码合成 MCRⅠ。

反应（13）也是所有生物产甲烷所必需的。其中 CoB-S-S-CoM 可以被视为产甲烷过程的末端电子受体，它被异质二硫化物还原酶（Hdr）还原，重新释放出 HS-CoB 和 HS-CoM，其反应方程式为 CoB-S-S-CoM + $2e^-$ + $2H^+$ → CoB-SH + CoM-SH。Hdr 是一种与膜相结合的蛋白，目前发现有两种类型：一类是从 *Methanosarcina barkeri* 中分离得到的 HdrED，它由一个细胞色素和两个嵌膜的 Hdr 亚基组成，在还原 CoB-S-S-CoM 时以 H_2、$F_{420}H_2$ 或 Fd_{red} 作为电子供体，通过细胞色素和甲烷吩嗪来传递电子，在这个过程中会消耗细胞质中的质子，产生跨膜质子梯度用于合成 ATP，这种酶对于利用乙酸的产甲烷菌是必需的。

另一类是从 *Methanothermobacter thermoautotrophicum* 和 *Methanothermobacter marburgensis* 中分离得到的 HdrABC，含有 HdrABC 的甲烷菌能够利用 CO_2+H_2 生长，不能合成细胞色素和甲烷吩嗪。Thauer 等利用模型推测，在这些没有细胞色素的产甲烷菌

中存在着由 HdrABC 中的黄素（Flavin）介导的电子歧化（bifurcation）过程，认为 HdrABC 不直接参与能量的储存，而是与产甲烷过程第一步中的铁氧还蛋白（ferredoxin）的还原过程相偶联，产生钠离子梯度，用于 ATP 的合成。

Buckel 等对这个过程进行了描述，具体过程如图 5.27 所示。

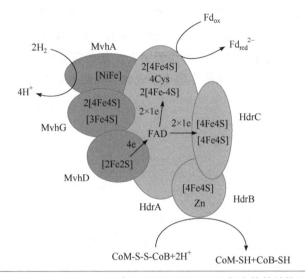

图 5.27 *Methanothermobacter marburgensis* 中 MvhADG-HdrABC 复合体的结构和功能示意图

图中 Fd 的结合位点是随意选择的，绿色部分是氢酶的[NiFe]中心，红色部分为推测的电子传递过程。Fd: 铁氧还蛋白；Mvh: 甲基紫精（Methyl viologen）还原性氢酶；Hdr: 异质二硫化物还原酶

该复合体存在于大多数甲烷菌（甲烷微菌目 Methanomicro biales 中的一些种除外）中，可以进行黄素介导的电子歧化过程（Flavin-based electron bifurcation，即包含 FAD 蛋白的复合体介导电子在脱氢酶和氧化还原酶之间转移），Fd 的氧化还原电势低于 FAD，通常高电势的 FAD 不能还原低电势的 Fd，而在电子歧化中高电势的 FAD 利用比自己有更高电势的电子供体（如 CoM-S-S-CoB）使自己部分氧化，而使另一部分的氧化还原电势降低，然后用来还原电势较低的 Fd。

Buan 等通过对 5 种 Methanosarcinales 进行测序发现，这些菌株的基因组中含有 *HdrED* 基因，也包含 *HdrABC* 基因，但是通过生化方法在 Methanosarcinales 中还未发现 *HdrABC*；他们推测要么 *HdrED* 或 *HdrABC* 对细胞的生长条件存在偏好性，要么 *HdrED* 或 *HdrABC* 具有特殊的生理功能。

（3）特殊的氧化还原酶

除辅酶和关键酶外，在甲烷菌的代谢活动中还包含为数众多的氧化还原反应，它们需要各种氧化还原酶的参与，即发挥着重要作用的特殊酶，具体如下所述。

① 甲酸脱氢酶　甲酸脱氢酶广泛地分布于自然界。在不同的有机体中，这类酶的组成、性质和电子受体的类型有很大差别，万氏甲烷球菌（*Methanococcus vannielii*）按下面反应式发酵甲酸，生成二氧化碳和甲烷：

$$4HCOOH \rightarrow 3CO_2 + CH_4 + 2H_2O$$

从万氏甲烷球菌中分离到两种甲酸脱氢酶，其中之一存在于利用补充硒培养基生长的细胞中，它是一种分子较大的酶复合物，含有硒亚基、钼亚基和[Fe-S]中心；在限定硒培养基中缓慢生长的细胞只含另一种 Mo/Fe-S 类型的酶。

另一种甲酸脱氢酶，它占细胞总可溶蛋白的 3%。成分分析结果表明：1mol 酶中存在 1mol 钼、2mol 锌、22～24mol 铁和 25～29mol 无机硫，还含有 11mol 结合的 FAD。

② 氢化酶　多数产甲烷菌能够用氢作电子供体来合成甲烷，氢化酶在产甲烷菌中普遍存在。与严格厌氧菌的甲酸脱氢酶一样，产甲烷菌的氢化酶也是包含多种氧化还原中心的复合酶，它含有镍，但不含钼，也有铁硫中心，某些氢化酶中还含有硒代半胱氨酸和 FAD。在产甲烷菌中，多数氢化酶的生理电子受体是辅酶 F_{420}（图 5.28）。

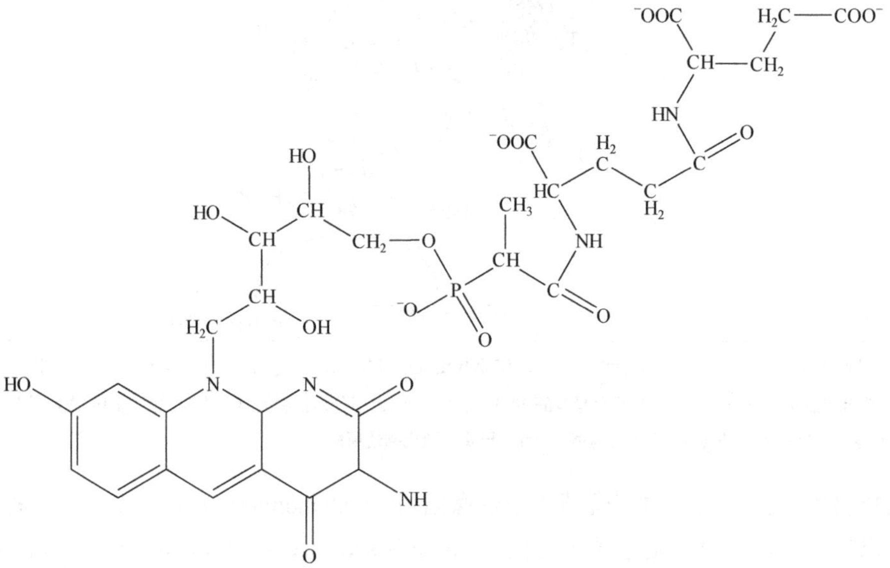

图 5.28　辅酶 F_{420} 的结构

分离到的氢化酶是一种含硒酶，还含有镍、硒代半胱氨酸、铁硫组分和 FAD。每摩尔酶含有 2mol 镍、18～20mol 铁、2molFAD，并在四个 β 亚基的硒半代胱氨酸中含有 2mol 硒。通过氢化酶的作用可以使脱氮黄素辅因子（辅酶 F_{420}）还原，并把分子氢的氧化与甲烷合成末端的甲基还原酶体系的作用联系起来。

③ 脱氮黄素连接的 $NADP^+$还原酶　这是一类将甲酸或分子氢的氧化和利用 NADPH 合成细胞物质基本要素相连接、依赖 8-羟基-5-脱氮黄素 $NADP^+$还原酶的细胞体内基本的电子传递体系。在瘤胃甲烷短杆菌（*Methanobrevibacter ruminantium*）中，利用甲酸或氢作电子供体可将 $NADP^+$还原成 NADPH。从万氏甲烷球菌中提纯的催化该反应的酶中加入纯甲酸脱氢酶，可以重新建立一种甲酸-$NADP^+$还原酶体系。它们的反应如图 5.29 所示：

（4）一氧化碳脱氢酶　在已知产甲烷菌的一氧化碳脱氢酶中都存在镍和大量的以 Fe/S 簇形式存在的铁。五种不同来源的纯 $\alpha_2\beta_2$ 酶中金属离子的浓度在表 5-7 中示出。从中可以看出，这类酶大多含有 2mol/L 镍和大量的铁（15～30mol/L）。在分离酶时可检测到大量的锌，利用螯合剂（如 EDTA）可去除锌，而不影响酶的活力。

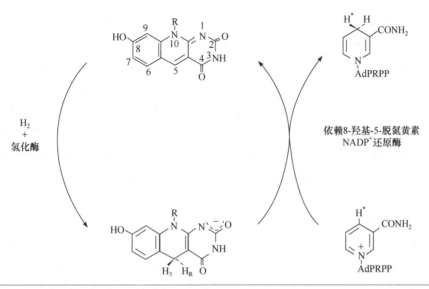

图 5.29　万氏甲烷球菌中氢化酶和 NADP+还原酶的立体专一性

表 5-7　一氧化碳脱氢酶中主要金属元素的浓度（×10⁻⁶）

有机体	Ni	Fe	Zn
巴氏甲烷八叠球菌	1.3±0.3	15.6±1.6	1.1
巴氏甲烷八叠球菌 MS 菌株	1.5±0.3	29.7±5.7	0.85±0.1
万氏甲烷球菌	2.5±0.1	16±17	0.4
嗜热甲烷八叠球菌	0.42±0.4	15.4±2.6	5.4±0.2
索氏甲烷杆菌	2.0±0.1	18±2	未测定

氧化态的一氧化碳脱氢酶显深褐色，在 400nm 附近有强吸收，可延续到 800nm 以上。像铁氧还蛋白的[Fe-S]中心一样，该吸收谱带是典型 Fe-S 电荷迁移反应。加入连二亚硫酸钠或基质一氧化碳后，该吸收谱带明显减弱。

在乙酸营养型产甲烷菌中，一氧化碳脱氢酶的生理电子受体物质可能是铁氧还蛋白。而在体外实验中，一氧化碳脱氢酶也能还原其他各种低电位电子受体。在实验中还观察到标准氧化还原电位低至–650mV 的紫精染料衍生物被一氧化碳脱氢酶还原。它证明这种酶在其氧化还原电位很低的各个中心具有储存还原当量的能力。

（5）醇类脱氢酶　产甲烷菌在 H_2/CO_2 中生长时，尽管细胞产率高，但醇类脱氢酶的活力很低，甚至检测不到。而甲烷杆菌在 0.5%的异丙醇存在时，利用 H_2/CO_2 生长，醇类脱氢酶达到细胞蛋白总量的 3%～5%。在限制氢的条件下，加入丙酮也能诱导醇类脱氢酶表达。

产甲烷菌的醇类脱氢酶在 SDS 凝胶电泳图上都展示出一条单一的谱带，类似于低聚结构，而天然酶分子量测定显示出一种典型的二聚体或三聚体结构，其中所有亚基被认为是等同的。

缺锌是其又一特征，它使泥游产甲烷菌中依赖辅酶 F_{420} 的醇类脱氢酶有别于沼泽甲烷杆菌中的依赖 NADP$^+$酶。在依赖 NADP$^+$的醇类脱氢酶中，每个亚基含 1～2mol 锌。而泥游产甲烷菌中，每摩尔醇类脱氢酶的亚基仅有 0.07mol 锌。加入锌也不能刺激依赖辅酶 F_{420} 的醇类脱氢酶的活力。虽然在醇类脱氢酶中测定到铁，但没有发现铁-硫中心。

温度和盐浓度对依赖辅酶 F_{420} 的醇类脱氢酶的影响也使它有别于依赖 NADP$^+$的醇类脱氢酶。另外，依赖辅酶 F_{420} 的醇类脱氢酶的最适 pH 值明显低于需要 NADP$^+$的酶。从沼泽甲烷杆菌中获得的依赖 NADP$^+$的纯醇类脱氢酶维持其最高活力的 pH 值为 8.0，在嗜器官产甲烷菌粗提取物中这种酶的相应 pH 值为 10.0。与之相比，依赖辅酶 F_{420} 的醇类脱氢酶的最适 pH 值对泥游产甲烷菌是 6.0，对嗜热甲烷八叠球菌是 4.2。

5.2.6.3 代谢特征

（1）还原 CO_2 代谢特征

还原 CO_2 途径广泛存在于自然界，除少数几种产甲烷菌没有还原 CO_2 途径外，绝大多数产甲烷菌均可以利用该途径产甲烷。在还原 CO_2 途径中，绝大部分产甲烷菌以 H_2 作为电子供体，在氢酶作用下将电子传递给 Fd_{ox} 还原 CO_2，因此这些菌又被称作氢营养型产甲烷菌（hydrogenotrophic methanogen）。大多数产甲烷菌也能够利用甲酸作为电子供体还原 CO_2，它们通过依赖 F_{420} 的甲酸脱氢酶和 F_{420} 还原性氢酶将 4 分子甲酸转化为 4 分子 CO_2 和 4 分子 H_2，再利用 H_2 和 CO_2 产甲烷。也有少数产甲烷菌利用 CO 作为电子供体，在这个过程中 3 分子 CO 先被氧化为 3 分子 CO_2 产生电子，用于 CO_2 还原产甲烷。

图 5.26 中的反应（1）～（5）是利用 H_2 还原 CO_2 途径的反应过程，氢营养型产甲烷菌的生化详细过程可分为反应（1）至（4）由位于细胞质中的酶复合体催化，反应（5）是由位于细胞膜上的蛋白复合体催化：

反应（1）由甲酰甲基呋喃脱氢酶（Fdh）以还原的铁氧还蛋白（Fd_{red}）作为电子供体，还原 CO_2 为甲酰基共价连接于甲基呋喃（MFR）的氨基基团形成 CHO-MFR 和氧化的铁氧还蛋白（Fd_{ox}），Fd_{ox} 随后利用 H_2 作为电子供体，在能量转化[NiFe]氢酶（Ech）的催化下产生 Fd_{red}，这个过程需要消耗能量或需要反向电子流（reverse electron transfer）。不同产甲烷菌的 Fdh 的结构具有一定的差异，但是其催化功能基本相似。接下来四氢甲基蝶呤甲酰转移酶催化甲酰甲基呋喃上的甲酰基转移到 H_4MPT 的 N^5 基团上形成 CHO-H_4MPT。随后甲酰四氢甲基蝶呤环化水解酶和甲酰四氢甲基蝶呤脱氢酶催化完成反应（3）。其中甲酰四氢甲基蝶呤脱氢酶（Mtd）根据其利用的电子供体分为两类：一类是辅酶 F_{420} 依赖型，以辅酶 $F_{420}H_2$ 作为电子供体；另一类是 H_2 依赖型，以 H_2 作为电子供体。随后由甲酰四氢甲基蝶呤还原酶以辅酶 $F_{420}H_2$ 作为电子供体催化完成反应（4）。研究发现该酶是辅酶 F_{420} 依赖型酶，由一个亚基组成，没有检测到辅基。最后辅酶 M 甲基转移酶（Mtr）催化完成反应（5）将甲基基团转移到 HS-CoM 的硫醇基上形成 CH_3-S-CoM，伴随着甲基的转移会产生钠离子梯度，用于 ATP 的合成。

Mtr 是由 *mtrECDBAFGH* 操纵子编码的，由 8 个亚基组成的嵌膜蛋白复合体，其中亚基 MtrA 中含有一个钴胺素（Ⅰ）辅基，它在催化循环中不断地被甲基化和去甲基化，去甲基化的过程中伴随着钠离子被泵出细胞膜，产生钠离子梯度；从 Mtr 复合体中分离得到的 MtrH 能够利用 CH_3-H_4MPT 催化自由钴胺素（Ⅰ）辅基转变为甲基化的钴胺素（Ⅰ）

辅基；亚基 MtrE 被认为能够将 MtrA 中的类咕啉（corrinoid）辅基上的甲基基团转移到辅酶 M 的巯基上，该反应是依赖钠离子的反应。

（2）乙酸代谢特征

自然界中约 2/3 的生物产甲烷来自于乙酸途径，然而仅 *Methanosarcina* 和 *Methanosaeta* 能够利用乙酸途径产甲烷，它们通过裂解乙酸，还原甲基碳产 CH_4，同时氧化其羧基碳产生 CO_2。

在乙酸转变为乙酰辅酶 A 的过程中，这两种产甲烷菌具有不同的反应机制：*Methanosarcina* 通过乙酸激酶[催化反应（7）]和磷酸转乙酰酶[催化反应（8）]利用 1 分子 ATP 催化乙酸转变为乙酰辅酶 A；而 *Methanosaeta* 则通过乙酰辅酶 A 合成酶利用 2 分子 ATP 催化乙酸转变为乙酰辅酶 A。乙酰辅酶 A 再由一氧化碳脱氢酶/乙酰辅酶 A 合成酶复合体（Codh/Acs）催化以 Fd_{ox} 作为电子受体完成反应（9），产生 CO_2 和 CH_3-H_4SPT。

Codh/Acs 是解乙酸途径中的关键酶，用于剪切乙酰辅酶 A 上的 C—C 和 C—S 键。在将甲基基团转移到 H_4SPT 上形成 CH_3-H_4SPT 的同时，利用 Fd_{ox} 作为电子受体氧化 CO 产生 CO_2 和 Fd_{red}，并将甲基基团转移到 H_4SPT 上形成 CH_3-H_4SPT。

不同的产甲烷菌所具有的 Codh/Acs 结构有所差别，*Methanosarcina thermophila* 中该酶由 5 个亚基（α、β、γ、δ、ε）组成，包含 α 和 ε 亚基组成的 Ni/Fe-S、γ 和 δ 亚基组成的 Co/Fe-S 以及 β 亚基这 3 个部分；*M. barkeri* 中的 Codh/Acs 与其结构相似，但它包含一个独特的类咕啉蛋白，推测其功能为接收甲基基团；而在 *Methanothrix soehngenii* 中仅由一个类似 *M. thermophila* 中 Ni/Fe-S 部分的 $α_2β_2$ 组成。产生的 Fd_{red} 在[Ni/Fe]氢酶的催化下产生 H_2 和 Fd_{ox} 用于后续反应，这个过程伴随着离子梯度的产生。反应（9）中产生的 CO_2 可以在碳酸酐酶的作用下与 H_2O 反应生成碳酸[反应（10）]，这个过程可以移去细胞质内多余的 CO_2，增加产甲烷的效率。随后四氢八叠甲基蝶呤甲基辅酶 M 转移酶催化完成反应（11）产生 CH_3-S-CoM，这个过程与反应（5）相似，也能够产生钠离子梯度，用于合成 ATP。

（3）甲基营养代谢特征

自然界中，仅甲烷八叠球菌目以及甲烷球菌目中的 *Methanosphaera* 能够利用甲基营养途径产甲烷。该途径包含两种代谢模式：第一种为 H_2 依赖型代谢模式，它以 H_2 作为电子供体，还原甲基化合物中的甲基基团产甲烷；第二种模型为严格的甲基营养型，一部分甲基化合物被氧化产生 CO_2 以及还原当量，用于还原甲基化合物中的甲基基团产甲烷，这也是大多数甲基营养型产甲烷菌的代谢途径，它们仅以甲基化合物为底物产甲烷，具体反应过程见图 5.26。

甲基化合物首先在特殊的辅酶 M 甲基转移酶系统（Mt）的作用下以 HS-CoM 作为电子供体，将甲基基团转移到 HS-CoM 的巯基上产生 CH_3-S-CoM[图 5.26 中反应（6）]。不同的底物所对应的 Mt 不同，甲基营养型产甲烷菌能够利用的底物主要包括甲醇（Mta）、一甲胺（Mtm）、二甲胺（Mtb）、三甲胺（Mtt）、甲硫醇（Mts）等，每种 Mt 均包含一个具有底物特异性的类咕啉蛋白和两个不同的甲基转移酶，分别表示为 MT_1（MtaB、MtmB、MtbB 和 MttB）和 MT_2（MtaA、MtbA 和 MtsA），其中 MT_1 催化还原态的类咕啉蛋白甲基化，MT_2 催化类咕啉蛋白上的甲基基团转移到 HS-CoM 上，仅二甲硫醚所具有的 Mt 是由两个相同的 MtsA 组成。通过对这些甲基转移酶系统的基因序列对比分析发现，MT_2 蛋白序列具有高度相似性，其活性中心均含有锌，同时其对应的类咕啉蛋白的序列也具有一定的相似性，而用于激活底物的 MT_1 蛋白不具有系统发育相似性。

随后，在 H_2 存在的条件下，CH_3-S-CoM 利用 H_2 作为电子供体经反应（12）和（13）产甲烷；在没有 H_2 的条件下，一部分 CH_3-S-CoM 经过反应（4）至反应（1）的逆反应被氧化产生 CO_2、$F_{420}H_2$ 和 H_2，另一部分 CH_3-S-CoM 利用 $F_{420}H_2$ 和 H_2 作为电子供体经反应（12）和（13）产 CH_4。

5.2.6.4 代谢过程能量比较

产甲烷菌的能量产生主要依赖于钠离子或质子跨膜梯度，驱动位于细胞膜上的 ATP 合成酶将 ADP 转化成 ATP，反映了图 5.26 中反应（1）、（5）、（9）、（11）、（12）、（13）与钠离子或质子转运相偶联。不同途径生物产甲烷过程的总反应方程式及其自由能见表 5-8，其中还原 CO_2 产甲烷途径产生的净能量最高，甲基营养型次之，乙酸途径最低。

表 5-8 产甲烷反应的自由能及参与不同过程的代表菌属

产甲烷反应	$DG^{0'}$ / （kJ/mol）	部分代表菌属
Ⅰ. 还原 CO_2 途径		
$4H_2 + CO_2 \rightarrow CH_4 + 2H_2O$	−135	甲烷嗜热菌（*Methanothermus*），詹氏甲烷球菌（*Methanocaldococcus*）
$4HCOOH \rightarrow CH_4 + 3CO_2 + 2H_2O$	−130	甲烷杆菌（*Methanobacterium*），甲烷嗜热球菌（*Methanothermococcus*）
$4CO + 2H_2O \rightarrow CH_4 + 3CO_2$	−196	甲烷嗜热杆菌（*Methanothermobacter*），甲烷八叠球菌（*Methanosarcina*）
Ⅱ. 甲基营养途径		
$4CH_3OH \rightarrow 3CH_4 + CO_2 + 2H_2O$	−105	甲烷八叠球菌（*Methanosarcina*），甲烷嗜盐菌（*Methanohalobium*）
$CH_3OH + H_2 \rightarrow CH_4 + H_2O$	−113	巴氏甲烷微球菌（*Methanomicrococcus blatticola*），甲烷球菌（*Methanosphaera*）
$2(CH_3)_2S + 2H_2O \rightarrow 3CH_4 + CO_2 + 2H_2S$	−49	甲烷嗜咸菌（*Methanosalsum*），甲烷甲藻菌（*Methanomethylovorans*）
$4CH_3NH_2 + 2H_2O \rightarrow 3CH_4 + CO_2 + 4NH_3$	−75	甲烷球菌（*Methanococcoides*），甲烷八叠球菌（*Methanosarcina*）
$2(CH_3)_2NH + 2H_2O \rightarrow 3CH_4 + CO_2 + 2NH_3$	−73	甲烷球菌（*Methanococcoides*），甲烷八叠球菌（*Methanosarcina*）
$4(CH_3)_3N + 6H_2O \rightarrow 9CH_4 + 3CO_2 + 4NH_3$	−74	甲烷八叠球菌（*Methanosarcina*），甲烷嗜盐菌（*Methanohalobium*）
$4CH_3NH_3Cl + 2H_2O \rightarrow 3CH_4 + CO_2 + 4NH_4Cl$	−74	甲烷嗜咸菌（*Methanosalsum*），产甲烷嗜盐菌（*Methanohalophilus*）
Ⅲ. 乙酸途径		
$CH_3COOH \rightarrow CH_4 + CO_2$	−33	仅限于甲烷八叠球菌（*Methanosarcina*）和甲烷鬃毛菌（*Methanosaeta*）

注：$\Delta G^{0'}$ 为标准自由能，是在 pH = 7 时对离子形式计算的自由能，例如 CO_2 是按照 HCO_3^- + H^+、HCOOH 是按照 $HCOO^-$ + H^+ 的形式在 pH = 7.0 时计算的自由能。

在绝大多数产甲烷过程中，甲基转移过程是能量储存的关键步骤，它能够直接驱动钠离子异位，然而甲基营养型和氢营养型产甲烷菌的能量储存过程存在一定的差异。甲基营养型甲烷菌具有细胞色素和一个质子移位电子传输链，它们用于在反应最后储存产甲烷过程中释放的能量；而氢营养型产甲烷菌不具备这些组分，同时，其反应第一步[图 5.26 反应（1）]是耗能反应，还不清楚在能量储存过程中如何获得反应（1）所需的能量。

Thauer 等提出了电子歧化机制（即释能的电子流动直接驱动耗能的电子流动）来解释这个问题，它们将利用 H_2/甲酸还原 CO_2 产甲烷的途径根据菌体中是否含有细胞色素分为两类: Ⅰ 类为不含细胞色素；Ⅱ 类为含有细胞色素。总体而言，这两类途径中涉及到的能量消耗过程均为反应（1），储能的过程均为反应（5）、（12）、（13），但是这两类途径在反应（1）和反应（13）的能量消耗和储存过程中存在一定的差异。

Ⅰ 类途径利用黄素介导的电子歧化过程，利用 Ech 和 Hdr 酶复合体以及黄素蛋白和 Fd 作为电子载体，将反应（1）Fd_{ox} 的还原过程（耗能过程）与反应（13）二硫化物的还原过程（产能过程）偶联在一起，并产生钠离子梯度；Ⅱ 类途径反应（1）和反应（13）独立进行，反应（1）所需的能量直接由钠离子所产生的电化学电势提供，反应（13）利用甲烷吩嗪还原性氢酶氧化 H_2，并且以甲烷吩嗪和细胞色素作为电子载体，还原 CoB-S-S-CoM，这个过程会产生钠离子梯度，Ⅱ 类途径产生的能量略高于 Ⅰ 类途径。

对比表 5-8 中的数据可知，在甲基营养型产甲烷途径中，利用甲醇产甲烷过程中产生的净能量相对于其他甲基化合物更高，并且含氮的甲基化合物所产生的能量相近，但是都明显低于还原 CO_2 途径。甲基营养途径中，由于产生 CO_2 的过程是反应（5）至反应（1）的逆反应，故产生 CO_2 的过程是耗能反应，因此甲基营养途径产生的净能量低于还原 CO_2 途径。

对于乙酸途径，其消耗能量的过程为反应（7），至少需要 1 个 ATP 用于活化乙酸；其能量产生的过程为反应（9）、（12）和（13），其中反应（12）和（13）产生的能量与另两个途径相近，而反应（9）产生的能量较低，从而导致其为产生净能量最低的产甲烷途径。

5.2.6.5　烷基新型代谢过程调控

在厌氧降解碳氢烃类化合物的代谢机制中，由甘油酰基自由基酶催化的延胡索酸加氢途径研究较为详细。这种代谢途径广泛存在于生长在各种长链烷烃和其他碳氢化合物中的细菌，相比之下，一些古菌是通过某种特定的甲基辅酶 M 还原酶（MCR）来激活气态烷烃的，这种酶最初被描述为甲基辅酶 M 产甲烷还原酶（methyl-CoM）。嗜甲基氧化菌利用 MCR 激活甲烷变成甲基辅酶 M，然后氧化成 CO_2。短链烷烃的氧化菌含有甲基辅酶 M 的变异酶——烷基辅酶 M 还原酶（ACR），与甲基辅酶 M 还原酶一样，烷基辅酶 M 还原酶激活多碳烷烃形成烷基辅酶 M 单元，烷烃氧化菌通过 Wood-Ljungdahl 或者 β 氧化途径氧化短链烷烃（如乙烷、丙烷、丁烷）产生 CO_2。这些古菌需要细菌与之互营共生，细菌能够接收氧化烷烃、还原硫酸盐过程中释放的还原当量。然而，很多未培养古菌类群都带有 acr 基因，这意味着降解碳氢化物的古菌远比少数可培养古菌种类多得多。

最近报道的 Methanoliparum *Candidatus* 菌株的宏基因组中，既含有经典的甲基辅酶 M 还原酶（MCR），也有烷基辅酶 M 还原酶（ACR），这种独特的 MCR-ACR 酶组合，将膜结合的甲基钴胺素，也就是甲基转移酶 CoM（Mtr）表征在一起，表明即使没有共生伙伴的参与，这些古菌也能够降解烷烃产生甲烷。

5.3 新型产甲烷作用的研究进展

厌氧产甲烷有着久远的进化历程，产甲烷过程被认为是最古老的产能及碳代谢途径之一。它之所以被称为"古菌"，是因为这种独特的生命早在 35 亿年前就存在于地球，成为地球上最早的生命形式之一；产甲烷古菌是全球碳循环的重要参与者，这些甲烷气体不仅参与了生物圈的碳循环，同时作为全球温室效应影响仅次于 CO_2 的温室气体，影响着全球气候变化。

近年来，随着测序技术的不断发展，科学家结合宏基因组学和其他技术先后发现了众多之前未被报道的新型产甲烷古菌，它们具有独特的甲烷代谢通路以及广泛的生态分布，推测它们在全球生态调节以及碳循环中可能起到了不可忽视的作用。然而，这些新型产甲烷古菌大部分尚未通过传统培养方法获得纯培养菌株，其确切的生理代谢机制和生态功能还有待深入研究。

5.3.1 新型产甲烷古菌的种类

产甲烷古菌的分类主要根据 16S rRNA 基因和 *mcrA* 基因（methyl-coenzyme M reductase α-subunit genes）的系统发育位置以及基因组相似度来判断。

按照所属的古菌门类，新型产甲烷古菌大致可分为两大类：广古菌门和非广古菌门。

5.3.1.1 广古菌门

已纯培养的产甲烷古菌大多分布在广古菌门（Euryarchaeota），分为 6 个纲：甲烷杆菌纲（Methanobacteria）、甲烷球菌纲（Methanococci）、甲烷火菌纲（Methanopyri）、甲烷微菌纲（Methanomicrobia）、热原体纲（Thermoplasmata）和甲烷泡碱纲（Methanonatronarchaeia，目前已从西伯利亚东南部高盐湖的沉积物中分离到两株菌），分为 8 个目：甲烷球菌目（Methanococcales）、甲烷火菌目（Methanopyrales）、甲烷杆菌目（Methanobacteriales）、甲烷八叠球菌目（Methanosarcinales）、甲烷微菌目（Methanomicrobiales）、甲烷胞菌目（Methanocellales）、甲烷马赛球菌目（Methanomassiliicoccales）和甲烷泡碱目（Methanonatronarchaeales），如图 5.30 所示。

图中甲烷马赛球菌目（Methanomassiliicoccales, RC-Ⅲ）、甲烷泡碱纲（Methanonatronarchaeia）、甲烷法式古菌目[Methanofastidiosales（WSA2）]属于新型产甲烷古菌。

产甲烷马赛球菌目（Methanomassiliicoccales）由于其 16S rRNA 基因和 *mcrA* 基因的系统发育地位完全区别于传统的 Class Ⅰ 和 Class Ⅱ，属于热原体纲（Thermoplasmata）的一个分支，被认为是产甲烷古菌的第 7 个目。与此同时，甲烷马赛球菌目（Methanomassiliicoccales）因其能够适应人类肠道的特性也被视为是区别于其他产甲烷古菌的新分支（lineage）。Methanomassiliicoccales 最早发现于牛瘤胃液中，随后也相继在

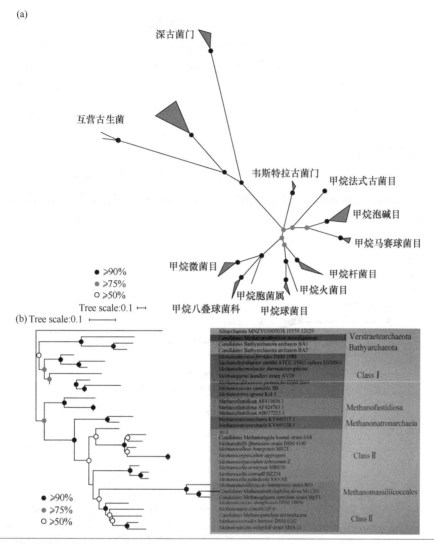

图 5.30　新型产甲烷古菌的 *mcrA* 基因（a）和 16S rRNA 基因（b）系统发育树

排泄物、白蚁肠道和废物处理污泥中被发现。生理生化研究表明，Methanomassiliicoccales
是利用外源的 H_2 还原甲基化合物产甲烷，这是第一次在传统产甲烷古菌之外的古菌中发现的
新机制。这第 7 个目原本有 2 个名字，即 Methanoplasmatales 和 Methanomassiliicoccales，后来
国际原核生物系统学委员会将其统一命名为 Methanomassiliicoccales。

　　甲烷泡碱纲（Methanonatronarchaeia） 是一类隶属于广古菌门并且与 Halobacteria
有极高亲缘性的产甲烷古菌。它们的 16S rRNA 基因系统发育显示其与广古菌门其他古菌
纲完全区分开来，属于超高盐度生境发现的未培养 SA1 家族，且比较基因组分析显示其在
分类学上属于纲水平。Methanonatronarchaeia 目前仅有 2 个代表菌株，分别为来源于碱湖的
Methanonatronarchaeum thermophilum（AMET）和盐湖的 Methanohalarchaeum *Candidatus*
thermophilum （HMET）。

　　甲烷法式古菌纲（Methanofastidiosa） 则被认为是广古菌门中的一个新的纲，即产甲
烷古菌的第 6 个纲。虽然早在 15 年前，Methanofastidiosa 的 16S rRNA 基因已经被发现，

但是由于长期未获得其基因组信息，它们的系统发育地位一直未被确定。最近，Nobu 等在污水反应器中构建了 8 个较为完整的 Methanofastidiosa 基因组，通过 16S rRNA 基因、*mcrA* 基因以及基因组进化分析证实了 Methanofastidiosa 的第 6 个产甲烷菌纲和第 9 类广古菌系统发育地位，其中 Methanofastidiosa 的 16S rRNA 基因与传统产甲烷古菌的相似度都低于 80%。Methanofastidiosa 是根据其严格甲基营养型的产甲烷的特性来命名的，Methano 表明其属于产甲烷古菌，而 fastidiosa 表明其是严格甲基营养型古菌。

5.3.1.2　非广古菌门

非广古菌门的新型潜在产甲烷古菌主要包括深古菌门（Bathyarchaeota）、韦斯特拉古菌门（Verstraetearchaeota）以及地古菌门（Geoarchaeota）等，如图 5.31 所示。

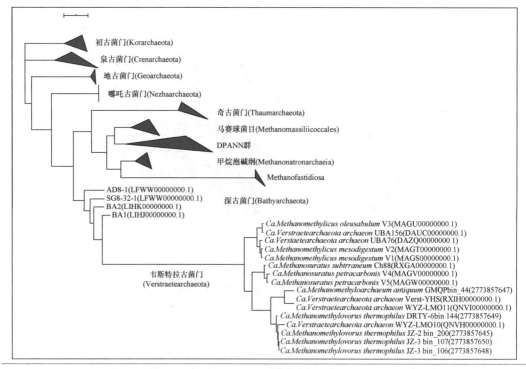

图 5.31　基于全基因组分析得到的韦斯特拉古菌门系统发育树

最早发现的非广古菌门新型潜在产甲烷古菌是深古菌门（Bathyarchaeota）。Evans 等于 2015 年在昆士兰苏拉特盆地中的矿井深水层中构建出 2 个相对完整的 Bathyarchaeota 基因组，发现这些基因组携带有完整的甲基辅酶 M 还原酶（methyl-coenzyme Mreductase，MCR）复合体编码基因。该发现是首次在广古菌门外发现了新型潜在产甲烷古菌，也提示 Bathyarchaeota 和 Euryarchaeota 的共同祖先可能已经可以进行甲烷代谢，表明甲烷代谢是一种古老的微生物代谢途径。

韦斯特拉古菌门（Verstraetearchaeota）基因组是 Inka 等从厌氧反应器、动物瘤胃和湖泊底泥中获得的。其基因组含有 *mcrA* 基因，且该 *mcrA* 基因与现有 *mcrA* 基因具有较大差异（约 68%氨基酸相似度）。*mcrA* 基因进化分析显示其与广古菌门中的产甲烷古菌以及深古菌门（Bathyarchaeota）存在巨大差异，同时 16S rRNA 基因的系统发育分析显示其更靠近泉古菌门（Crenarchaeota）。基因组分析进一步验证了该古菌位于泉古菌门（Crenarchaeota）与初古菌门（Korarchaeota）之间，并且与其他古菌类群均有较低的氨基酸相似性（41.0%±1.5%），成为一个单独的古菌门。为了纪念 Willy Verstraete 教授在工程微生物生态系统的贡献，研究者将这类古菌命名为 Verstraetearchaeota。

最近在热泉还发现了含有产甲烷代谢相关基因的其他古菌基因组。这些新发现的基因组聚类在地古菌门（Geoarchaeota）中，它们的 MCR 复合体基因显示和 Verstraetearchaeota 有较高相似度。此外，研究者在古球状菌纲（Archaeoglobi）基因组中也发现了编码 MCR 复合物的基因。这些发现又进一步拓展了广古菌门外新型潜在产甲烷古菌的分类广度。

5.3.2 新型产甲烷古菌的代谢特点

系统发育学认为古菌的祖先可能是产甲烷古菌，暗示着古菌的进化其实是一种慢慢失去产甲烷代谢的过程。

传统的三种产甲烷代谢方式已广泛被学界认可：H_2/CO_2 还原途径、甲基裂解途径以及乙酸发酵途径。在 H_2/CO_2 还原途径中，CO_2 首先被甲酰甲基呋喃脱氢酶还原为甲酰基，随后与四氢甲基蝶呤（H_4MPT）结合，再依次被还原为次甲基、亚甲基和甲基，生成的甲基四氢甲基蝶呤在甲基四氢甲基蝶呤-CoM 甲基转移酶（tetrahydromethanopterin S-methyltransferase，Mtr）的作用下，甲基被转移至还原态的辅酶 M（HS-CoM）上，最后经由甲基辅酶 M 还原酶（MCR）作用生成甲烷。甲基裂解途径则是一种典型的歧化反应，它以甲醇、甲胺、甲硫醇等甲基化合物为底物，4 份甲基化合物经过 Mtr 的激活，其中 1 份经过反向 H_2/CO_2 还原途径被氧化为 CO_2，剩下的 3 份被还原为甲烷。而在乙酸发酵途径中，乙酸活化为甲基化合物随后被还原为甲烷。这 3 个反应的共同点是最后一步甲烷生成过程中都需要 MCR 的催化。

区别于传统三种产甲烷古菌的产甲烷代谢，新型产甲烷古菌经历了 H_2 还原甲基化合物产甲烷途径。在该途径中，甲基化合物只作为电子受体接收 H_2 中的电子，随后甲基化合物直接被还原为甲烷，不再经过反向 H_2/CO_2 还原途径。该途径最先发现于甲烷杆菌目（Methanobacteriales）和甲烷微菌目（Methanomicrobiales），随后又相继在甲烷马赛球菌目（Methanomassiliicoccales）、甲烷法式古菌纲（Methanofastidiosa）、深古菌门（Bathyarchaeota）和韦斯特拉古菌门（Verstraetearchaeota）中被发现。

最近研究推测该途径作为自然环境中吉布斯自由能最高的产甲烷途径，在厌氧低浓度 H_2 环境中占有主导地位，也可能是最为原始的一类产甲烷代谢通路。

5.3.3 新型产甲烷古菌的生态分布

产甲烷古菌极大地推动了全球碳循环，对生态气候造成了极大影响。

产甲烷古菌的生态分布极为广泛，包括河口、海底、肠道、湖水、人造厌氧反应器以及红树林湿地等，越来越多生境中均发现了上述几类新型产甲烷古菌的身影，详见表 5-9。但是，由于不同类型的产甲烷古菌进行着不同的生理代谢，这也决定了其对环境的偏好以及执行功能的差异。

表 5-9 新型产甲烷古菌生态分布

产甲烷菌	生活环境
甲烷马赛球菌目（Methanomassiliicoccales）	淡水和海洋沉积物、下水道、土壤、消化系统（昆虫、动物和人类）、油藏、生物反应器
甲烷法式古菌纲（Methanofastidiosa）	淡水和海洋沉积物，油藏，生物反应器
甲烷泡碱纲（Methanonatronarchaeia）	高碱湖
深古菌门（Bathyarchaeota）	煤层气井
韦斯特拉古菌门（Verstraete archaeota）	淡水沉积物、油藏、生物反应器、温泉、土壤
地古菌门（Geoarchaeota）	热泉

广古菌门的新型产甲烷古菌由于研究起步较早，获得了较多的生态分布信息。甲烷马赛球菌目（Methanomassiliicoccales）和甲烷法式古菌纲（Methanofastidiosa）的分布极为广泛，包括自然环境与非自然环境。自然环境分布较为类似，主要包括水体、湿地、海底及湖泊底泥。而非自然环境的分布有较大区别，Methanomassiliicoccales 主要分布在动物以及昆虫的消化道，而 Methanofastidiosa 则主要存在于厌氧反应器等人工环境中。最近新发现的 Methanonatronarchaeia 的生态分布较为单一，只在盐碱湖中被发现，但是其生理学研究表明其有极强的渗透压调节能力，推测其可能还会在其他高渗地带存在。

非广古菌门的新型产甲烷古菌最近才陆续被发现，其生态分布主要基于生物信息学分析得到的结果。16S rRNA 基因与 mcrA 基因比对发现 Verstraetearchaeota 主要分布在产甲烷颗粒污泥反应器、淡水湖底泥、石油储油层以及热泉。宏基因组序列比对分析显示 Verstraetearchaeota 主要分布在厌氧、甲烷以及甲基化合物含量高的环境，如湿地、底泥、土壤、海底火山等。Bathyarchaeota 两个基因组（BA1 和 BA2）的 mcrA 基因与苏拉特盆地获得的基因组以及 2705 个公共基因组比对也发现它的分布呈现多样性，主要分布于煤炭石油点的烃类提取物和高甲烷通量的环境中，包括沥青砂尾矿池、石油储集器沉积物以及水体环境等。新发现的地古菌门的新型产甲烷古菌的 mcrA 分析显示其主要分布在热泉，预示着该古菌在高温环境中起着甲烷循环的功能。

新型产甲烷古菌广泛的生态分布为其执行对应的生态功能奠定了基础。物质循环是微生物执行生态功能的前提，新型产甲烷古菌将环境中的简单化合物转化为气态的甲烷，有效连接了不同生态环境中的碳循环。

连同可以直接将煤炭转化为甲烷的产甲烷热微球菌（Methermicoccus shengliensis），更进一步证实了产甲烷古菌在物质循环中所具有的重要意义。总体来看，新型产甲烷古菌的分布还是主要在高有机物含量与高甲烷通量的环境中，这也从侧面指示其在碳循环或物质循环中发挥着重要作用。

5.3.4　新型产甲烷古菌的培养

新型产甲烷古菌已有少数被成功分离培养的菌株。

2012 年，Dridi 等成功地从老年人排泄物中分离培养得到了 *Methanomassiliicoccus luminyensis* B10。同年，Paul 利用厌氧培养瓶从白蚁肠道中成功富集 MpT1 和 MpM2。随后，Iino 也采用类似的方法从废水处理器污泥中分离培养得到了 *Methanogranum caenicola*。所有以培养为基础的实验均证实 Methanomassiliicoccales 采用的是以 H_2 还原甲基化合物途径，而所有针对 Methanomassiliicoccales 的培养也是基于厌氧适温中性环境下给以适当的甲基化合物（甲醇）并通入 H_2/CO_2 条件下进行的。

另一类已培养的新型产甲烷古菌是 Methanonatronarchaeia。Sorokin 采用甲醇、甲酸盐以及三甲胺作为底物，在 pH 接近 10 高渗高温厌氧条件下，结合灭菌的原位盐碱湖底泥和 FeS 胶体成功地分离培养出了两株 Methanonatronarchaeia：*Methanonatronarchaeum thermophile*（AMET）和 Methanohalarchaeum *Candidatus* thermophilum（HMET）。这也开创了高盐高渗条件下产甲烷古菌分离培养的先例。

虽然新型产甲烷古菌已有少数纯培养菌株，但是大部分门类只停留在宏基因组分析层面，想要真正了解新型产甲烷古菌的功能及生态学地位，分离培养和生化鉴定是不可或缺的。然而，由于产甲烷古菌的培养需要严格的厌氧环境，同时培养方法区别于传统的细菌，甚至迄今为止还未有一套适用于所有产甲烷古菌培养的通用方法。

目前，古菌的培养策略大致可分为三步：采样、富集培养、分离培养。首先，样品需要小心地从环境中采集并且保藏在合适的环境中以防止运输过程的污染以及微生物群落结构的改变。为了更好地还原自然环境中的条件，需要在采样地点先测定环境参数（温度、溶解氧、盐度、pH）以更好地指导古菌的富集培养。其次是富集培养过程。构建适宜的物理条件传统上选用合适底物的基础培养基，使特定种类的古菌丰度增加。除了传统的富集培养基富集方法，多规格的混合培养（*co*-cultivation）也是一个不错的选择。多规格的混合培养可以通过提供菌种所需的必要条件来帮助目标菌种成为优势种以方便后续的分离培养，例如厌氧条件（由 O_2 消费者创造）、电子、基质（如维生素、信号、能源等）。最后是针对特定的古菌进行分离培养，传统的厌氧微生物分离培养方法主要分为固体培养和液体培养，主要原理均为利用物理（厌氧培养皿，厌氧罐）或化学（还原剂）手段营造厌氧环境，然后进行多轮接种培养，最后分离得到纯菌。其中固体培养代表为亨盖特厌氧滚管技术，该技术是利用接种后的热融琼脂培养基通过滚动均匀分布于滚管壁，然后通入非氧气体，如 N_2、CO_2 以排出其中的 O_2，最后用橡胶塞塞住瓶口以达到厌氧状态进行培养。随着后续的不断改进，亨盖特滚管技术已日趋完善，但是由于古菌生长周期长等特点，对培养基中的琼脂等成分要求极高，仍需要针对特定的菌种进行改进。近些年，一些新的技术与培养策略也逐渐运用到了新型产甲烷古菌的分离培养中。"光学镊子"（optical tweezers）是一种激光微操作技术，可直接将在视觉控制下的细胞从混合培养中分离到无菌注射器中进行进一步培养。流式细胞仪也运用到单细胞的分离鉴定中。此外，结合分子生物学手段如荧光定量 PCR、DNA 同位素标记等方法或将大大增加新型产甲烷古菌的分离培养成功率。

近些年，一些新的培养思路也相继被提出，如原位培养（*in situ* cultivation），即将环境中的微生物经过处理后放回原初环境中进行培养，该方法可将微生物采收率提高 5～300 倍。Isolation chip（Ichip）技术也是将环境样品稀释为单细胞后置于小隔间内，覆上半透明塑料膜，置于环境样品中进行培养，该方法可以使环境中 50%～60%种群存活。同时，也有报道表明在培养基中添加导电物质能够促进古菌的甲烷代谢从而促进古菌生长。随着宏基因组技术的发展，从分子角度推测产甲烷古菌可能的代谢途径也将有助于产甲烷古菌的分离培养。

5.3.5 新型产甲烷古菌的展望

首先，对于已发现的未培养产甲烷古菌，如何获得纯菌并通过生理生化实验对其产甲烷功能进行验证将是我们面临的重要难题，因此，亟待结合基因组分析、新型和传统微生物培养思路开发出一套适用于产甲烷古菌的培养方案。而对于未知的产甲烷古菌，如何利用宏基因组技术和其他检测技术更加快捷准确地检测环境中的新型产甲烷微生物也是一个研究方向。

其次，如何从生态角度去阐释产甲烷古菌在自然界中发挥的重要作用以及其对地球圈碳循环的贡献显得至关重要。产甲烷古菌是温室气体甲烷的主要贡献者之一，研究新型产甲烷古菌在全球的分布和丰度情况，对精准评估甲烷排放通量具有重要的意义。因此，在代谢分析、生态分布和通量估算之间建立起相互贯通的桥梁将会是古菌生态学研究的重点。

最后，新型产甲烷古菌作为一个新兴的领域，是生物界进化上不可或缺的部分，其具体的进化地位以及在进化过程中所发挥的作用尚不可知。现有的基因组数据推测古菌的祖先可能是产甲烷古菌，这也有待更多的研究与数据的支持。因此，更加深入全面地了解产甲烷古菌在生物进化中的意义将会是产甲烷古菌研究的又一大新方向。

第6章
与产甲烷相关联的
厌氧产氢

6.1　　生物质产氢过程

6.2　　生物质产氢研究进展

随着全球气候变暖等环境问题为人们所熟知，二氧化碳的削减以及不排放二氧化碳的清洁能源开发的必要性得到了人们的认同，各个国家和地区都在为早日实现碳达峰和碳中和而不懈努力。氢能因具有热值高、能量密度大、热效率高、清洁无污染等优势，受到研究者的广泛关注。

一方面，氢气燃烧后仅产生水，是非常理想的清洁能源，在化工、航天燃料以及燃料电池等多个领域都有着广泛的用途；另一方面，目前生物原油的提质、燃料电池的快速发展等方面对氢能的需求量也在不断增长，氢能制备技术的开发及应用成为生物油、燃料电池等新能源行业发展的关键之一，预期在新能源系统中起到重要作用。因此采用氢气作为能源主要有以下优势：

①能源效率高，可以起到节能效果；

②多样化的能源利用可以逐步摆脱对化石能源的依赖；

③降低产生环境负荷气体的排放量。

氢气的制备技术目前主要分为化石燃料制氢、水制氢和生物质制氢 3 大类。其中化石燃料因不可再生性，用其制氢并不符合未来可持续发展的趋势。水制氢技术近年来发展迅速，但在技术上仍需要突破。此外，生物质制氢也是发展迅速的技术之一，该技术具有原料来源广泛，属于可再生能源范畴的优势，但如何进一步提高氢产率和产氢效率是面临的关键问题。

生物质制氢技术作为未来氢能发展的重要方向之一，该技术可分为化学制氢和生物制氢两类方法。其中化学制氢的方法较多，如生物质气化、热解、超临界转化和生物质液相解聚产物的蒸汽重整、水相重整和光催化重整等技术。生物质制氢技术主要是采用生物学方法将生物质转化为氢气，根据反应条件和微生物产氢机理不同，该技术又分为光发酵生物制氢和厌氧生物暗发酵制氢两种。相比而言，生物质发酵制氢技术作为一种原料丰富廉价和污染低的环境友好制氢技术，近年来受到了广泛重视。该技术由于具有工艺简单、底物来源丰富、成本低，反应条件温和，能够在常温常压下进行，以及清洁、节能和不消耗矿物资源等特点，所以被认为是最具潜力的制氢技术之一。

6.1　生物质产氢过程

6.1.1　生物质厌氧发酵产氢

6.1.1.1　氢气生成的原理

厌氧发酵是根据厌氧菌的基质特异性和获得能量的难易程度，以利用碳水化合物为主要基质的生物化学反应过程。厌氧环境中的高分子碳水化合物，如各种糖、淀粉、纤维素等，在水解细菌和细胞外酶的作用下水解为低分子的单糖。参与兼性厌氧以及厌氧代谢的微生物菌群利用糖类分解的生化机制，由单糖（主要是葡萄糖）生成丙酮酸，然后由丙酮酸生成各种各样的发酵产物。其主要反应过程如下。

因此，氢气可以通过细菌发酵糖类制得，例如大肠杆菌、产气肠菌、丁酸梭菌等。这种发酵因为不需要光能而被称为"暗发酵"。有机化合物在有光和无光的条件下都可以用来发酵产氢。与其他的生物制氢过程相比，暗发酵拥有较高的氢气转化率。

在厌氧条件下，葡萄糖生成氢气的反应主要通过以下三个途径进行。

（1）NADH 途径　1mol 的葡萄糖在糖分解系统的作用下生成 2mol 的丙酮酸，同时产生 2mol 的还原能，利用此还原能可将氢离子还原成氢气，如式（6.1）所示。

$$2NADH+2H^+ \Longrightarrow 2NAD^++2H_2 \qquad (6.1)$$

（2）铁氧还蛋白途径　丙酮酸和辅酶 A（CoA）生成乙酰辅酶 A 的过程中同时生成具有还原性的铁氧还蛋白。这种铁氧还蛋白在被氧化时，如式（6.2）所示，在氢化酶的作用下生成氢气。

$$丙酮酸+CoA+2Fd(ox) \rightarrow 乙酰辅酶 A+CO_2+2Fd(red) \qquad (6.2)$$
$$2Fd(red) \rightarrow 2Fd(ox)+2H_2$$

（3）甲酸途径　甲酸的分解会如式（6.3）所示生成氢气。这是由于肠杆菌等肠内细菌具有特征的代谢反应途径。

$$丙酮酸+CoA \rightarrow 乙酰辅酶 A+甲酸 \qquad (6.3)$$
$$甲酸 \rightarrow H_2+CO_2$$

1mol 葡萄糖最多可以生成 4mol 的氢气，此反应如式（6.4）所示。

$$C_6H_{12}O_6+2H_2O \rightarrow 4H_2+2CO_2+2CH_3COOH \quad (\Delta G^0=-206kJ/mol) \qquad (6.4)$$

氢气发酵也会生成乙酸和丁酸。丁酸的生成（丁酸发酵）如式（6.5）和图 6.1 所示。对于氢气发酵来说，乙酸和丁酸是特别重要的分解产生物。

$$C_6H_{12}O_6 \rightarrow 2H_2+2CO_2+C_3H_7COOH \quad (\Delta G^0=-254kJ/mol) \qquad (6.5)$$

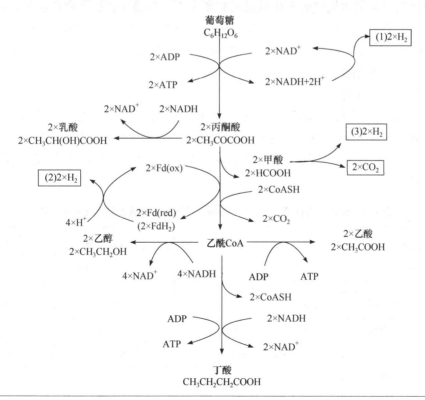

图 6.1　从葡萄糖生成氢气的路径

氢气的最大产生效率是在生成乙酸的同时产生 4mol H_2/mol 葡萄糖。这个效率会受到代谢反应相关酵母的产生、活性以及环境条件的影响。在大部分环境条件下，进行反应的微生物非常复杂。利用混合的菌群进行反应时，由于微生物的代谢特性不同，对氢气发酵细菌构造和发酵条件进行优化控制就变得异常重要。表 6-1 所列为以葡萄糖为基质发酵产物及生成氢气的理论式。

表 6-1　以葡萄糖为基质发酵产物及生成氢气的理论式

发酵过程		理论式
氢气生成	乙酸发酵	$C_6H_{12}O_6+2H_2O \rightarrow 2CH_3COOH+4H_2+2CO_2$
	酪酸发酵	$C_6H_{12}O_6 \rightarrow CH_3CH_2CH_2COOH+2H_2+2CO_2$
基质竞争 （葡萄糖、氢）	乙醇发酵	$C_6H_{12}O_6 \rightarrow 2CH_3CH_2OH+2CO_2$
	乳酸发酵	$C_6H_{12}O_6 \rightarrow 2CH_3CH（OH）COOH$
	异型乳酸发酵	$C_6H_{12}O_6 \rightarrow CH_3CHOHCOOH+C_2H_5OH+CO_2$
	丙酮酸、乙酸发酵	$3C_6H_{12}O_6 \rightarrow 4CH_3CH_2COOH+2CH_3COOH+2CO_2+2H_2O$
	乙酸发酵	$4H_2+2CO_2 \rightarrow CH_3COOH+2H_2O$

6.1.1.2　厌氧产氢菌

不同厌氧产氢菌的氢气的产生量虽然有所差别，但是这类微生物广泛地存在于自然界，并不是十分稀少的物种。其中最有代表性的是梭状芽孢杆菌（*Clostridium*）和肠杆菌（*Enterobacter*）两属微生物。因此对厌氧细菌进行前处理以及对环境条件进行调控可以将能够产生氢气的产氢菌进行积聚。

（1）梭状芽孢杆菌

Clostridium 由于具有很高的氢气产生率而闻名，在研究中被广泛应用。利用 *Clostridium* 的研究开始于 19 世纪初，首先在丙酮丁醇的发酵等溶剂生产中开展，而以回收氢气为目的的研究是很久之后才开始的。对 *Clostridum* 的细菌进行氢气发酵的相关研究结果见表 6-2。

表 6-2　梭状芽孢杆菌（*Clostridium*）氢气发酵的培养条件及收率情况

梭状芽孢杆菌（*Clostridium*）	基质	培养条件	HRT/h	pH 值	温度/℃	氢气收率/（molH₂/mol 葡萄糖）
丙酮丁醇梭杆菌（*C. acetobutyricum*）	糖类	B	—	—		1.35
丁酸梭状芽孢杆菌（*C. butyricum*）	淀粉	B	—	5.25	37	2.4
丁酸梭状芽孢杆菌（*C. butyricum*）	葡萄糖	C	2.0	N.C.	36	2.3
SC-EI 丁酸梭杆菌（*C. butyricum* strain SC-EI）	葡萄糖	C	8	6.7	30	2.0～2.3
LMG3285 巴氏杆菌株（*C. pasteurinum* strain LMG3285）	葡萄糖	B	—	5.5～8.0	37	2.14～2.33

续表

梭状芽孢杆菌（*Clostridium*）	基质	培养条件	HRT/h	pH 值	温度/℃	氢气收率/（molH$_2$/mol 葡萄糖）
LMG3285 巴氏杆菌株（*C. pasteurinum* strain LMG3285）	葡萄糖	C	11	6.0	37	1.86
柏氏梭菌（*C. Beijerinckii*）	葡萄糖	B	—	—	36	16.4[①]
AM21B 柏氏梭菌株（*C. beijerinckii* AM21B）	麸类	B	—	5.7	37	133[②]
AM21B 柏氏梭菌（*C. beijerinckii* AM21B）	还原糖	C	3.3	5.90	37	464[③]
YK1 谲诈梭菌（*C. fallax* strainYK1）	葡萄糖	B	—	—	30	0.48
No.2 梭状芽孢杆菌（*Clostridium* sp. strain No.2）	葡萄糖	C	5.9	6.0	36	2.14
KT-7B 梭状芽孢杆菌（*Clostridium* sp. KT-7B）	淀粉	C	12	6.3～6.4	30	1.4～1.7

①mmol/g；②mL/g 底物；③mL/g 葡萄糖。

注：B 表示批试验；C 表示连续试验；N.C.表示没有控制；HRT 表示水力滞留时间。

  Clostridium 属是偏性厌氧细菌，具有孢子生成能力，对物理化学的刺激具有很强的抵抗性，因此，在前处理（热处理）中较容易在细菌群中占优势；通过碳水化合物和蛋白质生成有机酸和溶剂等代谢反应非常多样化，甚至可以分解纤维素、木糖醇以及淀粉等高分子有机物。

  Clostridium 属中特别是丙酮丁醇梭菌（*C. acetobutylicum*）是用于溶剂生产的细菌。这种代谢反应除了产生溶剂以外，还产生乙酸和丙酸，因此可以预想也会产生氢气。除这种细菌以外，*C. butyricum*、*C. pasteurianum*、*C. beijerincki* 和 *C. fallax* 等细菌也有产氢方面的应用。利用碳水化合物为基质，在 30～400℃的温度范围内，连续试验的结果显示能够得到 2.4mol H$_2$/mol 葡萄糖的氢气收率。在 50℃以上也有好高温的 *Clostridium* 属细菌。这些细菌已知的有：嗜热纤维梭菌（*C. thermocellum*，60～65℃）、纤维梭菌（*C. cellulose*）、热解糖梭菌（*C. thermosaccharolyticum*）和 *C. termytrosufuricum*（65～70℃）等。

  （2）肠杆菌（*Enterobacter*）

  Enterobacter 属是兼性厌氧细菌。由于在有氧的条件下也可以存活，所以比偏性厌氧细菌 *Clostridium* 更容易获取。它是一种在淡水、土壤、污水、植物、蔬菜、动物和人体排泄物中广泛分布的细菌。

  Enterobacter 属中的 *E. acrogeres*、*E. cloacae* 等细菌具有生成氢气的能力。*Enterobacter* 最适温度范围是 30～37℃，能分解基本上所有的碳水化合物。其氢气收率最大为 2.3mol H$_2$/mol 葡萄糖。此属细菌的氢气发酵相关特性见表 6-3。

表 6-3　*Enterobacter* 属氢气发酵的培养条件及收率情况

肠杆菌（*Enterobacter*）	基质	培养条件	HRT/h	pH 值	温度/℃	氢气收率/（mol H$_2$/mol 葡萄糖）
产气肠杆菌（*E. aerogenes*）	水解淀粉	C	10～100	5.5	40	1.36～3.02
产气肠杆菌（*E. aerogenes*）	水解淀粉	C	—	5.5	40	3.06

续表

肠杆菌（Enterobacter）	基质	培养条件	HRT/h	pH 值	温度/℃	氢气收率/（mol H₂/mol 葡萄糖）
HO-39 产气肠杆菌株（E. aerogenes strain HO-39）	葡萄糖	C	—	6.5	38	1.0
HO-39 产气肠杆菌株（E. aerogenes strain HO-39）	葡萄糖	C	1.0	—	37	0.73
AY-2 产气肠杆菌株（E. aerogenes AY-2）	葡萄糖	C	—	7.0	37	1.17
AY-2 产气肠杆菌株（E. aerogenes AY-2）	葡萄糖	C	1.5～12.5	约6.0	37	1.1
E.82005 产气肠杆菌株（E. aerogenes strain E.82005）	糖蜜	C	—	6.0	38	1.58
E.82005 产气肠杆菌株（E. aerogenes strain E.82005）	糖蜜	C	3.1	6.0	38	2.5
ⅡT-BT08 暗沟肠杆菌（E. cloacae ⅡT-BT08）	葡萄糖	C			36	2.2
ⅡT-BT08 暗沟肠杆菌（E. cloacae ⅡT-BT08）	葡萄糖	C	10	6	36	2.3
BY-29 肠杆菌株（Enterobacter sp. BY-29）	葡萄糖	C	—	7.5	37	0.99～1.46
BY-29 肠杆菌株（Enterobacter sp. BY-29）	葡萄糖	C	6	7.5	37	0.8

注：C 表示连续培养。

（3）混合菌发酵

产氢菌存在于各种自然环境中，因此沼气发酵污泥、堆肥、以污水处理厂污泥作为接种污泥等混合处理系统均有进行氢气发酵的相关微生物。为了使产氢菌占优势地位，只需抑制在污泥中存在的氢气消耗性微生物和基质竞争即可。具体方法有热处理、调控 pH 值和调控 HRT 等方法。

一般来说，具有自身增殖能力的细菌在温度高于 10～15℃的情况下就会被迅速杀灭。但是孢子形成细菌（Clostridium）的孢子可以耐受 100℃下 30min 至数个小时的持续加热。另一方面，腐败细菌、病原细菌由于不能形成孢子，在 60℃下经过 30min 加热就几乎被完全杀灭。因此利用这个特性，可以用热处理获得产氢菌，具体结果见表 6-4。

表 6-4 热处理中氢生成细菌群的优先度

微生物源	热处理	处理时间
消化污泥	煮沸	15min
堆肥	105℃	2h
污水污泥	105℃	45min

其次，利用调控 pH 值和 HRT 得到产氢菌的典型方法是：将 pH 值调节到酸性，并控制 HRT 在 1 天以下，即可以使产氢菌得到积聚。最适宜产甲烷菌生存的 pH 值基本在 6.5 以上。相对于此，产氢菌能在酸性条件下生存，并且产氢菌的增殖速度快，世代时间较短，在 HRT 为 2～3h 左右的反应槽中能保持菌体。另外，产甲烷菌的增殖时间一般情况下比产氢菌要长。由此控制较短的 HRT，大部分产甲烷菌还未来得及更新世代就被冲刷

掉，产氢菌得以占优势地位。相关研究报告发现，在如表 6-5 和表 6-6 所述的条件下能成功富集产氢微生物。

表 6-5　pH 值和 HRT 控制下氢生成细菌群的优先度

微生物源	基质	pH 值	HRT
中温厌氧污泥	葡萄糖	5.7 或 6.4	6
污水污泥	蔗糖	6.7	8
污水污泥	葡萄糖	5.5	6.6

表 6-6　氢气生成菌氢气发酵的培养条件及收率情况

类型	基质	培养条件	HRT/h	pH 值	温度/℃	氢气收率/（molH₂/mol 葡萄糖）
污泥堆肥	葡萄糖	C	12	6.6	60	1.19
污泥堆肥	粉末纤维素	C	72	6.4	60	2.0
热处理堆肥	蔗糖，淀粉	B	—	N.C.	37	214①, 125①
热处理堆肥	蔗糖	B	—	—	36	146②
消化污泥	葡萄糖	C	6	5.7	35	1.71
消化污泥	淀粉	C	17	5.2	37	1290①
热处理消化污泥	纤维素	B	480	N.C.	37	2.21③
热处理消化污泥	有机固体	B	—	N.C.	37	140④
热处理活化污泥	蔗糖	B	—	—	35	4.8⑤
污水污泥	葡萄糖	C	—	5.5	36	2.09
污水污泥	蔗糖	C	3～13.3	6.7	35	1.42～4.52⑤
热处理污水污泥	蔗糖	C	8～20	6.7	35	1.5⑤

①单位为 mL/gCOD（化学需氧量）；②单位为 mL/g 蔗糖；③单位为 mmol/g 纤维素；④单位为 mL H₂/g VS（挥发性固体含量）；⑤单位为 mol/mol 蔗糖。

注：B 表示批试验；C 表示连续试验。

6.1.1.3　生物质制氢工艺条件

参与氢气发酵代谢的微生物受环境条件的影响较大，从而导致对氢气发酵产生影响的因素很多，包括基质种类、基质浓度、发酵槽负荷、C/N 比、pH 值、温度、HRT、氢气分压、PO_4^{3-}、SO_4^{2-}、Ca^{2+}、Al^{3+}、Fe^{2+}、NH_4^+ 以及微量金属浓度等。

（1）温度

从对不同种类细菌的研究中发现，氢气发酵的最佳温度和厌氧消化相接近，主要分为中温发酵（30～40℃）和高温发酵（50～60℃）。多项研究表明，高温条件比中温条件更适合氢气发酵反应的进行。

（2）HRT

产氢菌的增殖速度较快，因此即使停留时间仅为数小时也可在发酵槽内保持菌体浓度。停留时间变短虽然氢气产生速度变快，但是基质的分解率会变低，因此不能得到高氢气收率。所以为了得到高氢气收率，根据基质的种类和浓度确保停留时间在适宜范围是非常重要的。

（3）pH

氢气发酵的最佳 pH 随着基质的种类和浓度的不同而有所变化，但是基本上在 pH5.0～6.5 的范围之内。pH 和基质分解率以及分解生成物之间有着密切的关系，当 pH 低于 5.0 时，基质分解率降低，菌体增殖受到抑制，容易产生乳酸；而当 pH 高于 7.0 时，基质的分解率增高，菌体收率增加，但是因为氢气消耗性产乙酸菌、产丙酸菌活性增加，氢气收率变低。也就是说，最佳的 pH 范围在 5.0～6.5 之间。pH 接近中性时氢气消耗性产乙酸菌增殖，产丁酸菌减少，因此氢气的收率有降低的倾向。而且，基质浓度越高，氢气产生的最佳 pH 越向中性范围移动。

（4）氢气分压

产生的氢气在反应中的蓄积会抑制产氢菌增殖和反应的进行。氢气分压会引起代谢反应电子流动的变化，进而使得代谢产物发生变化。对 *C. butyricum* 在葡萄糖基质中进行连续培养研究，通过向反应槽中通入氮气使得氢气分压降低，乙酸/丁酸比增大，相应的氢气生成量也增大。并且，在连续反应槽中通过提高搅拌速度降低液体中的氢气分压，可以使得由淀粉产生的氢气产生量增加到原来的 2 倍。这样，通过将液相氢气分压保持在一个较低水平，可以使氢气产生反应始终保持良好的活性，因此氢气分压是影响氢气产率的重要条件。

（5）原料

用于氢气发酵的基质，一般采用葡萄糖、蔗糖等单纯基质，而且淀粉、纤维素等高分子碳水化合物也可以用于氢气的生产。

而在实际的有机废水中，以制糖废水和酿造废水为例，由于都是以碳水化合物为主的基质，因此在采用产氢菌进行连续试验的情况下可以得到很高的氢收率。利用食品作为有机废弃物进行氢气发酵的情况下，以碳水化合物为主的圆白菜、胡萝卜、大米、马铃薯等可以回收氢气，但是以蛋白质为主的鸡蛋、瘦肉，以及以油质为主的肥肉、鸡皮等物质的氢气回收率却非常低。另外，以碳水化合物和蛋白质组合生产的废水虽然可以产生氢气，但是主要是由于其中的碳水化合物反应产生。除此之外，餐厨垃圾和废纸的混合物以及面包渣、过期面包等以碳水化合物为主的废弃物也可以作为氢气发酵的原料进行利用。

6.1.2 生物质制氢的效率

6.1.2.1 反应装置的影响

氢气发酵可以采取多种多样的反应槽进行反应，但是用于研究的主要类型为完全混合式反应槽（CSTR）。这种反应槽可以对产氢菌的生理学特征（pH 值、HRT、温度）进行检测以及对动力学要素进行解析。通过完全混合型反应槽可以得知，已有的连续式氢气发酵最大可以达到 28mol H_2/mol 葡萄糖的氢气收率。氢气发酵的停留时间（HRT）比较短，一般控制在弱酸性 pH 值下，采用完全混合型反应槽难以保持高浓度的菌体。因此，以有机固体为原料时，如何将原料变得容易分解成为最大的课题。

近年来，为了提高反应槽效率，有研究者对 UASB 反应器和膜分离反应器进行了研究。采用这些新型反应器进行氢气发酵可以使得氢气产生速率大幅度提高。但是，并不能对氢气收率进行大幅改善。例如，采用 UASB 反应器的研究报告显示，其氢气收率随着条件变化而发生巨大变化，中温条件下氢气收率一般为 0.65～2.01 mol H_2/mol 葡萄糖左右，高温条件下为 2.14～2.47mol H_2/mol 葡萄糖。

6.1.2.2 能量回收计算

氢气发酵的最大特征就是利用厌氧细菌的发酵能力将碳水化合物等有机物简单地转变为氢气。但是这种转变的收率有限，以葡萄糖为基质的情况下最大可以产生 4mol 的氢气。在不发生细菌增殖的理想反应状态下，产生的氢气能源可以达到原料总能源的 40% 左右。然而生物原料的 COD （电子供体）最多供体有 33%可以转化为氢气，剩余的 67%则转变为乙酸。此反应式如式（6.6）所示。

$$C_6H_{12}O_6+2H_2O \longrightarrow 2CH_3COOH+2CO_2+4H_2 \tag{6.6}$$

$$热能:2673kJ/mol（糖）\longrightarrow 1144kJ/mol（氢气）$$

$$COD（电子，H）:196g/mol（糖）\longrightarrow 64g/mol（氢气）$$

因此，氢气发酵的生物转换效率较低，仅能将生物原料中含有能量的 1/3 转化为氢气，而且转化过程中生成的有机酸也存在着如何应用的问题。

6.1.3 氢气和甲烷两相发酵

氢气发酵因为产生大量的有机酸，能源转换效率较低，为了改善能源转换效率，需要在氢气发酵之后设置甲烷发酵相，将有机酸继续转化为甲烷。这种两段氢气甲烷发酵工艺是由利用甲烷发酵过程中产酸菌和产甲烷菌的最佳增殖条件不同，进行酸生成反应和甲烷发酵槽两段反应工艺借鉴而来的。对在酸生成反应槽中产生大量的氢气进行回收，成为近年来开始研究的氢气发酵工艺的原动力。在这里利用模型对利用葡萄糖的单独甲烷发酵和氢气甲烷两段发酵进行比较。详见式（6.7）和式（6.8）。

（1）单独甲烷发酵反应（生成物的高位发热量=2673kJ）

$$C_6H_{12}O_6 \longrightarrow 3CH_4+3CO_2 \tag{6.7}$$

（2）氢气和甲烷两段发酵（生成物的高位发热量=2926kJ）

$$氢气发酵：C_6H_{12}O_6+2H_2O \longrightarrow 2CH_3COOH+2CO_2+4H_2 \tag{6.8}$$

$$从乙酸进行甲烷发酵：2CH_3COOH \longrightarrow 2CH_4+2CO_2$$

$$总反应：C_6H_{12}O_6+2H_2O \longrightarrow 4H_2+2CH_4+4CO_2$$

从理论上来说，氢气甲烷两相式发酵工艺产生的高位发热量能源比单独甲烷发酵要高 1.09 倍。另外，燃料电池需要用氢气作为能量来源，如果采用甲烷作为原料，需要事先利用改质器将甲烷转换为氢气。而这种转换效率约为 70%。因此，在实际运行中，采用氢气和甲烷两相式发酵的工艺比需要将全部甲烷转换为氢气的单独甲烷发酵工艺效率更高。二者的对比如图 6.2 所示。

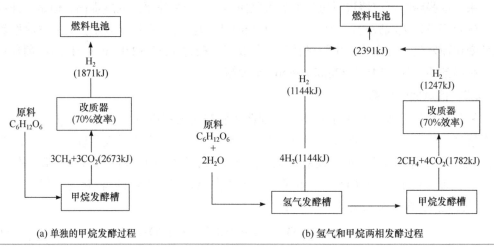

图 6.2　氢气和甲烷二相发酵过程对比

　　这种工艺的另一特点是比甲烷发酵工艺反应速率更快。氢气甲烷两段式发酵工艺是通过不同微生物的组合反应，合理地将生物能源转化为氢气和甲烷这样高市场价值能源的最新技术。

　　将产氢与产甲烷进行耦合，在第一级进行发酵制氢，发酵的流出物进一步进入厌氧消化过程用于生产甲烷。两个系统的耦合，是提升生物质制氢经济性的一种有效方法。

6.2　生物质产氢研究进展

6.2.1　生物质制氢常用技术

　　目前生物质发酵制氢产率不高，为了提升制氢效率，人们尝试开发不同的方法进行工艺优化，其中通过固定化技术、添加纳米颗粒等方法能够促进生物质发酵产氢，通过将暗发酵与光发酵偶联，有利于提升生物质发酵制氢工艺的经济性。

6.2.1.1　纯菌种和固定化技术

　　由于纯菌种的发酵条件要求严格，多数处于实验室研究阶段，但是因为纯培养生物制氢工艺具有操作简单、底物利用率高等优点而一直受到人们的关注。因此，在开展混合培养生物制氢的同时，从混合培养发酵生物制氢系统中分离培养出环境适应能力强、产氢效能高的新型产氢细菌进行纯培养生物制氢研究，对拓宽产氢微生物种子资源、提高生物制氢效能具有重要的意义。

　　研究人员已经分离出约 50 余株产氢细菌，但是大部分都属于 *Clostridium*、*Enterobacter* 等少数几个菌属，发酵产氢微生物的遗传基础十分狭窄，另外由于所发现的产氢微生物的产氢能力低，以及菌种的耐逆性差等原因，到目前仍难以进入工业化生产中。研究表明，采用固定化发酵细菌发酵制氢要比游离细胞更加有效。如利用固定化的 *Clostridium* sp. LS2 能提高发酵制氢效率，优化条件下的产氢速率达 336 mL/(L·h)。

固定化技术在生物制氢中的应用日渐增多，如使用乙烯-醋酸乙烯共聚物（EVA）作为细菌的载体可以得到 1.74 mol H_2/mol 蔗糖的产率。此外，玻璃钢珠、活性炭和木纤维素等材料也可作为固定化载体。固定化制氢具有产氢纯度高、产氢速率快等优点，但细胞固定化后细菌容易失活、材料不耐用且成本高等问题有待开发新的载体材料和新工艺来解决。

6.2.1.2 添加纳米材料

添加纳米颗粒也是改善发酵产氢的一种有益尝试。Beckers 等研究了添加包裹 SiO_2 金属氧化物对 *Clostridium butyricum* 发酵产氢的影响，研究发现金属铁氧化物 Fe_xO_y 纳米颗粒虽然对氢产量的影响不显著，但却使氢生产率提高了 13%。

值得注意的是，纳米颗粒的浓度和性质对氢产率的提高影响不同，一些金属纳米颗粒甚至对发酵产氢具有负面作用，如 2.5～12.5 mg/L 的 Cu 纳米颗粒对发酵制氢具有抑制作用。

6.2.1.3 生物制氢途径及暗发酵与光发酵偶联

（1）生物制氢途径

生物制氢的方式主要有光合作用和厌氧发酵两种。光合作用制氢是利用藻类和光合细菌直接将太阳能转化为氢能。厌氧发酵制氢是指发酵细菌在黑暗环境中降解生物质制氢的一种方法。发酵底物在氢化酶的作用下，通过发酵细菌生理代谢释放分子氢的形式平衡反应中的剩余电子来保证代谢过程的顺利进行，主要通过丙酮酸脱羧和辅酶Ⅰ的氧化与还原平衡调节两种途径产氢。光合制氢由于光合产氢细菌生长速度慢、光转化效率低和光发酵设备设计困难等问题，目前仍不易实现工业化应用。

相比而言，厌氧发酵过程较光合生物制氢稳定，不需要光源，产氢能力较强，更易于实现规模化应用

$$C_6H_{12}O_6 + 6H_2O \rightarrow 12H_2 + 6CO_2 \tag{6.9}$$

$$C_6H_{12}O_6 + 2H_2O \rightarrow 4H_2 + 2CO_2 + 2CH_3COOH \tag{6.10}$$

$$C_6H_{12}O_6 \rightarrow 2H_2 + 2CO_2 + CH_3CH_2CH_2COOH \tag{6.11}$$

由于发酵制氢菌种不同，生物质发酵制氢的途径和末端产物有所不同。根据末端产物组成主要分为丙酸型发酵、丁酸型发酵和乙醇型发酵等。根据化学计量反应式（6.9）所示，每摩尔葡萄糖理论上产氢 12mol，然而，由于生成不同的末端产物，如乙酸、丙酸、丁酸，以及甲醇、丁醇或丙酮等，降低了发酵产氢量。如反应式（6.10）和式（6.11）所示，乙酸的生成能使 12mol 的理论产氢减少为 4mol，而丁酸的生成更使理论氢物质的量降为 2mol。在实际过程中，末端产物通常为不同产物的混合物，因此 1 mol 葡萄糖可生成 1.0～2.5mol 的氢。

在生物质厌氧发酵制氢过程中，底物除了部分转化为氢，还有一部分生成挥发性脂肪酸类（乙酸、丁酸等），这些有机酸的排放会造成能量的浪费和环境污染。如果将这些产物进一步产氢，将是有效提升生物质发酵制氢经济性的有效措施之一。

（2）暗发酵与光发酵偶联

近年来，将暗发酵和光发酵结合被认为是最有效的方法之一。通过暗发酵和光发酵整合工艺，氢气产率能显著提高，极大提高了能量转化效率。暗发酵与光发酵整合工艺可分为连续两级工艺过程和单级工艺过程。相比于单一的生物质厌氧暗发酵与光发酵制氢，两级发酵系统能够有效提高发酵产氢。Mishra 等采用两级发酵对棕榈压榨油流出物底物进行发酵制氢，结果也显示采用两级连续发酵有效提高了氢产量。在连续两级发酵工艺中，每一级发酵都需要特定的反应器，这将会增大工艺的操作费用。如果能将两个系统以共培养的方式整合为单一系统，则有望实现高产氢量下操作费用的降低。为此人们也开发出共培养的单一发酵系统，在该系统中采用厌氧发酵细菌与光合细菌共培养，光合细菌可原位利用发酵细菌产生的有机酸发酵产氢以提高氢产量。相比于两级发酵工艺，单一发酵系统不需要额外 pH 的调节，同时可减少操作费用和时间。

6.2.2 甲烷制氢技术

除了直接利用微生物发酵的方法制取氢气外，还可以采用沼气（甲烷）制氢的工艺和技术。由于化石燃料制氢的过程中会产生大量的碳氧化物，因此近年来采用的沼气制氢方式逐渐受到人们的重视。

沼气制氢的主要原理是先把有机废弃物通过厌氧消化产出沼气，再把收集到的沼气采用水蒸气重整法、干重整法、部分氧化重整法等工艺进一步制氢，目前沼气发酵过程的工艺技术发展成熟，沼气产率稳定，可稳定提供制氢原料。面对沼气制氢的不同工艺，目前水蒸气重整法制氢是当前工业中主要使用的制氢工艺，相关制取技术发展同样成熟，已能够满足产业化的需求。

$$CH_4 + H_2O \rightarrow CO + 3H_2 \quad （\Delta H^0 = 206 \text{ kJ/mol}） \tag{6.12}$$

$$CO + H_2O \rightarrow CO_2 + H_2 \quad （\Delta H^0 = -41 \text{ kJ/mol}） \tag{6.13}$$

$$CH_4 + CO_2 \rightarrow 2CO + 2H_2 \quad （\Delta H^0 = 247 \text{ kJ/mol}） \tag{6.14}$$

通过吸附强化脱除沼气中的二氧化碳，可有效提高制氢产率。也可以先把沼气提纯为生物天然气后，再通过催化裂解法制氢，并得到较高附加值的碳材料，具有良好的经济效益，还可以避免生成碳氧化物 CO_x。随着沼气制氢技术的不断发展，对推动沼气制氢工业的规模化发展、促进沼气高值化利用以及对实现碳中和具有重要意义。

沼气发酵是一个古老的生化过程，存在于生命的起源和进化过程中。产生的沼气主要以甲烷和二氧化碳为主要成分，同时也存在有少量氢气、硫化氢、氮气、氨气等，沼气是天然气和化石燃料的优良替代品。沼气经过提纯后可获得高品质的甲烷，并成为与传统化石能源相媲美的生物天然气。沼气制氢的生命周期评价结果也表明，沼气制氢在环境友好和经济效益方面都具有突出优点，可将沼气作为持续生产氢气的可再生能源。沼气制氢有关技术的应用和推广，不但可以避免对环境造成污染，大幅减少温室气体排放，还能减少传统制氢工艺对化石燃料的依赖，是生产高能量密度能源的一种升级换代新方法。

6.2.3　甲醇制氢技术

在"双碳"目标的指引下，氢能作为清洁、高效、安全、可持续的新能源，成为低碳能源体系的主力之一。但由于氢气的理化性质特点，使得氢在储存和运输方面还存在很多技术瓶颈，由于高昂的储氢、运氢成本及基础设施建设成本等制约因素的存在，在很大程度上限制了氢能的应用和发展。

近年来国际储氢技术的基础研究从多维度展开，除了将氢气以分子形式存储的直接储氢外，间接储氢技术——将氢气以化合物形式加以储存也是重要的发展方向。其中，有机醇类，特别是以甲醇为代表的循环储氢分子具有更高的单位质量和单位体积储氢密度以及良好的化学稳定性；其氢能储放反应相关的催化和工程技术发展均较为成熟，条件也相对温和，因此成为备受关注的液态氢储存平台分子。

6.2.3.1　甲醇-氢能能源体系

近年中国科学院院士在《液态阳光——全民绿色未来的机遇和途径》的一份报告中，明确提出发展液体阳光的策略，并充分肯定了将太阳能固定于液态有机分子这一能源发展战略的可行性。其中甲醇作为一种常规条件下的液体燃料被认为是最主要的"液态氢"和"液态电"的载体，可以利用现有的燃料输运基础设施，满足人类在交通、工业和材料等终端应用领域对清洁能源的需求。

（1）甲醇作为氢能载体

一方面，氢是常见化学物质中的质量能量密度最高的分子，其高位热值达 142MJ/kg。但氢气常压下体积密度仅有 $0.089kg/m^3$，约为空气密度的 1/14，因此其体积能量密度不足 $12.7MJ/m^3$，远低于传统油气资源，储运效率低、经济性差。同时，氢气分子半径小，长期安全存储同样是一大技术挑战。因而，为实现氢能高效、安全、经济的应用，开发高效的氢能大规模储运技术至关重要。为评价各类氢气储运技术的应用前景，国际能源署估算了实现商业化储氢技术所需的最低单位体积和单位质量储氢密度要求，分别为 $40kg/m^3$ 和 5% kgH_2/kg。为达到这一标准，分子态存在的 H_2 需要被加压至 700bar（$1 bar = 10^5 Pa$）以上或以低温液态形式加以存储，其中涉及的安全与经济问题一直是储氢技术发展面临的主要挑战。

诺贝尔奖得主 George Olah 在"甲醇经济"的构想中将甲醇-H_2 体系视为后油气时代能源战略的关键。随着世界各国氢能应用的逐步推进，甲醇-H_2 能源体系相关的化学化工问题将日渐成为基础研究和技术开发的热点。

（2）甲醇-氢能体系应用

在氢能应用的构想中，基于可再生能源生产的绿色氢能够存储于氢能载体分子（如甲醇）中，实现高效运输、分配和存储，以供下游的加氢站使用或直接加注于分步式燃料电池系统中构建一体化的"甲醇原位制氢-燃料电池"系统。甲醇直接以燃料的形式加注能够避免加氢站建设的巨大成本投入，并发挥与现有的基础设施联用等优势。除此之外，醇重整与高温燃料电池的联用技术路线也被众多科研机构和企业深度开发（图 6.3）。

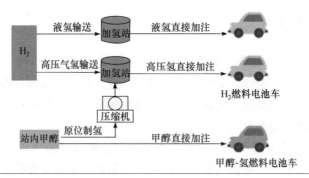

图 6.3　氢气与甲醇–H_2 能源体系的不同应用形式

　　甲醇作为氢能载体在远距离（＞200km）输送经济性方面较直接使用氢气具有较强的竞争力。目前已运行的"高压气态氢输送-高压氢直接加注"的技术路线中，经核算其氢气的成本约为 60～80 元/kg，其中氢气输送成本是其成本偏高的主要原因。对于氢能应用的主要终端，氢燃料电池汽车的百公里能源消耗约为 1kg H_2。按前述氢气价格计算，百公里燃料成本约 60 元；目前燃油乘用车百公里能源消耗约为 8L，按最新油价大概 7 元/L 计算，百公里成本为 56 元；所以甲醇氢燃料电池汽车与燃料车在能源消耗消费层面大体持平。但是燃油车百公里消耗的总热值为 255.2MJ，CO_2 排放量经核算约为 18.35kg/100km；对于甲醇氢燃料电池来说，百公里总热值仅需 124MJ，相应的碳排放也仅为 7.3kg /100km（表 6-7）。

表 6-7　甲醇氢燃料电池汽车与燃油车的经济性和碳排放比较

项目	燃油车	甲醇氢汽车
100km 耗能	8L	1kg
单价	约 7.0 元/L[①]	60 元/kg
总价/元	56	60
单位热值	31.9MJ/L	124MJ/kg
总热值/MJ	255.2	124
CO_2 排放量/kg	18.35	7.3

①2020.7.20 燃油车汽油 92#，价格按全国油价均价计算。

　　考虑到氢能汽车在 CO_2 减排层面的优良表现（较燃油车 CO_2 减排约 60%），有助于实现我国在气候变化巴黎大会上 2030 年单位国内生产总值二氧化碳排放比 2005 年下降 60%～65% 的承诺，其推广应用可以获得显著的社会和环境效益。而且随着氢能的普及以及相关政策法规的完善，甲醇制氢体系较传统燃油车的竞争力还有望进一步提升。

6.2.3.2　甲醇制氢反应

　　从分子层面分析，甲醇产氢反应的本质是将分子内的全部氢原子释放的过程，这其中主要涉及的化学变化包括 C—H、O—H 键等化学键的解离以及碳原子从低价经多步反应氧化为 CO_2。在甲醇制氢反应中氧化剂的选择对制氢反应的热力学、产氢效率和反应器的设计优化和反应条件均会产生显著影响。

水和分子氧是最常见的氧化剂。根据引入氧化剂的特点，目前广为研究的甲醇制氢反应主要分为以下几种实现形式：甲醇水蒸气重整（SRM）、甲醇氧化重整（OMR）和甲醇部分氧化（POM）等（表 6-8）。

表 6-8 甲醇制氢方法优劣势比较

序号	反应类型	反应式	优势	劣势	技术成熟度
1	SRM	$CH_3OH(g)+H_2O(g) = CO_2+3H_2$; $\Delta H=49.7\ kJ/mol$	产氢量高（75%）	较耗能，启动慢	成熟
2	OMR	$CH_3OH(g)+x/(x+y)H_2O(g)+y/2(x+y)O_2=$ $CO_2+(3x+2y)/(x+y)H_2$; $\Delta H^0=(49x-192y)/(x+y)\ kJ/mol$	易于启动、反应迅速	出口氢浓度为 41%～70%[①]、操作复杂	开发中
3	POM	$CH_3OH(g)+1/2O_2 = CO_2+2H_2$; $\Delta H^0= -192\ kJ/mol$	易于启动、反应迅速	出口氢浓度为 41%[①]、存在热点致催化剂失活	开发中

①O_2 直接来源于空气，生成的 H_2 浓度会被空气中大量的 N_2 稀释；序列 2、3 中的出口氢浓度是按空气稀释进行折算的。

世界能源发展正处在历史上第三次能源革命的十字路口——油气能源向新能源的转换期。能源类型表现出从高碳向低碳、非碳方向转化的发展趋势。"甲醇水重整制氢"的甲醇-氢能源体系表现出良好的经济性，有望解决氢能应用中储存和输送的瓶颈问题。随着甲醇制氢技术的进步和催化剂的进一步发展迭代，其作为加氢站氢源的优势将日益显现，能够助力节能减排目标的实现与生态环境的构建。

参 考 文 献

[1] 赵一章, 等. 产甲烷细菌及其研究方法[M]. 成都: 成都科技大学出版社, 1999.

[2] 和致中, 彭谦, 陈俊英. 高温菌生物学[M]. 北京: 科学出版社, 2000.

[3] 刘波. 古菌的有机物代谢途径及其催化酶类[M]. 北京: 中国纺织出版社, 2019.

[4] 钱泽澍, 闵航. 沼气发酵微生物学[M]. 杭州: 浙江科学技术出版社, 1986.

[5] 刘聿太. 沼气发酵微生物及厌氧技术[M]. 北京: 科学出版社, 1990.

[6] 徐曾符. 沼气工艺学. 北京: 中国农业出版社, 1981.

[7] 张无敌, 尹芳, 等. 沼气发展史[M]. 昆明: 云南科技出版社, 2017.

[8] 杨秀山. 产甲烷菌的研究方法和分类[M]. 北京: 北京师范大学出版社, 1991.

[9] 野池达也(著). 甲烷发酵[M]. 刘兵, 薛咏海译. 北京: 化学工业出版社, 2014.

[10] 任南琪, 王爱杰, 马放. 产酸发酵微生物生理生态学[M]. 北京: 科学出版社, 2005.

[11] Gatze Lettinga 著. 通往可持续环境保护之路[M]. 宫徽, 盘得利, 王凯军译. 北京: 化学工业出版社, 2015.

[12] Wudi Zhang, Fang Yin, Ian Monroe, et al. Anaerobic Digestion Technology and Engineering[M]. 北京: 化学工业出版社, 2016.

[13] 刘士清, 张无敌, 尹芳, 等. 沼气发酵实验教程[M]. 北京: 化学工业出版社, 2013.

[14] Birgitte K Ahring 著. 生物甲烷: 上册[M]. 吕育财, 涂璇, 李宁等译. 北京: 中国水利水电出版社, 2012.

[15] Birgitte K Ahring 著. 生物甲烷: 下册[M]. 吕育财, 涂璇, 李宁, 等(译). 北京: 中国水利水电出版社, 2012.

[16] 张无敌, 宋洪川, 尹芳, 等. 沼气发酵与综合利用[M]. 昆明: 云南科技出版社, 2004.

[17] 朱旭芬, 方明旭. 细菌与古菌的多项分类研究[M]. 北京: 科学出版社, 2018.

[18] 刘和. 城市污泥厌氧发酵产挥发性脂肪酸: 原理与应用[M]. 北京: 科学出版社, 2015.

[19] 王凯军, 著. 厌氧生物技术——理论与应用[M]. 北京: 化学工业出版社, 2014.

[20] 刘光. 极端环境微生物学[M]. 北京: 科学出版社, 2016.

[21] 任南琪, 王爱杰, 赵阳国. 废水厌氧处理硫酸盐还原菌生态学[M]. 北京: 科学出版社, 2009.

[22] 曹军卫, 沈萍, 李朝阳. 嗜极微生物[M]. 武汉: 武汉大学出版社, 2004.

[23] 张无敌, 尹芳. 生物质能实验[M]. 北京: 科学出版社, 2017.

[24] 张全国. 沼气技术及其应用[M]. 北京: 化学工业出版社, 2013.

[25] 邱凌. 生物炭介导厌氧消化特性与机理[M]. 咸阳: 西北农林科技大学出版社, 2020.

[26] 李建昌. 沼气技术理论与工程[M]. 北京: 清华大学出版社, 2016.

[27] 贺延龄. 废水的厌氧生物处理[M]. 北京: 中国轻工业出版社, 1998.

[28] 国际水协厌氧消化工艺数学模型课题组著. 厌氧消化数学模型[M]. 张亚雷, 周雪飞译. 上海: 同济大学出版社, 2004.

[29] Avraam Karagiannidis 著. 废弃物能源化——发展和变迁经济中机遇与挑战[M]. 李晓东, 严密, 杨杰译. 北京: 机械工业出版社, 2014.

[30] 李永峰, 李巧燕, 王兵, 等. 环境生物技术: 典型厌氧环境微生物过程[M]. 哈尔滨: 哈尔滨工业大学出版社, 2014.

[31] 张惟杰. 生命科学导论[M]. 北京: 高等教育出版社, 2016.

[32] 刘志恒. 现代微生物学[M]. 北京: 科学出版社, 2008.

[33] 杨柳燕, 肖琳. 环境微生物技术[M]. 北京: 科学出版社, 2003.

[34] 陈泮勤. 地球系统碳循环[M]. 北京: 科学出版社, 2004.

[35] 朱兆良. 氮循环[M]. 北京: 清华大学出版社, 2010.

[36] 刘树华. 环境生态学[M]. 北京: 北京大学出版社, 2009.

[37] 张甲耀. 环境微生物学[M]. 武汉: 武汉大学出版社, 2008.

[38] 肖静, 范陆, 吴顶峰, 等. 古菌、生命树和真核细胞的功能演化[J]. 中国科学: 地球科学, 2019, 49(07): 1082-1102.

[39] 汤伟, 张军, 李广善, 等. 深海极端微生物菌群及代谢产物多样性的研究进展[J]. 微生物学报, 2019, 59(07): 1241-1252.

[40] 张艳敏, 吴耿, 蒋宏忱. 热泉中驱动碳循环的微生物研究进展[J]. 地球科学, 2018, 43(S1): 31-41.

[41] 曾静, 郭建军, 邱小忠, 等. 极端嗜热微生物及其高温适应机制的研究进展[J]. 生物技术通报, 2015, 31(09): 30-37.

[42] 董海良. 深地生物圈的最新研究进展以及发展趋势[J]. 科学通报, 2018, 63(36): 3885-3901.

[43] 高志伟, 王龙. 真核生物起源研究进展[J]. 遗传, 2020, 42(10): 929-948.

[44] 傅霖, 辛明秀. 产甲烷菌的生态多样性及工业应用[J]. 应用与环境生物学报, 2009, 15(02): 574-578.

[45] 陈槐, 周舜, 吴宁, 等. 湿地甲烷的产生、氧化及排放通量研究进展[J]. 应用与环境生物学报, 2006, 12(05): 726-733.

[46] 蒋海明, 王路路, 李侠. 微生物种间直接电子传递方式耦合产甲烷研究进展[J]. 高校化学工程学报, 2019, 33(06): 1303-1313.

[47] 兰建英, 蒋海明, 李侠. 微生物种间直接电子传递研究进展[J]. 应用生态学报, 2021, 32(01): 358-368.

[48] 车林轩. 厌氧消化过程的电子传递机制与强化[J]. 广东化工, 2021, 48(15): 132-133.

[49] 庄原, 彭程, 叶波平. 极端微生物及其功能和应用研究进展[J]. 药物生物技术, 2016, 23(05): 442-446.

[50] 胡恒宇, 韦安培, 刘少梅, 等. 石油烃厌氧降解产甲烷研究进展[J]. 化学与生物工程, 2017, 34(08): 16-21.

[51] 董利锋, 付敏, 陈天宝, 等. 反刍动物瘤胃优势产甲烷菌群结构及多样性研究进展[J]. 动物营养学报, 2019, 31(09): 3927-3935.

[52] 吴麒. 产甲烷条件下岩溶湿地沉积物中古菌群落的变化规律[J]. 微生物学通报, 2019, 46(12): 3193-3204.

[53] 杨雨虹, 贺惠, 米铁柱, 等. 耐盐碱水稻土壤产甲烷菌群落特征及产甲烷途径[J]. 环境科学, 2021, 42(07): 3472-3481.

[54] 张玉鹏, 李建政, 刘凤琴, 等. 碳酸氢盐对嗜氢和嗜乙酸产甲烷菌的影响机制[J]. 中国环境科学, 2017, 37(05): 1937-1944.

[55] 东秀珠, 李猛, 向华, 等. 探秘生命的第三种形式——我国古菌研究之回顾与展望[J]. 中国科学: 生命科学, 2019, 49(11): 1520-1542.

[56] 李叶青, 景张牧, 江皓, 等. 微生物组学及其在厌氧消化中的研究进展[J]. 生物技术通报, 2021, 37(01): 90-101.

[57] 林喜铮, 谢伟. 深部生物圈古菌的研究进展与展望[J]. 微生物学报, 2021, 61(06): 1441-1462.

[58] 张新旭, 李猛. 海洋沉积物中几类常见古菌类群的分布与代谢特征[J]. 微生物学报, 2020, 60(09): 1907-1921.

[59] 方晓瑜, 李家宝, 芮俊鹏, 等. 产甲烷生化代谢途径研究进展应用与环境生物学报[J]. 2015, 21(01): 1-9.

[60] 李煜珊, 李耀明, 欧阳志云. 产甲烷微生物研究概况[J]. 环境科学, 2014, (05): 2025-2030.

[61] 承磊, 郑珍珍, 王聪, 等. 产甲烷古菌研究进展[J]. 微生物学通报, 2016, 43(05): 1143-1164.

[62] 林丹丹, 刘一凡, 刘忠林, 等. 古丸菌 Archaeoglobi 的代谢特征[J]. 微生物学报, 2021, 61(06): 1399-1415.

[63] 冯晓远, 王寅炤, Rahul Zubin, 等. 深古菌门的核心代谢功能和热环境起源[J]. Engineering, 2019, 5(03): 316-330.

[64] 段昌海, 张翠景, 孙艺华, 李猛. 新型产甲烷古菌研究进展[J]. 微生物学报, 2019, 59(06): 981-995.

[65] 周雷, 刘来雁, 刘鹏飞, 等. 佛斯特拉古菌门(Verstraetearchaeota)研究进展[J]. 生物资源, 2020, 42(5): 515-521.

[66] 赖贞甫, 黄钢锋, 白丽萍. 甲基-辅酶 M 还原酶结构、功能及催化机制研究进展[J]. 生物工程学报, 2021, 37(12): 4147-4157.

[67] 庄滢潭, 刘芮存, 陈雨豪, 等. 极端微生物及其应用研究进展[J]. 中国科学: 生命科学, 2022, 52(02): 204-222.

[68] 赵智强, 李杨, 张耀斌. 厌氧消化中直接种间电子传递产甲烷机理研究与技术应用[J]. 科学通报, 2020, 65(26): 2820-2834.

[69] 钟雯, 蒋永光, 石良. 细菌与古菌之间的直接电子传递[J]. 微生物学报, 2020, 60(09): 2030-2038.

[70] 王郁心, 黄钢锋, 白丽萍. 产甲烷古菌铁氢酶研究进展[J]. 微生物学通报, 2021, 48(10): 3884-3894.

[71] 冷欢, 杨清, 黄钢锋, 等. 氢营养型产甲烷代谢途径研究进展[J]. 微生物学报, 2020, 60(10): 2136-2160.

[72] 范舒睿, 武艺超, 李小年, 等. 利用甲醇-H_2 能源体系的催化研究: 进展与挑战[J]. 化学通报, 2021, 84(1): 21-30.

[73] 马国杰, 郭鹏坤, 常春. 生物质厌氧发酵制氢技术研究进展[J]. 现代化工, 2020, 40(7): 45-54.

[74] 孙立红, 陶虎春. 生物制氢方法综述[J]. 中国农学通报, 2014, 30(36): 161-167.

[75] Valentine D L. Adaptations to energy stress dictate the ecology and evolution of the Archaea[J]. Nat Rev Microbiol, 2007, 5: 316-323.

[76] Kandler O. Cell Wall Biochemistry and Three Domain Concept of Life[J]. Syst Appl Microbiol, 1994, 16: 501-509.

[77] Borrel G, et al. Wide diversity of methane and short-chain alkane metabolisms in uncultured archaea[J]. Nat. Microbiol. , 2019, 4: 603-613.

[78] Gieg L M, Fowler S J, Berdugo-Clavijo C. Syntrophic biodegradation of hydrocarbon contaminants[J]. Curr Opin Biotechnol, 2014, 27: 21-29.

[79] Rabus R, et al. Anaerobic microbial degradation of hydrocarbons: from enzymatic reactions to the environment[J]. J Mol Microbiol Biotechnol, 2016, 26: 5-28.

[80] Fowler S J, Dong X, Sensen C W, Suflita J M, Gieg L M. Methanogenic toluene metabolism: community structure and intermediates[J]. Environ. Microbiol. , 2012, 14: 754-764.

[81] Thauer R K. Methyl (alkyl)-coenzyme M reductases: nickel F-430-containing enzymes involved in anaerobic methane formation and in anaerobic oxidation of methane or of short chain alkanes[J]. Biochemistry, 2019, 58: 5198-5220.

[82] Laso-Pérez R, et al. Thermophilic archaea activate butane via alkyl-coenzyme M formation[J]. Nature, 2016, 539: 396-401.

[83] Chen S C, et al. Anaerobic oxidation of ethane by archaea from a marine hydrocarbon seep[J]. Nature, 2019, 568: 108-111.

[84] Wang Y, Wegener G, Hou J, Wang F, Xiao X. Expanding anaerobic alkane metabolism in the domain of Archaea[J]. Nat Microbiol, 2019, 4:

595-602.

[85] Wang, Y Wegener G, Ruff S E, Wang F. Methyl/alkyl-coenzyme M reductase-based anaerobic alkane oxidation in Archaea[J]. Environ Microbiol, 2020, 23: 530-541.

[86] Boyd J A, et al. Divergent methyl-coenzyme M reductase genes in a deep-subseafloor Archaeoglobi[J]. ISME Journal, 2019, 13: 1269-1279.

[87] Baker B J, et al. Diversity, ecology and evolution of Archaea[J]. Nat Microbiol, 2020, 5: 887-900.

[88] Chapelle F H, et al. A hydrogen-based subsurface microbial community dominated by methanogens[J]. Nature, 2002, 415: 312-315.

[89] Welte C U. A microbial route from coal to gas[J]. Science, 2016, 354: 184.

[90] Madsen E L. Hydrogen-Based Microbial Ecosystems in the Earth[J]. Science, 1996, 272: 896a.

[91] Stevens T O, McKinley J P. Lithoautotrophic Microbial Ecosystems in Deep Basalt Aquifers[J]. Science, 1995, 270: 450-455.

[92] Sousa F L, Neukirchen S, Allen J F, Lane N, Martin W F. Lokiarchaeon is hydrogen dependent[J]. Nat Microbiol, 2016, 1: 16034.

[93] Mayumi D, et al. Methane production from coal by a single methanogen[J]. Science, 2016, 354: 222-225.

[94] Zhou Z, et al. Non-syntrophic methanogenic hydrocarbon degradation by an archaeal species[J]. Nature, 2022, 601: 257-262.

[95] Tuppurainen V, et al. A Simulation Case Study for Bio-based Hydrogen Production from Hardwood Hemicellulose[J]. Computer Aided Chemical Engineering, 2020, 48: 1735-1740.

[96] Lee H S, Vermaas W F J, Rittmann B E. Biological hydrogen production: prospects and challenges[J]. Trends in Biotechnology, 2010, 28: 262-271.

[97] Li D, et al. Coexistence patterns of soil methanogens are closely tied to methane generation and community assembly in rice paddies[J]. Microbiome, 2021, 9: 20.

[98] Tolleter D, et al. Control of Hydrogen Photoproduction by the Proton Gradient Generated by Cyclic Electron Flow in Chlamydomonas reinhardtii[J]. Plant Cell, 2011, 23: 2619-2630.

[99] Buckel W, Thauer R K. Energy conservation via electron bifurcating ferredoxin reduction and proton/Na$^+$ translocating ferredoxin oxidation[J]. Biochimica et Biophysica Acta (BBA) - Bioenergetics, 2013, 1827: 94-113.

[100] Malone L A, et al. Cryo-EM structure of the spinach cytochrome b6 f complex at 3. 6 Å resolution[J]. Nature, 2019, 575: 535-539.

[101] Dubini A, Ghirardi M L. Engineering photosynthetic organisms for the production of biohydrogen[J]. Photosynth Res, 2015, 123(3): 241-253.

[102] Zhang Y, Yuan J, Guo L. Enhanced bio-hydrogen production from cornstalk hydrolysate pretreated by alkaline-enzymolysis with orthogonal design method[J]. International Journal of Hydrogen Energy, 2020, 45: 3750-3759.

[103] Ribera-Pi J, et al. Hydrolysis and Methanogenesis in UASB-AnMBR Treating Municipal Wastewater Under Psychrophilic Conditions: Importance of Reactor Configuration and Inoculum[J]. Front Bioeng Biotechnol. 2020, 8: 567695.

[104] Parmar N R, Pandit P D, Purohit H J, Nirmal Kumar J I, Joshi C G. Influence of Diet Composition on Cattle Rumen Methanogenesis: A Comparative Metagenomic Analysis in Indian and Exotic Cattle[J]. Indian J Microbiol, 2017, 57: 226-234.

[105] McCarty P L, Mosey, F E. Modelling of Anaerobic Digestion Processes (A Discussion of Concepts) [J]. Water Science and Technology, 1991, 24: 17-33.

[106] Xu Z, et al. Photosynthetic hydrogen production by droplet-based microbial micro-reactors under aerobic conditions[J]. Nat Commun, 2020, 11: 5985.

[107] Zhang M, Zang L. A review of interspecies electron transfer in anaerobic digestion[J]. IOP Conf Ser. Earth Environ. Sci. , 2019, 310: 042026.

[108] Kumar V, Kumar P, Kumar P, Singh J. Anaerobic digestion of Azolla pinnata biomass grown in integrated industrial effluent for enhanced biogas production and COD reduction: Optimization and kinetics studies[J]. Environmental Technology & Innovation, 2020, 17: 100627.

[109] Tian H, Mancini E, Treu L, Angelidaki I, Fotidis I A. Bioaugmentation strategy for overcoming ammonia inhibition during biomethanation of a protein-rich substrate[J]. Chemosphere, 2019, 231: 415-422.

[110] Phan T N, et al. High rate nitrogen removal by ANAMMOX internal circulation reactor (IC) for old landfill leachate treatment[J]. Bioresource Technology, 2017, 234: 281-288.

[111] Schink B, Montag D, Keller, A. & Müller, N. Hydrogen or formate: Alternative key players in methanogenic degradation: Hydrogen/formate as interspecies electron carriers[J]. Environmental Microbiology Reports, 2017, 9: 189-202.

[112] Lyu Z, Shao N, Akinyemi T, Whitman W B. Methanogenesis[J]. Current Biology, 2018, 28: R727-R732.

[113] McInerney M J, Sieber J R, Gunsalus R P. Syntrophy in anaerobic global carbon cycles[J]. Current Opinion in Biotechnology, 2009, 20: 623-632.

[114] Heidelberg J F, et al. The genome sequence of the anaerobic, sulfate-reducing bacterium Desulfovibrio vulgaris Hildenborough[J]. Nat Biotechnol, 2004, 22: 554-559.

[115] Mutungwazi A, Ijoma G N, Matambo T S. The significance of microbial community functions and symbiosis in enhancing methane

production during anaerobic digestion: a review[J]. Symbiosis, 2021, 83: 1-24.

[116] Thauer R K. The Wolfe cycle comes full circle[J]. Proc Natl Acad Sci USA, 2012, 109: 15084-15085.

[117] Solé-Bundó M, Passos F, Romero-Güiza M S, Ferrer I, Astals S. Co-digestion strategies to enhance microalgae anaerobic digestion: A review[J]. Renewable and Sustainable Energy Reviews, 2019, 112: 471-482.

[118] Hoehler T, Gunsalus R P, McInerney M J. Environmental Constraints that Limit Methanogenesis//Timmis K N. Handbook of Hydrocarbon and Lipid Microbiology. Springer Berlin Heidelberg, 2010: 635-654.

[119] Zhao Z, Zhang Y, Quan X, Zhao H. Evaluation on direct interspecies electron transfer in anaerobic sludge digestion of microbial electrolysis cell[J]. Bioresource Technology, 2016, 200: 235-244.

[120] Aouad M, Borrel G, Brochier-Armanet C, Gribaldo S. Evolutionary placement of Methanonatronarchaeia[J]. Nat Microbiol, 2019, 4: 558-559.

[121] Tarailo-Graovac M, et al. Exome Sequencing and the Management of Neurometabolic Disorders[J]. N Engl J Med, 2016, 374: 2246-2255.

[122] Wagg C, Schlaeppi K, Banerjee S, Kuramae E E, van der Heijden M G A. Fungal-bacterial diversity and microbiome complexity predict ecosystem functioning[J]. Nat Commun, 2019, 10: 4841.

[123] Baral K R, et al. Greenhouse gas emissions during storage of manure and digestates: Key role of methane for prediction and mitigation[J]. Agricultural Systems, 2018, 166: 26-35.

[124] Diender M, et al. Metabolic shift induced by synthetic co-cultivation promotes high yield of chain elongated acids from syngas[J]. Sci Rep, 2019, 9: 18081.

[125] Lyu Z, Shao, N, Akinyemi T, Whitman W B. Methanogenesis[J]. Current Biology, 2018, 28: 727-732.

[126] Petersen S O, Well R, Taghizadeh-Toosi A, Clough T J. Seasonally distinct sources of N_2O in acid organic soil drained for agriculture as revealed by N_2O isotopomer analysis[J]. Biogeochemistry, 2020, 147: 15-33.

[127] Lyng K A, Skovsgaard L, Jacobsen H K, Hanssen O J. The implications of economic instruments on biogas value chains: a case study comparison between Norway and Denmark[J]. Environ Dev Sustain, 2020, 22: 7125-7152.

[128] Kushkevych I, et al. A new combination of substrates: biogas production and diversity of the methanogenic microorganisms[J]. Open Life Sciences, 2018, 13: 119-128.

[129] Mudhoo A, et al. A review of research trends in the enhancement of biomass-to-hydrogen conversion[J]. Waste Management, 2018, 79: 580-594.

[130] Ghosh S, Chowdhury R, Bhattacharya P. A review on single stage integrated dark-photo fermentative biohydrogen production: Insight into salient strategies and scopes[J]. International Journal of Hydrogen Energy, 2018, 43: 2091-2107.

[131] McInerney M J, Bryant M P, Pfennig N. Anaerobic bacterium that degrades fatty acids in syntrophic association with methanogens[J]. Arch. Microbiol. , 1979, 122: 129-135.

[132] Tyagi V K, et al. Anaerobic co-digestion of organic fraction of municipal solid waste (OFMSW): Progress and challenges[J]. Renewable and Sustainable Energy Reviews, 2018, 93: 380-399.

[133] Aslam M, et al. Anaerobic membrane bioreactors for biohydrogen production: Recent developments, challenges and perspectives[J]. Bioresource Technology, 2018, 269: 452-464.

[134] Moissl-Eichinger C, et al. Archaea Are Interactive Components of Complex Microbiomes[J]. Trends in Microbiology, 2018, 26: 70-85.

[135] Lee J, Shin S G, Han G, Koo T, Hwang S. Bacteria and archaea communities in full-scale thermophilic and mesophilic anaerobic digesters treating food wastewater: Key process parameters and microbial indicators of process instability[J]. Bioresource Technology, 2017, 245: 689-697.

[136] Bengelsdorf F R, et al. Bacterial Anaerobic Synthesis Gas (Syngas) and CO_2+H_2 Fermentation[J]. Advances in Applied Microbiology, 2018, 103: 143-221.

[137] Jiang H, et al. Bio-hythane production from cassava residue by two-stage fermentative process with recirculation[J]. Bioresource Technology, 2018, 247: 769-775.

[138] Abreu A A, Tavares F, Alves M M, Pereira M A. Boosting dark fermentation with co-cultures of extreme thermophiles for biohythane production from garden waste[J]. Bioresource Technology, 2016, 219: 132-138.

[139] Ri P C, Ren N Q, Ding J, Kim J S, Guo W Q. CFD optimization of horizontal continuous stirred-tank (HCSTR) reactor for bio-hydrogen production[J]. International Journal of Hydrogen Energy, 2017, 42: 9630-9640.

[140] Sun H, et al. Co-digestion of Laminaria digitata with cattle manure: A unimodel simulation study of both batch and continuous experiments[J]. Bioresource Technology, 2019, 276: 361-368.

[141] Pinto M P M, Mudhoo A, de Alencar Neves T, Berni M D, Forster Carneiro T. Co-digestion of coffee residues and sugarcane vinasse for biohythane generation[J]. Journal of Environmental Chemical Engineering, 2018, 6: 146-155.

[142] Khan M B H, Kana E B G. Design, implementation and assessment of a novel bioreactor for fermentative biohydrogen process

development[J]. International Journal of Hydrogen Energy, 2016, 41: 10136-10144.

[143] Skovsgaard L, Jacobsen H K. Economies of scale in biogas production and the significance of flexible regulation[J]. Energy Policy, 2017, 101: 77-89.

[144] Holmes D E, et al. Electron and Proton Flux for Carbon Dioxide Reduction in Methanosarcina barkeri During Direct Interspecies Electron Transfer[J]. Front. Microbiol, 2018, 9: 3109.

[145] Gao M, Zhang L, Zhang H, Florentino A P, Liu Y. Energy recovery from municipal wastewater: impacts of temperature and collection systems[J]. Journal of Environmental Engineering and Science, 2019, 14: 24-31.

[146] Strübing D, Huber B, Lebuhn M, Drewes J E, Koch K. High performance biological methanation in a thermophilic anaerobic trickle bed reactor[J]. Bioresource Technology, 2017, 245: 1176-1183.

[147] Martinson G O, et al. Hydrogenotrophic methanogenesis is the dominant methanogenic pathway in neotropical tank bromeliad wetlands[J]. Environmental Microbiology Reports, 2018, 10: 33-39.

[148] Rai P K, Singh S P. Integrated dark- and photo-fermentation: Recent advances and provisions for improvement[J]. International Journal of Hydrogen Energy, 2016, 41: 19957-19971.

[149] Rittmann M R, Simon K, Seifert A H, Bernacchi S. Kinetics, multivariate statistical modelling, and physiology of CO_2-based biological methane production[J]. Applied Energy, 2018, 216: 751-760.

[150] Wegener G, Krukenberg V, Riedel D, Tegetmeyer H E, Boetius A. Intercellular wiring enables electron transfer between methanotrophic archaea and bacteria[J]. Nature, 2015, 526: 587-590.

[151] Lyu Z, Shao N, Akinyemi T, Whitman W B. Methanogenesis[J]. Current Biology, 2018, 28: 727-732.

[152] Muñoz-Velasco I, et al. Methanogenesis on Early Stages of Life: Ancient but Not Primordial[J]. Orig Life Evol Biosph, 2018, 48: 407-420.

[153] Jiménez J, et al. Methanogenic activity optimization using the response surface methodology, during the anaerobic co-digestion of agriculture and industrial wastes. Microbial community diversity[J]. Biomass and Bioenergy, 2014, 71: 84-97.

[154] Thauer R K, Kaster A K, Seedorf H, Buckel W, Hedderich R. Methanogenic archaea: ecologically relevant differences in energy conservation[J]. Nat Rev Microbiol, 2008, 6: 579-591.

[155] Buan N R. Methanogens: pushing the boundaries of biology[J]. Emerging Topics in Life Sciences, 2018, 2: 629-646.

[156] Mauerhofer L M, et al. Methods for quantification of growth and productivity in anaerobic microbiology and biotechnology[J]. Folia Microbiol, 2019, 64: 321-360.

[157] Morris B E L, Henneberger R, Huber H, Moissl-Eichinger C. Microbial syntrophy: interaction for the common good[J]. FEMS Microbiol Rev, 2013, 37: 384-406.

[158] Shi Z, Crowell S, Luo Y, Moore B. Model structures amplify uncertainty in predicted soil carbon responses to climate change[J]. Nat Commun, 2018, 9: 2171.

[159] Agneessens L M, et al. Parameters affecting acetate concentrations during in-situ biological hydrogen methanation[J]. Bioresource Technology, 2018, 258: 33-40.

[160] Mauerhofer L M, et al. Physiology and methane productivity of Methanobacterium thermaggregans [J]. Appl Microbiol Biotechnol, 2018, 102: 7643-7656.

[161] Fu B, Conrad R, Blaser M. Potential contribution of acetogenesis to anaerobic degradation in methanogenic rice field soils [J]. Soil Biology and Biochemistry, 2018, 119: 1-10.

[162] Adams C J, Redmond M C, Valentine D L. Pure-Culture Growth of Fermentative Bacteria, Facilitated by H_2 Removal: Bioenergetics and H_2 Production [J]. Appl Environ Microbiol, 2006, 72: 1079-1085.

[163] Skovsgaard L, Jensen I G. Recent trends in biogas value chains explained using cooperative game theory [J]. Energy Economics, 2018, 74: 503-522.

[164] Zhuang G C, et al. Relative importance of methylotrophic methanogenesis in sediments of the Western Mediterranean Sea [J]. Geochimica et Cosmochimica Acta, 2018, 224: 171-186.

[165] Götz, M, et al. Renewable Power-to-Gas: A technological and economic review [J]. Renewable Energy, 2016, 85: 1371-1390.

[166] MetaHIT consortium, et al. Richness of human gut microbiome correlates with metabolic markers [J]. Nature, 2013, 500: 541-546.

[167] Lovley D R, Malvankar N S. Seeing is believing: novel imaging techniques help clarify microbial nanowire structure and function [J]. Environ Microbiol, 2015, 17: 2209-2215.

[168] McInerney M J, Sieber J R, Gunsalus R P. Syntrophy in anaerobic global carbon cycles [J]. Current Opinion in Biotechnology, 2009, 20: 623-632.

[169] Rotaru A E, Thamdrup B. A new diet for methane oxidizers [J]. Science, 2016, 351: 658.

[170] Ghimire A, et al. A review on dark fermentative biohydrogen production from organic biomass: Process parameters and use of by-products [J]. Applied Energy, 2015, 144: 73-95.

[171] Chen S, et al. Carbon cloth stimulates direct interspecies electron transfer in syntrophic co-cultures [J]. Bioresource Technology, 2014, 173: 82-86.

[172] Yamada C, Kato S, Ueno Y, Ishii M, Igarashi Y. Conductive iron oxides accelerate thermophilic methanogenesis from acetate and propionate [J]. Journal of Bioscience and Bioengineering, 2015, 119: 678-682.

[173] Rotaru A E, et al. Direct Interspecies Electron Transfer between Geobacter metallireducens and Methanosarcina barkeri [J]. Appl Environ Microbiol, 2014, 80: 4599-4605.

[174] Dang Y, et al. Enhancing anaerobic digestion of complex organic waste with carbon-based conductive materials [J]. Bioresource Technology, 2016, 220: 516-522.

[175] Anderson R T, Chapelle F. H, Lovley D R. Evidence Against Hydrogen-Based Microbial Ecosystems in Basalt Aquifers [J]. Science, 1998, 281: 976-977.

[176] Nealson K H, Inagaki F, Takai K. Hydrogen-driven subsurface lithoautotrophic microbial ecosystems (SLiMEs): do they exist and why should we care? [J] Trends in Microbiology, 2005, 13: 405-410.

[177] Pan X, et al. Methane production from formate, acetate and H_2/CO_2; focusing on kinetics and microbial characterization [J]. Bioresource Technology, 2016, 218: 796-806.

[178] Neubeck A, et al. Olivine alteration and H_2 production in carbonate-rich, low temperature aqueous environments [J]. Planetary and Space Science, 2014, 96: 51-61.

[179] Zhao Z, et al. Potentially shifting from interspecies hydrogen transfer to direct interspecies electron transfer for syntrophic metabolism to resist acidic impact with conductive carbon cloth [J]. Chemical Engineering Journal, 2017, 313: 10-18.

[180] Parkes R J, et al. Prokaryotes stimulate mineral H_2 formation for the deep biosphere and subsequent thermogenic activity [J]. Geology, 2011, 39: 219-222.

[181] Chen S, et al. Promoting Interspecies Electron Transfer with Biochar [J]. Sci Rep, 2015, 4: 5019.

[182] Jensen I G, Skovsgaard L. The impact of CO_2-costs on biogas usage [J]. Energy, 2017, 134: 289-300.

[183] Thauer R K. The Wolfe cycle comes full circle [J]. Proc, Natl, Acad, Sci, USA, 2012, 109: 15084-15085.

[184] Ferguson R M W, Coulon F, Villa R. Understanding microbial ecology can help improve biogas production in AD [J]. Science of The Total Environment, 2018, 642: 754-763.

[185] Savvas S, Donnelly J, Patterson T, Chong Z S, Esteves S R. Biological methanation of CO_2 in a novel biofilm plug-flow reactor: A high rate and low parasitic energy process [J]. Applied Energy , 2017, 202: 238-247 .

[186] Ferry J G, House C H. The stepwise evolution of early life driven by energy conservation [J]. Mol Biol Evol, 2006, 23 (6): 1286-1292.

[187] Battistuzzi F U, Feijao A, Hedges S B. A genomic timescale of prokaryote evolution: insights into the origin of methanogenesis, phototrophy, and the colonization of land [J]. BMC Evol Biol, 2004, 4 (44): 1-14.

[188] Ferry J G. Fundamentals of methanogenic pathways that are key to the biomethanation of complex biomass [J]. Curr Opin Microbiol, 2011, 22 (3): 351-357.

[189] Lelieveld J, Crutzen P, Brühl C. Climate effects of atmospheric methane [J]. Chemosphere, 1993, 26 (1): 739-768.

[190] Chen H, Zhou S, Wu N, Wang Y F, Luo P, Shi F S. Advance in studies on production, oxidation and emission flfl ux of methane from wetlands [J]. Chin J Appl Environ Biol, 2006, 12 (5): 726-733.

[191] Lowe D C. Global change: a green source of surprise [J]. Nature, 2006, 439 (7073): 148-149.

[192] Garcia J L, Patel B K C, Ollivier B. Taxonomic, phylogenetic, and ecological diversity of methanogenic archaea [J]. Anaerobe, 2000, 6 (4): 205-226.

[193] Woese C R, Kandler O, Wheelis M L. Towards a natural system of organisms-proposal for the domain archaea, bacteria, and eucarya [J]. Proc Natl Acad Sci USA, 1990, 87 (12): 4576-4579.

[194] Paul K, Nonoh J O, Mikulski L, Brune A. "Methanoplasmatales, " ther moplasmatales-related archaea in ter mite guts and other environments, are the seventh order of methanogens [J]. Appl Environ Microb, 2012, 78 (23): 8245-8253.

[195] Quast C, Pruesse E, Yilmaz P, Gerken J, Schweer T, Yarza P, Peplies J, Glockner F O. The SILVA ribosomal RNA gene database project: improved data processing and web-based tools [J]. Nucleic Acids Res, 2013, 41: 590-596.

[196] Conrad R. Control of microbial methane production in wetland rice fields [J]. Nutr Cycl Agroecosys, 2002, 64 (1-2): 59-69.

[197] Leadbetter J R, Breznak J A. Physiological ecology of *Methanobrevibacter cuticularis* sp. nov and *Methanobrevibacter curvatus* sp. nov. , isolated from the hindgut of the termite Reticulitermes flfl avipes [J]. Appl Environ Microb, 1996, 62 (10): 3620-3631.

[198] Whitman W B, Ankwanda E, Wolfe R S. Nutrition and carbon metabolism of Methanococcus voltae [J]. J Bacteriol, 1982, 149 (3): 852-863.

[199] Garcia J L. Taxonomy and ecology of methanogens [J]. FEMS Microbiol Lett, 1990, 87 (3-4): 297-308.

[200] Ferry J G. Enzymology of one-carbon metabolism in methanogenic pathways [J]. FEMS Microbiol Rev, 1999, 23 (1): 13-38.

[201] Thauer R K, Kaster A K, Seedorf H, Buckel W, Hedderich R. Methanogenic archaea: ecologically relevant differences in energy

conservation [J]. Nat Rev Microbiol, 2008, 6 (8): 579-591.

[202] Abken H-J, Tietze M, Brodersen J, Bäumer S, Beifuss U, Deppenmeier U. Isolation and character ization of methanophenazine and function of phenazines in membrane-bound electron transport of Methanosarcinamazei Göl [J]. J Bacteriol, 1998, 180 (8): 2027-2032.

[203] Thauer R K. Biochemistry of methanogenesis: a tribute to Marjory Stephenson [J]. Microbiol-Sgm, 1998, 144: 2377-2406.

[204] Taylor C D, Wolfe R S. Structure and methylation of coenzyme M ($HSCH_2CH_2SO_3$) [J]. J Biol Chem, 1974, 249 (15): 4879-4885.

[205] Hedderich R, Whitman W B. Physiology and biochemistry of the methane-producing archaea [M]. Springer, 2006.

[206] Cheeseman P, Toms-Wood A, Wolfe R. Isolation and properties of a flfl uorescent compound, Factor420, from Methanobacterium strain MoH [J]. J Bacteriol, 1972, 112 (1): 527-531.

[207] Edwards T, McBride B. New method for the isolation and identififi cation of methanogenic bacteria [J]. Appl microbiol, 1975, 29 (4): 540-545.

[208] Large P J. Methylotrophy and methanogenesis [M]. Washington: American Society for Microbiology, 1983.

[209] Liu Y, Whitman W B. Metabolic, phylogenetic, and ecological diversity of the methanogenic archaea [J]. Ann NY Acad Sci, 2008, 1125 (1): 171- 189.

[210] Shima S, Thauer R K. Methyl-coenzyme M reductase and the anaerobic oxidation of methane in methanotrophic archaea [J]. Curr Opin Microbiol, 2005, 8 (6): 643-648.

[211] Morris R, Schauer-Gimenez A, Bhattad U, Kearney C, Struble C A, Zitomer D, Maki J S. Methyl coenzyme M reductase (mcrA) gene abundance correlates with activity measurements of methanogenic H_2/CO_2–enriched anaerobic biomass [J]. Microb Biotechnol, 2014, 7 (1): 77-84.

[212] Springer E, Sachs M S, Woese C R, Boone D R. Partial gene sequences for the A subunit of methyl-coenzyme M reductase (mcrI) as a phylogenetic tool for the family Methanosarcinaceae [J]. Int J Syst Bacteriol, 1995, 45 (3): 554-559.

[213] Luton P E, Wayne J M, Sharp R J, Riley P W. The mcrA gene as an alternative to 16S rRNA in the phylogenetic analysis of methanogen populations in landfifi ll [J]. Microbiology, 2002, 148 (11): 3521-3530.

[214] Friedmann H C, Klein A, Thauer R K. Structure and function of the nickel porphinoid, coenzyme F430, and of its enzyme, methyl coenzyme M reductase [J]. FEMS Microbiol Lett, 1990, 87 (3): 339-348.

[215] Prakash D, Wu Y, Suh S-J, Duin E C. Elucidating the process of activation of methyl-coenzyme M reductase [J]. J Bacteriol, 2014, 196: 2491-2498.

[216] Ermler U, Grabarse W, Shima S, Goubeaud M, Thauer R K. Crystal structure of methyl-coenzyme M reductase: the key enzyme of biological methane formation [J]. Science, 1997, 278 (5342): 1457-1462.

[217] Rospert S, Linder D, Ellermann J, Thauer R K. Two genetically distinct methyl-coenzyme M reductases in Methanobacterium thermoautotrophicum strain Marburg and ΔH [J]. Eur J Biochem, 1990, 194 (3): 871-877.

[218] Nölling J, Pihl T D, Vriesema A, Reeve J N. Organization and growth phase-dependent transcription of methane genes in two regions of the Methanobacterium thermoautotrophicum genome [J]. J Bacteriol, 1995, 177 (9): 2460-2468.

[219] Pihl T D, Sharma S, Reeve J N. Growth phase-dependent transcription of the genes that encode the two methyl coenzyme M reductase isoenzymes and N^5-methyltetrahydromethanopterin: coenzyme M methyltransferase in Methanobacterium thermoautotrophicum delta H [J]. J Bacteriol, 1994, 176 (20): 6384-6391.

[220] Bobik T A, Olson K D, Noll K M, Wolfe R S. Evidence that the heterodisulfide of coenzyme-M and 7-mercaptoheptanoyl threonine phosphate is a product of the methanylreductase reaction in Methanobacterium [J]. Biochem Biophys Res Commun, 1987, 149 (2): 455-460.

[221] Heiden S, Hedderich R, Setzke E, Thauer R K. Purification of a two subunit cytochrome-b-containing heterodisulfide reductase from methanol-grown Methanosarcina barkeri [J]. Eur J Biochem, 1994, 221 (2): 855-861.

[222] Stojanowic A, Mander G J, Duin E C, Hedderich R. Physiological role of the F420-non-reducing hydrogenase (Mvh) from Methanothermobacter marburgensis [J]. Arch Microbiol, 2003, 180 (3): 194-203.

[223] Buckel W, Thauer R K. Energy conservation via electron bifurcating ferredoxin reduction and proton/Na^+ translocating ferredoxin oxidation [J]. Biochim Biophys Acta-Bioenerg, 2013, 1827 (2): 94-113.

[224] Buan N R, Metcalf W W. Methanogenesis by Methanosarcina acetivorans involves two structurally and functionally distinct classes of heterodisulfifi de reductase [J]. Mol Microbiol, 2010, 75 (4): 843-853.

[225] Wood G E, Haydock A K, Leigh J A. Function and regulation of the formate dehydrogenase genes of the methanogenic archaeon Methanococcus maripaludis [J]. J Bacteriol, 2003, 185 (8): 2548-2554.

[226] Rother M, Oelgeschläger E, Metcalf W W. Genetic and proteomic analyses of CO utilization by Methanosarcina acetivorans [J]. Arch Microbiol, 2007, 188 (5): 463-472.

[227] Ferry J G. CO in methanogenesis [J]. Ann Microbiol, 2010, 60 (1): 1-12.

[228] Deppenmeier U, Müller V, Gottschalk G. Pathways of energy conservation in methanogenic archaea [J]. Arch Microbiol, 1996, 165 (3): 149-

163.

[229] Bult C J, White O, Olsen G J, Zhou L, Fleischmann R D, Sutton G G, Blake J A, FitzGerald L M, Clayton R A, Gocayne J D, Kerlavage A R, Dougherty B A, Tomb J F, Adams M D, Reich C I, Overbeek R, Kirkness E F, Weinstock K G, Merrick J M, Glodek A, Scott J L, Geoghagen N S, Venter J C. Complete genome sequence of the methanogenic archaeon, Methanococcus jannaschii [J]. Science, 1996, 273 (5278): 1058-1073.

[230] Enssle M, Zirngibl C, Linder D, Thauer R. Coenzyme F420 dependent N^5, N^{10}-methylenetetrahydromethanopterin dehydrogenase in methanol grown Methanosarcina barkeri [J]. Arch Microbiol, 1991, 155 (5): 483-490.

[231] Ma K, Linder D, Stetter K, Thauer R. Purififi cation and properties of N^5, N^{10}-methylenetetrahydromethanopterin reductase (coenzyme F_{420}-dependent) from the extreme thermophile Methanopyrus kandleri [J]. Arch Microbiol, 1991, 155 (6): 593-600.

[232] Ma K, Thauer R K. Purif ication and properties of N^5, N^{10}-methylenetetrahydromethanopterin reductase from Methanobacterium thermoautotrophicum (strain Marburg) [J]. Eur J Biochem, 1990, 191 (1): 187-193.

[233] Weiss D S, Gärtner P, Thauer R K. The energetics and sodium-ion dependence of N^5-methyltetrahydromethanopterin: coenzyme M methyltransferase studied with Cob (I) alamin as methyl acceptor and methylcob (III) alamin as Methyl Donor [J]. Eur J Biochem, 1994, 226 (3): 799-809.

[234] Gottschalk G, Thauer R K. The Na$^+$ translocating methyltransferase complex from methanogenic archaea [J]. Biochim Biophys Acta Bioenerg, 2001, 1505 (1): 28-36.

[235] Gartner P, Ecker A, Fischer R, Linder D, Fuchs G, Thauer R K. Purification and properties of N^5-methyltetrahydromethanopterin: coenzyme M methyltransferase from Methanobacterium thermoautotrophicum [J]. Eur J Biochem, 1993, 213 (1): 537-545.

[236] Hippler B, Thauer R K. The energy conserving methyltetrahydromethanopterin: coenzyme M methyltransferase complex from methano genic archaea: function of the subunit MtrH [J]. FEBS Lett, 1999, 449 (2): 165-168.

[237] Gottschalk G, Thauer R K. The Na$^+$-translocating methyltransferase complex from methanogenic archaea [J]. Biochim Biophys Acta Bioenerg, 2001, 1505 (1): 28-36.

[238] Jetten M S, Stams A J, Zehnder A J. Methanogenesis from acetate: a comparison of the acetate metabolism in Methanothrix soehngenii and Methanosarcina spp. [J]. FEMS Microbiol Lett, 1992, 88 (3): 181-197.

[239] Abbanat D R, Ferry J G. Resolution of component proteins in an enzyme complex from Methanosarcina thermophila catalyzing the synthesis or cleavage of acetyl-CoA [J]. Proc Natl Acad Sci USA, 1991, 88 (8): 3272- 3276.

[240] Grahame D A, DeMoll E. Partial reactions catalyzed by protein components of the acetyl-CoA decarbonylase synthase enzyme complex from Methanosarcina barkeri [J]. J Biol Chem, 1996, 271 (14): 8352- 8358.

[241] Grahame D A, DeMoll E. Substrate and accessory protein requirements and thermodynamics of acetyl-CoA synthesis and cleavage in Methanosarcina barkeri [J]. Biochemistry, 1995, 34 (14): 4617-4624.

[242] Ferry J G. Methane from acetate [J]. J Bacteriol, 1992, 174 (17): 5489- 5495.

[243] Jetten M S M, Hagen W R, Pierik A J, Stams A J M, Zehnder A J B. Paramagnetic centers and acetyl-coenzyme A/CO exchange activity of carbon monoxide dehydrogenase from Methanothrix soehngenii [J]. Eur J Biochem, 1991, 195 (2): 385-391.

[244] Biavati B, Vasta M, Ferry J G. Isolation and characterization of " Methanosphaera cuniculi" sp. nov. [J]. Appl Environ Microb, 1988, 54 (3): 768-771.

[245] Fricke W F, Seedorf H, Henne A, Kruer M, Liesegang H, Hedderich R, Gottschalk G, Thauer R K. The genome sequence of Methanosphaera stadtmanae reveals why this human intestinal archaeon is restricted to methanol and H$_2$ for methane formation and ATP synthesis [J]. J Bacteriol, 2006, 188 (2): 642-658.

[246] Sauer K, Harms U, Thauer R K. Methanol: coenzyme M methyltransferase from Methanosarcina barkeri purifification, properties and encoding genes of the corrinoid protein MT1 [J]. Eur J Biochem, 1997, 243 (3): 670-677.

[247] Burke S A, Krzycki J A. Reconstitution of monomethylamine: coenzyme M methyl transfer with a corrinoid protein and two methyltransferases purifified from Methanosarcina barkeri [J]. J Biol Chem, 1997, 272 (26): 16570-16577.

[248] Ferguson D J, Krzycki J A, Grahame D A. Specific roles of methylcobamide: coenzyme M methyltransferase isozymes in metabolism of methanol and methylamines in Methanosarcina barkeri [J]. J Biol Chem, 1996, 271 (9): 5189-5194.

[249] Ferguson D, Krzycki J A. Reconstitution of trimethylamine-dependent coenzyme M methylation with the trimethylamine corrinoid protein and the isozymes of methyltransferase Ⅱ from Methanosarcina barkeri [J]. J Bacteriol, 1997, 179 (3): 846-852.

[250] Rosenblatt D S, Fenton W A. Chemistry and biology of B$_{12}$ [M]. New York: Wiley-intersciences, 1999: 666.

[251] Tallant T C, Paul L, Krzycki J A. The MtsA subunit of the methylthiol: coenzyme M methyltransferase of Methanosarcina barkeri catalyses both half-reactions of corrinoid-dependent dimethylsulfifi de: coenzyme M methyl transfer [J]. J Biol Chem, 2001, 276 (6): 4485-4493.

[252] Hedderich R, Whitman W B. Physiology and biochemistry of the methane-producing archaea [M]. Springer, 2013.

[253] Leigh J A, Albers S V, Atomi H, Allers T. Model organisms for genetics in the domain archaea: methanogens, halophiles, Thermococcales

and Sulfolobales [J]. FEMS Microbiol Rev, 2011, 35 (4): 577-608.

[254] Watkins A J, Roussel E G, Parkes R J, Sass H. Glycine betaine as a direct substrate for methanogens (*Methanococcoides* spp.) [J]. Appl Environ Microb, 2014, 80 (1): 289-293.

[255] Gardner W L, Whitman W B. Expression vectors for *Methanococcus maripaludis*: Overexpression of acetohydroxyacid synthase and beta-galactosidase [J]. Genetics, 1999, 152 (4): 1439-1447.

[256] Metcalf W W, Zhang J K, Apolinario E, Sowers K R, Wolfe R S. A genetic system for archaea of the genus *Methanosarcina*: Liposome-mediated transformation and construction of shuttle vectors [J]. Proc Natl Acad Sci USA, 1997, 94 (6): 2626-2631.

[257] Moore B C, Leigh J A. Markerless mutagenesis in *Methanococcus maripaludis* demonstrates roles for alanine dehydrogenase, alanine racemase, and alanine permease [J]. J Bacteriol, 2005, 187 (3): 972-979.

[258] Pritchett M A, Zhang J K, Metcalf W W. Development of a markerless genetic exchange method for *Methanosarcina acetivorans* C2A and its use in construction of new genetic tools for methanogenic archaea [J]. Appl Environ Microb, 2004, 70 (3): 1425-1433.

[259] Guss A M, Rother M, Zhang J K, Kulkkarni G, Metcalf W W. New methods for tightly regulated gene expression and highly efficient chromosomal integration of cloned genes for *Methanosarcina* species [J]. Archaea, 2008, 2 (3): 193-203.

[260] Farkas J A, Picking J W, Santangelo T J. Genetic techniques for the archaea [J]. Annu Rev Genet, 2013, 47: 539-561.

[261] Costa K C, Leigh J A. Metabolic versatility in methanogens [J]. Curr Opin Microbiol, 2014, 29: 70-75.

[262] Welander P V, Metcalf W W. Mutagenesis of the C_1 oxidation pathway in *Methanosarcina barkeri*: new insights into the Mtr/Mer bypass pathway [J]. J Bacteriol, 2008, 190 (6): 1928-1936.

[263] Lessner D J, Lhu L, Wahal C S, Ferry J G. An engineered methanogenic pathway derived from the domains bacteria and archaea [J]. MBio, 2010, 1 (5): 1-4.

[264] Feist A M, Scholten J C, Palsson B O, Brockman F J, Ideker T. Modeling methanogenesis with a genome-scale metabolic reconstruction of *Methanosarcina barkeri* [J]. Mol Syst Biol, 2006, 2: 1-14.

[265] Kaneko Masanori, Takano Yoshinori, Chikaraishi Yoshito, et al. Quantitative analysis of coenzyme F430 in environmental samples: a new diagnostic tool for methanogenesis and anaerobic methane oxidation[J] . Anal Chem, 2014, 86: 3633-3638.

[266] Nobu M K , Narihiro T , Kuroda K , et al. Chasing the elusive Euryarchaeota class WSA2: genomes reveal a uniquely fastidious methyl-reducing methanogen[J]. The ISME Journal, 2016, 10: 2478-2487.

[267] Gonnerman M C, Benedict M N, Feist A M, Metcalf W W, Price N D. Genomically and biochemically accurate metabolic reconstruction of Methanosarcina barkeri Fusaro, iMG746 [J]. Biotechnol J, 2013, 8 (9): 1070-1079.

[268] Kumar V S, Ferry J G, Maranas C D. Metabolic reconstruction of the archaeon methanogen Methanosarcina Acetivorans [J]. BMC Syst Biol, 2011, 5 (28): 1-10.

[269] Jones D M , Head I M , Gray N D , et al. Crude-oil biodegradation via methanogenesis in subsurface petroleum reservoirs[J]. Nature, 2008, 451(7175): 176-180.

[270] Inagaki F, Hinrichs K-U, Kubo Y, et al. DEEP BIOSPHERE. Exploring deep microbial life in coal-bearing sediment down to ～2.5 km below the ocean floor. [J] . Science, 2015, 349: 420-424.

[271] Welte C U . A microbial route from coal to gas[J]. Science, 2016, 354(6309): 184.

[272] Mayumi D , Mochimaru H , Tamaki H , et al. Methane production from coal by a single methanogen[J]. Science, 2016, 354(6309): 222.

[273] Non-syntrophic methanogenic hydrocarbon degradation by an archaeal species[J]. Nature, 2021, 601(7892): 257-262.

[274] Oberhardt M A, Palsson B O, Papin J A. Applications of genome-scale metabolic reconstructions [J]. Mol Syst Biol, 2009, 5 (1): 1-15.

[275] Welte C , Deppenmeier U . Bioenergetics and anaerobic respiratory chains of aceticlastic methanogens[J]. Biochimica Et Biophysica Acta, 2014, 1837(7): 1130-1147.